U0260977

海胆行为学
研究与应用

赵 冲 王 茚 等◎著

中国农业出版社

北 京

谨将此书献给梦想工坊
我们共同的理想和信念

本 书 著 者

赵 冲　王 莘　胡方圆　孙江南
迟小妹　丁靖芸　喻雨诗

行为是动物在长期进化过程中所形成的可以稳定遗传的固有模式，与其存活、生长、繁殖和种群进化紧密相关。行为学是一门既古老又新兴的生物学分支学科。国内外许多考古发现都证实人类从远古时期就留意并开始记录动物的行为。然而，就一个学科而言，动物行为学的发展历程不足百年。1973 年，Lorenz K.、Tinbergen K. 和 Frisch N. 因个体和社会的行为模式的建立和阐述而获得诺贝尔生理学或医学奖。这标志着自然科学主流学界对动物行为学的认可和重视，由此迎来了其高速发展的黄金时期。行为学研究不仅有趣，而且有用。

海胆是棘皮动物门海胆纲所有动物的统称，从潮间带到深海，从赤道到两极，均有分布。海胆不仅是发育生物学研究的模式生物，而且具有重要的经济价值。因此，海胆的行为具有重要的理论研究和产业实践价值。这也正是本书的缘起。本书各位作者共同工作，完成了相关的研究和撰写。本书分上下两篇，上篇介绍海胆行为学的理论研究，下篇介绍海胆行为学的应用研究。

各章节分工和撰写情况如下：

赵冲：第 1、2、10 章，第 3~5、7~9 章部分内容，合计 17.9 万字。

王莘：第 6 章，第 7 章第 3~4 节，合计 6.2 万字。

胡方圆：第 7 章第 2 节和第 8 章部分内容，合计 2.7 万字。

孙江南：第 3 章部分内容和第 4 章第 2~3 节，合计 1.9 万字。

迟小妹：第 9 章部分内容，合计 1.8 万字。

丁靖芸：第 5 章部分内容，合计 1.6 万字。

喻雨诗：第 4 章第 1 节，合计 0.9 万字。

图书既是知识的载体，也是学术成长的印记。我们相信，学者不仅要创造知识，还有培养下一代科学家的责任。本书由教师和研究生共同完成。所有的知识或终将褪去光环，然唯有学术薪火相传、生生不息。

在此感谢大连海洋大学农业农村部北方海水增养殖重点实验室的教师和同学们。特别感谢杨明芳、罗嘉、赵自贺、王慧妍、甄昊、吴洋磊、刘艳霞、杨云洁、王思含对本书实验和编辑的帮助。

本书受到国家重点研发计划蓝色粮仓科技创新项目（2018YFD0901604）、大连市高层次人才创新支持计划项目（2020RD03）和大连金石湾实验室示范项目（Dljswsf202401）的支持，在此一并致以深深的谢意！

笔者学术水平有限，如有不当之处，敬请读者斧正。

著　者

2024 年 4 月

目录

下篇　海胆行为在水产养殖上的应用

上篇

海胆行为学研究

SHANGPIAN

HAIDAN XINGWEIXUE YANJIU

第一章　遮蔽行为

第一节　温度对海刺猬和中间球海胆遮蔽行为的影响

遮蔽行为是指海胆利用栖息地周围的贝壳、藻类碎块、小石块等物体遮蔽自身的一种行为模式（Verling *et al*.，2002，图 1-1a）。温度是影响动物行为最重要的非生物因子之一（Briffa *et al*.，2013）。本节比较研究了海刺猬（*Glyptocidaris crenularis*）和中间球海胆（*Strongylocentrotus intermedius*）在不同温度和温度变化条件下的遮蔽行为，以期为海胆行为生态学研究提供新的信息。

一、材料与方法

（一）海胆

海刺猬于 2011 年 2 月购自大连某养殖场，在实验室中饲养至行为实验进行，实验时为 17 月龄海胆。中间球海胆为实验室于 2010 年 10 月培育并饲养至实验进行，实验时为 12 月龄海胆。

（二）实验设计

本实验分为两个部分：第一部分研究不同温度条件下海刺猬和中间球海胆遮蔽行为（实验一）；第二部分研究不同温度变化对海刺猬和中间球海胆遮蔽行为的影响（实验二）。实验中所用的控温设备为"品"字形可控生态实验系统。遮蔽材料（贝壳）的放置以及行为学观察、记录方法均参考常亚青等（2013）。

实验一设计 5℃、15℃和 25℃三个温度梯度，每个梯度设 3 个重复，每个重复中放置 12 只海胆，每个实验水槽中放入 40 个贻贝（*Mytilus galloprovincialis*）贝壳，均匀置于水槽底部（图 1-1b）。持续 5d 观察海刺猬的遮蔽行为，持续 6d 观察中间球海胆的遮蔽行为，每天观察一次。

实验二设计 3 个温度变化组，分别为+5℃（15℃→20℃）、+15℃（5℃→20℃）和−5℃（25℃→20℃），每个温度变化组设 3 个重复，每个重复中放置

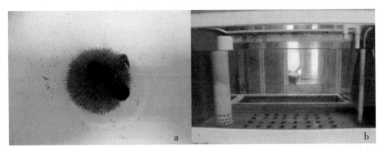

图 1-1 （a）海胆的遮蔽行为；（b）控温实验水槽及贝壳布置

12 只海胆。贝壳放置方法与实验一相同。实验前先将海刺猬和中间球海胆分别置于 5℃、15℃ 和 25℃ 水温下养殖 6d，海水 24h 循环，不投喂。实验开始时，将各温度条件下养殖的海胆分别放入 9 个水温为 20℃ 的水槽中。实验期间不投食，海水不循环、不通气。实验以各组投放海胆时最后一个海胆落到容器底部的时间为各组记录的初始时间，记录每组第一个海胆首次出现遮蔽行为的时间，并且每隔 10min 记录各组有遮蔽行为的海胆数、海胆用于遮蔽行为的贝壳数，连续观察 180min。

实验各组海胆的壳径、壳高和体重均没有显著的差异（$P>0.05$，表 1-1）。但两种海胆之间的规格存在较大差异。用做遮蔽材料的贝壳除了 25℃（25℃→20℃）组壳长显著小于另外两组外（$P<0.05$），其他性状在各组间均无显著差异（$P>0.05$）。

表 1-1　实验所用海胆及贝壳的规格

温度组	海刺猬			中间球海胆			贝壳		
	壳径(mm)	壳高(mm)	体重(g)	壳径(mm)	壳高(mm)	体重(g)	壳长(mm)	壳高(mm)	壳重(g)
5℃/5℃→20℃	16.6±2.0[a]	7.9±1.1[a]	2.1±0.7[a]	23.3±3.6[a]	12.8±2.0[a]	5.6±2.4[a]	12.0±0.9[b]	20.3±1.3[a]	0.1±0.03[a]
15℃/15℃→20℃	16.4±1.8[a]	8.2±1.0[a]	2.1±0.7[a]	23.1±5.0[a]	13.0±2.0[a]	5.7±2.6[a]	12.0±0.9[b]	20.3±1.4[a]	0.1±0.03[a]
25℃/25℃→20℃	16.6±2.0[a]	8.1±1.0[a]	2.1±0.7[a]	23.0±3.7[a]	12.6±2.0[a]	5.3±2.5[a]	11.6±0.89[a]	20.0±1.2[a]	0.1±0.02[a]

注：同列不同字母表示差异显著，下同。

（三）数据分析

首先，用 Kolmogorov-Smirnov 检验和 Levene 检验对实验数据的正态性和方差齐性分别进行统计检验。结果表明所有数据均符合正态分布。用重复度量方差分析（repeated measured ANOVA）统计分析了实验一和实验二中海刺猬和中间球海胆出现遮蔽行为的个体数和海胆在该行为中所利用的贝壳数。在实验二中，中间球海胆初始遮蔽时间符合方差齐性，因此利用单因素方差分析（one-way ANOVA）比较了各组之间的差异；海刺猬初始遮蔽时间不符合方差齐性，故利用 Kruskal-Wallis H 检验来比较各组之间的差异。所有实验数据均利用 SPSS 16.0 软件进行统计分析，各统计分析的显著水平均设置为 $P < 0.05$。

二、结果

（一）实验一

实验一中不同温度组海刺猬和中间球海胆具有遮蔽行为的个体数随时间的变化分布见图 1-2 和图 1-3。在观察周期内，不同温度条件下海刺猬和中间球海胆具有遮蔽行为的个体数随时间延长都没有出现大的变化。但两种海胆在不同温度条件下具有遮蔽行为的个体数却存在着明显的差异。海刺猬在 5℃下具有遮蔽行为的个体数要显著少于 15℃和 25℃两组（$P < 0.05$），而后两组没有显著差异（$P > 0.05$）。中间球海胆在 25℃下具有遮蔽行为的个体数要显著少于 15℃和 5℃两组（$P < 0.05$），而后两组没有显著的差异（$P > 0.05$）。

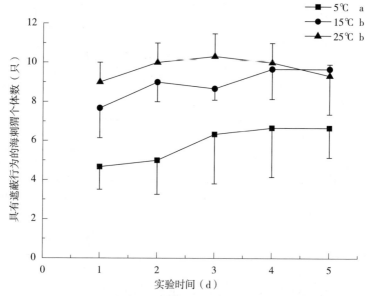

图 1-2　不同温度下条件具有遮蔽行为的海刺猬个体数

不同字母表示差异显著（$P < 0.05$），以下图表字母含义相同

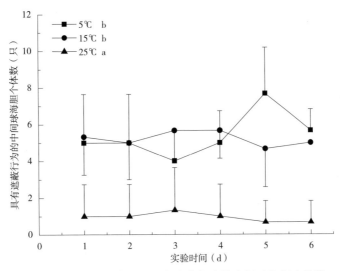

图 1-3　不同温度条件下具有遮蔽行为的中间球海胆个体数

　　实验一中不同温度下海刺猬和中间球海胆遮蔽行为所利用的贝壳数随时间的变化见图 1-4 和图 1-5。在观察周期内，不同温度下海刺猬和中间球海胆用于遮蔽行为的贝壳数都没有出现大的波动。但不同温度条件下两种海胆用于遮蔽行为的贝壳数则存在明显的差异。海刺猬在 5℃ 时利用的贝壳数要显著少于 25℃ 组（$P<0.05$），而与 15℃ 组没有显著的差异（$P>0.05$）。中间球海胆在 25℃ 下所利用的贝壳数要显著少于 15℃ 和 5℃ 两组（$P<0.05$），而后两组没有显著的差异（$P>0.05$）。实验数据表明：两种海胆用于遮蔽行为的贝壳数最少的温度条件正好相反。

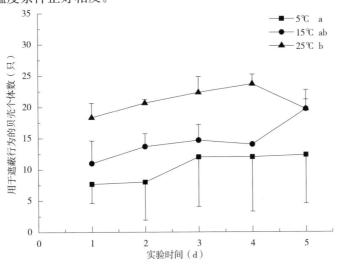

图 1-4　不同温度条件下海刺猬用于遮蔽行为的贝壳数

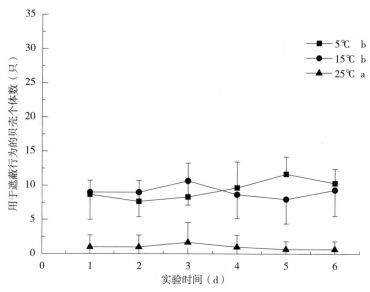

图1-5 不同温度条件下中间球海胆用于遮蔽行为的贝壳数

(二) 实验二

实验二中各组海胆初始遮蔽时间的比较见表1-2。两种海胆在不同温度变化中初始遮蔽时间都没有显著的差异（$P>0.05$）。中间球海胆遮蔽行为的反应时间明显快于海刺猬。

表1-2 不同温度变化条件下海刺猬和中间球海胆初始遮蔽时间

温度变化组	海胆种类	时间（s）	比较组	P值	海胆种类	时间（s）
15℃→20℃		98.00±39.95	1—2	0.827		69.33±13.87[a]
25℃→20℃	海刺猬	104.00±51.39	1—3	0.275	中间球海胆	77.33±19.63[a]
5℃→20℃		308.00±352.49	2—3	0.513		95.00±10.00[a]

不同温度变化组海刺猬和中间球海胆具有遮蔽行为的个体数随时间的变化见图1-6和图1-7。三个温度变化组中出现遮蔽行为的海胆数都随时间而逐渐增加，在15℃→20℃和25℃→20℃组，具有遮蔽行为的海刺猬个体数都在第20min达到稳定状态；而在5℃→20℃下，在第10min，具有遮蔽行为的海刺猬个数最少，到第60min达到稳定状态。然而，总体而言，三个温度变化组具有遮蔽行为的海刺猬数没有显著的差异（$P>0.05$）。

中间球海胆具有遮蔽行为的个体数在25℃→20℃下随着时间的变化没有出现太大波动，而另外两组则随着时间的推移而略有减少。在第10min，25℃→20℃下的中间球海胆具有遮蔽行为的个体数最少。总体而言，三个温度变化组具有遮蔽行为的中间球海胆个体数没有显著差异（$P>0.05$）。

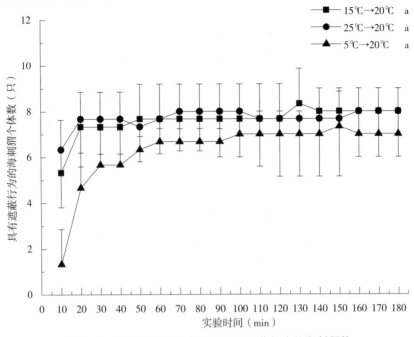

图 1-6　不同温度变化条件下具有遮蔽行为的海刺猬数

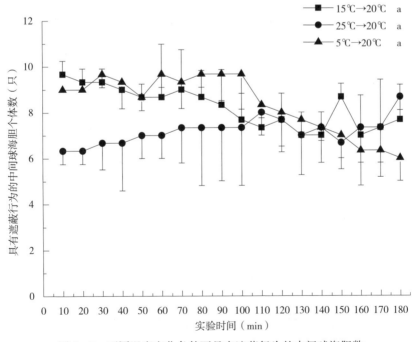

图 1-7　不同温度变化条件下具有遮蔽行为的中间球海胆数

不同温度变化下海刺猬和中间球海胆用于遮蔽行为的贝壳数量随时间的变化见图1-8和图1-9。5℃→20℃组海刺猬遮蔽行为所利用的贝壳数显著最少（$P<0.05$），另外两组没有显著的差异（$P>0.05$）。25℃→20℃组的中间球海胆所利用的贝壳数显著最少（$P<0.05$），另外两组差异不显著（$P>0.05$）。

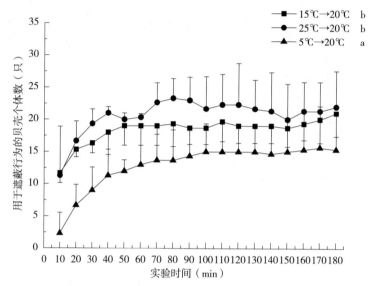

图1-8　不同温度变化条件下海刺猬用于遮蔽行为的贝壳数

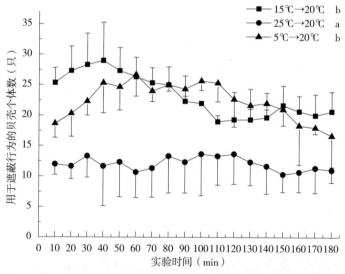

图1-9　不同温度变化条件下中间球海胆用于遮蔽行为的贝壳数

三、讨论

Barnes and Crook（2001）研究发现夏季出现遮蔽行为的拟球海胆（*P. lividus*）要明显多于冬季，并认为这可能与不同季节的光照、海胆可利用的遮蔽材料以及捕食者的活动强度有关，而对不同季节温度显著不同这一潜在影响因素缺乏考量。本研究结果表明，海刺猬在低温条件下（5℃）遮蔽行为能力显著低于其在15℃和25℃水温条件下的相应能力。这一结果与 Barnes and Crook（2001）的研究结果相吻合。本研究以实验行为生态学的方法，约束实验动物以相同的光照条件和遮蔽材料，并去除捕食者的效应，证明温度同样是海胆的遮蔽行为的重要影响因素，为海胆遮蔽行为对环境的响应研究提供了新的信息和思路。研究表明，低温显著影响拟球海胆的生理代谢（Catarino *et al.*，2012），18～22℃是拟球海胆生长和性腺发育的最适水温（Shpigel *et al.*，2004）。而且，活力好的拟球海胆比活力弱的个体具有更快的遮蔽速度和更强的遮蔽能力（Crook，2003）。我们的研究结果也表明，低温显著地抑制海刺猬的性腺生长（Zhao *et al.*，2014）。动物行为学研究表明，对温度敏感响应的生理代谢及适合度性状与动物行为之间存在着紧密的关联（Briffa *et al.*，2013）。这是对于低温条件下海刺猬和拟球海胆遮蔽行为能力较弱的一个非常合理的解释。与海刺猬不同，中间球海胆在高温条件下（25℃）遮蔽行为能力显著低于5℃和15℃水温条件下的相应能力。中间球海胆属于冷水性动物，对高温比较敏感，夏季长时间超过23℃会导致其大量死亡（Fuji，1967；常亚青等，2004），其耗氧率从5～20℃随着温度的升高而显著升高（Sedova，2000），且高温（22℃）显著抑制中间球海胆的食物同化率和性腺生长（Lawrence *et al.*，2009）。中间球海胆的遮蔽行为结果则进一步印证了生理代谢及适合度相关性状与海胆行为的紧密关联。本研究结果表明，海胆在其适宜的生理生态条件下能够表现出更强的行为能力。Verling *et al.*（2004）比较研究了拟球海胆和紫球海胆的遮蔽行为。研究结果表明，在不同的栖息地和潮位，拟球海胆的遮蔽行为能力都高于紫海胆。而在本研究中，海刺猬和中间球海胆遮蔽对不同温度的行为响应能力完全不同。这说明不同种类的海胆遮蔽行为能力不同，而且对不同环境因子也具有不同的行为响应能力。这一行为差异的机理很可能与不同种类海胆不同的生理代谢规律相关（Briffa *et al.*，2013）。

为了更为深入地理解海刺猬和中间球海胆对温度的行为响应，我们进一步研究了不同温度变化量及不同的温度变化方向（高温→低温或者低温→高温）对两种海胆遮蔽行为的影响。本研究发现15℃→20℃和25℃→20℃组海刺猬的遮蔽能力没有显著差异。这说明在一定温度范围内，温度变化方向（升温或降温）对海刺猬的遮蔽行为影响不大。5℃→20℃组的海刺猬遮蔽行为所利用的贝壳数显著少于其他两组。这可能和起始温度有关，也可能与较大的温度变幅有关。然而，与海刺猬的结果不同，具有较小温度变幅（25℃→20℃）组的中间球海胆的遮蔽行为能力要显著低于其他两组个体。这说明较小的降温变幅对中间球海胆的遮蔽行为有显著的影响。在本研究中，实验二中对海刺猬和中间球海胆遮蔽行为能力影响最大的温度变化组的初始温度分别为5℃和25℃。有趣的是，这正是实验一中所证明的，对它们遮蔽行为影响作用最大的温度点。综合海刺猬和中间球海胆的数据结果，海胆对温度变化的遮蔽行为响应更大程度上取决于初始温度，而不是变化幅度和变化方向。温度变化虽然显著地影响海刺猬和中间球海胆遮蔽行为所用的贝壳数，但对具有遮蔽行为的海胆数和它们的遮蔽速度没有显著影响。这表明了海刺猬和中间球海胆在是否遮蔽以及遮蔽强度之间的权衡。

第二节　长期饥饿对海刺猬和中间球海胆行为的影响

饥饿显著影响脊椎动物（Glaropoulos *et al*.，2012）和无脊椎动物（Fitzgerald *et al*.，2008）的行为模式。然而，饥饿对成体海胆行为的影响缺乏研究。本研究的主要目的为：①海刺猬和中间球海胆在短期和长期饥饿中是否显著地减少其遮蔽行为；②在长时间饥饿的过程中，海刺猬和中间球海胆是否具有不同的行为模式。

一、材料与方法

（一）海胆

中间球海胆于 2010 年 11 月培育，并在大连海洋大学农业部北方海水增养殖重点实验室饲养。海刺猬于 2010 年 5 月培育，并饲养于大连某养殖场。随机选取每种海胆 90 只在实验室暂养一周直到实验开始（2012 年 3 月）。实验开始时，海刺猬和中间球海胆的壳径分别为（28.8±2.0）mm 和（29.6±1.6）mm。

（二）实验设计

本实验分为两组：一组投喂过量的新鲜海带（*Laminaria japonica*），另一组在 24 周的实验中始终不予投喂。每组设三个重复。随机选取 15 个海胆置于 70L 的养殖水槽中，共计 6 个水槽（两组，每组三个重复）。实验周期为 2012 年 3 月 8 日到 2012 年 8 月 22 日，自然光周期，过滤海水，持续充气，水温为 7～24℃。在整个实验过程中，记录各个实验组中的海胆死亡率。

在 330lx 的固定水下光强下观察海胆的遮蔽行为。测试时间为：实验开始后前 7d 的每一天；前 7 周的每一周；以及第 4、8、12、16、20 和 24 周。40 枚小虾夷扇贝［壳长（11.65±1.21）mm，壳高（19.89±1.49）mm，壳重（0.12±0.03）g］用作遮蔽材料，并均匀分布于测试水槽底部（测试水槽与养殖水槽完全一致）。15 枚海胆轻柔且均匀地放置于测试水槽的底部。放入海胆 2h 后，记录每组前三个海胆完成遮蔽行为所用的时长、遮蔽的海胆数和海胆遮蔽行为所用的贝壳数。在 24 周的行为测试实验全部完成之后，每组随机选取 8 只海胆，测量其体重和性腺重，计算性腺指数（GI = 性腺重/体重×100%）。

（三）数据分析

首先检查数据的正态性和方差齐性。海胆遮蔽行为的数据分别用一元和二元重复度量方差分析（one-way and two-way repeated-measures ANOVAs）来分析。数据分析软件为 SPSS 13.0。$P < 0.05$ 设置为显著差异。

二、结果

（一）死亡率和性腺指数

投饲组的海刺猬和中间球海胆在 24 周的实验周期内未见死亡。饥饿组的海刺猬也没有死亡，而饥饿组中间球海胆的死亡率为（33.33±24.03）%。

经过 24 周的实验，饥饿组的海刺猬和中间球海胆未见性腺；投饲组的海刺猬和中间球海胆的性腺指数则介于 10%～15%。

（二）初始遮蔽所用时间

实验时长显著影响海刺猬（$P = 0.011$）和中间球海胆（$P = 0.029$）的初始遮蔽所用时间。无论前 7d（$P < 0.001$）、前 7 周（$P = 0.008$）还是 24 周（$P = 0.021$），海刺猬和中间球海胆的初始遮蔽所用时间都显著不同（图 1-10）。在前 7d，海刺猬的初始遮蔽所用时间显著多于中间球海胆（图 1-10a，d）。然而，在实验前两周，无论投饲组还是饥饿组，海刺猬都急剧地减少其初始遮蔽所用时间，分别从 1 101s 和 622s 减少到 244s 和 269s（图 1-10b）。投饲组海刺猬初始遮蔽所用时间接着从第 4 周的 253s 下降到第 8 周的 106s 再到第 24 周的 62s；饥饿组海刺猬初始遮蔽所用时间接着从第 4 周的 212s 下降到第 8 周的 74s 再到第 24 周的 54s（图 1-10c）。另一方面，中间球海胆的初始遮蔽所用时间在 24 周的实验周期里并未显示出显著的变化（图 1-10f）。饥饿作为一个因素，无论对海刺猬还是中间球海胆的初始遮蔽所用时间在前 7d（$P = 0.158$）、前 7 周（$P = 0.836$）和第 24 周（$P = 0.466$）都没有显著影响。

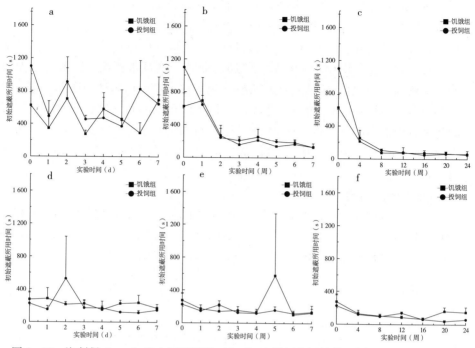

图 1-10　海刺猬（a～c）和中间球海胆（d～f）在投饲和饥饿的不同时间条件下的初始
　　　　遮蔽所用时间（mean±SD）

（三）遮蔽的海胆数

实验时长显著影响遮蔽的海刺猬个数（$P<0.001$），但并不显著影响遮蔽的中间球海胆个数（$P=0.068$）（图 1-11）。遮蔽的海刺猬数和遮蔽的中间球海胆数在前 7d（$P=0.001$）、前 7 周（$P=0.030$）和第 24 周（$P<0.001$）都显著不同。在前 7d，遮蔽的海刺猬数显著少于遮蔽的中间球海胆数（$P<0.05$，图 1-11a、d）。但遮蔽的海刺猬数在前 2 周急剧增加，投饲组和饥饿组分别从 4 个和 5 个增加到 12 个和 13 个（图 1-11b），然后保持在这一水平直到实验结束（图 1-11c）。另一方面，遮蔽的中间球海胆数，特别是饥饿组，在 24 周内表现出略微的下降趋势（图 1-11f）。然而，饥饿作为一个因素，无论对海刺猬还是中间球海胆遮蔽的个体数在前 7d（$P=0.830$）、前 7 周（$P=0.501$）和第 24 周（$P=0.187$）都没有显著影响。

（四）海胆遮蔽所利用的贝壳数

实验时长显著影响海刺猬遮蔽行为所利用的贝壳数（$P<0.001$），但并不显著影响中间球海胆遮蔽行为所利用的贝壳数（$P=0.314$）（图 1-12）。海刺猬和中间球海胆遮蔽行为所利用的贝壳数在前 7d（$P<0.001$）、前 7 周（$P=0.047$）和第 24 周（$P<0.001$）都显著不同。在前 7d，海刺猬遮蔽所利

用的贝壳数显著少于中间球海胆遮蔽行为所利用的贝壳数（图 1-12a，d）。但海刺猬遮蔽行为所利用的贝壳数在前 2 周急剧增加，投饲组和饥饿组分别从 4.7 个和 5.7 个增加到 18.7 个和 23 个（图 1-12b），然后保持在这一水平直到实验结束（图 1-12c）。同时，中间球海胆遮蔽行为所利用的贝壳数在 24 周内只是略有波动（图 1-12f）。然而，饥饿作为一个因素，无论对海刺猬还是中间球海胆遮蔽所利用的贝壳数在前 7d（$P=0.243$）、前 7 周（$P=0.532$）和第 24 周（$P=0.094$）都没有显著影响。

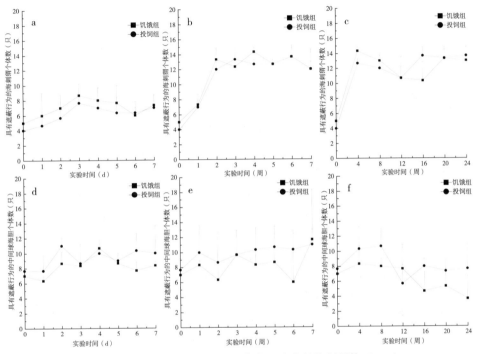

图 1-11　投饲和饥饿不同时间条件下遮蔽的海刺猬数（a～c）
和中间球海胆数（d～f）（mean±SD）

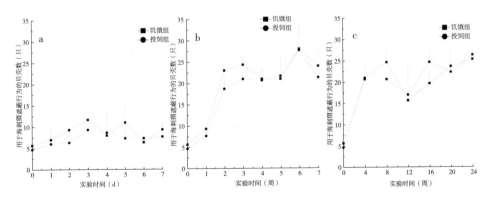

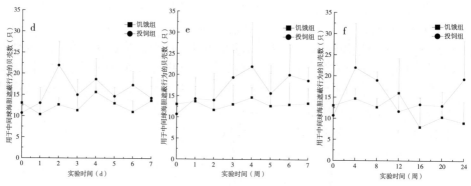

图 1-12 投饲和饥饿不同时间条件下海刺猬数（a～c）和中间球海胆（d～f）用于遮蔽
行为的贝壳数（mean±SD）

三、讨论

在本研究中，初始遮蔽所用时间、遮蔽的海胆数和海胆遮蔽所利用的贝壳数在投饲和饥饿海刺猬和中间球海胆中都没有显著差异。这表明海刺猬和中间球海胆在长期饥饿中充分保持了它们的遮蔽行为。这一现象可以从 Nojima and Mukai（1985）的野外观察中得到部分支持。他们发现活力不佳的海胆（*T. ventricosus*）遮蔽行为并不显著弱于活力好的海胆。遮蔽行为是一种反射行为（Dambach and Hentschel，1970；Lawrence，1976）还是具有其生物学功能（Richner and Milinski，2000；Dumont *et al.*，2007）是有争议的，尽管两种论点都有令人信服的证据。所以，对于为什么海胆在长期饥饿情况下仍保持充分的遮蔽行为，就存在基于以上两类假说的两种解释。饥饿能够影响生物对于能量分配和功能性行为之间的权衡（Cao *et al.*，2009）。处于饥饿状态时，海胆利用储存在肠和性腺中的营养物质来维持生命（Lares and Pomory，1998）。经过 24 周的饥饿，在本实验结束时，海刺猬和中间球海胆都不再有性腺存在。另外，饥饿组中间球海胆出现了（33.33±24.03）%的死亡率，而饥饿组的海刺猬没有出现死亡。这些结果表明，在实验结束时，中间球海胆和海刺猬都很虚弱并处于很差的营养状况。值得注意的是，用贝壳来遮蔽与用（可用作食物的）大型藻类碎片来遮蔽是不同的。在不利条件下，棘皮动物倾向于减少不必要的行为。一个很好的例子就是刺参（*Apostichopus japonicus*）的夏眠（Yang *et al.*，2005）。如果遮蔽行为是功能性的，本研究则表明这些功能对海胆的价值是要高于其能量损耗的。当然，遮蔽行为也有可能就是一种耗能的对于触觉刺激的反应（Lawrence，1976）。因为饥饿对海刺猬和中间球海胆的遮蔽行为都不存在显著影响，本研究清晰地凸显了海胆遮蔽行为的内在固有性和生物学重要性，为其行为机制提供新的信息和启示。

在本研究中，海刺猬和中间球海胆在 24 周的实验周期内表现出了显著不同的遮蔽行为模式。这印证了 Amato et al.（2008）关于不同种海胆具有不同遮蔽行为水平的发现。在本实验中，实验时长并未显著影响遮蔽的中间球海胆数及其用于遮蔽行为的贝壳数。这与 Crook（2003）"拟球海胆的遮蔽程度不具有显著的季节趋势"的研究结果相一致。在本研究中，无论是海刺猬还是中间球海胆，遮蔽的海胆数与用于遮蔽行为的贝壳数这两个指标都保持着高度的一致性。然而，Crook（2003）发现遮蔽的拟球海胆比例却在一年中各月呈现显著的不同。这也印证了遮蔽行为显著的种间差异，尽管遮蔽行为普遍地存在于至少 25 种生活在浅海的海胆和 3 种生活在深海的海胆中（Pawson and Pawson，2013）。另一方面，实验时长对海刺猬的遮蔽行为具有显著影响。有趣的是，在本实验中，海刺猬从实验开始到第 2 周遮蔽行为显著增强，表现为反应时间的缩减和遮蔽能力的增强。一种可能是实验进行到第 2 周恰巧是其遮蔽行为的敏感期。然而，先前研究发现不同月龄的海刺猬具有相同的遮蔽行为（常亚青等，2013）。这充分表明这种可能性是不存在的。另外的一种可能性是海刺猬在初始接触到遮蔽材料后具有一种遮蔽行为上的学习模式。Amato et al.（2008）报道了两种海胆（T. ventricosus 和 L. variegatus）在不同遮蔽材料同时存在的情况下能够显著不同地利用不同的遮蔽材料。这表明海胆利用遮蔽材料不仅是可获得，而且是一种主动的选择（Amato et al.，2008）。在本研究中，海刺猬在实验前从未接触过小虾夷扇贝贝壳（遮蔽材料）。所以，海刺猬很可能在一种天然动机的驱使下学习利用这一遮蔽材料。当然，这一假说还需要将来进一步的实验去验证。本研究为海胆遮蔽行为的种间差异提供了新的信息。

第三节　光对中间球海胆遮蔽行为和 PAX6 基因表达的影响

遮蔽行为是否影响自然光和无光条件下海胆的感光相关基因的表达是一个有趣的科学问题。本研究的主要目的为探索：①中间球海胆 PAX6 是否在无光条件下表达；②中间球海胆 PAX6 在自然光和无光条件下表达的日节律；③黑暗是否显著影响中间球海胆的遮蔽行为；④遮蔽行为在自然光和无光条件下是否显著影响 PAX6 基因表达水平。

一、材料与方法

（一）海胆

中间球海胆（壳径 10～20mm）于 2013 年 7 月 15 日由大连某养殖场运至

大连海洋大学农业部北方海水增养殖重点实验室暂养。投饲海带直到行为实验开始。

（二）实验设计

1. 在黑暗和自然光条件下的 *PAX6* 基因表达

在本研究中，设置自然光和黑暗两种条件。每种条件下布置 24 个水槽（8 个取样时间点，3 个重复）。自然光水下照度用水下可见光照度计定时测量。水槽用黑色遮光布遮挡制造黑暗环境。在 2013 年 7 月 25—26 日 0：00、3：00、6：00、9：00、12：00、15：00、18：00 和 21：00，在每个实验水槽中分别随机选取 3 只海胆。将它们放入装有新鲜海水的容器中待其自然伸出管足，然后用剪刀逐一在其壳上部（赤道面至反口面）迅速剪取管足。将 3 个个体的管足样本混合后放入液氮，然后放入 -80℃ 冰箱保存。

2. 遮蔽行为及其对不同光条件下 *PAX6* 基因表达的影响

自然光和黑暗组条件的设置如 1 所述。20 枚小虾夷扇贝贝壳［壳长（21.38±1.28）mm，壳高（19.88±1.60）mm，壳重（0.29±0.07）g］均匀放置于 8 个实验水槽（55cm×44cm×37cm）底部作为遮蔽材料。8 个完全一样的水槽作为没有遮蔽材料的对照。实验从 2013 年 9 月 18 日 9：00 开始，3h 后，记录中间球海胆用于遮蔽行为的贝壳数。管足取样方法如 1 所述。

（三）总 RNA 提取和 cDNA 合成

用总 RNA 提取试剂盒（天根生化）从中间球海胆管足样本中按说明书操作步骤提取总 RNA。RNA 的浓度和质量用 NanoPhotometer（Implen GmbH，Germany）和琼脂糖凝胶电泳来检测。cDNA 第 1 链采用 PrimeScript™ 试剂盒（TaKaRa，Japan）按说明书推荐步骤合成。

（四）用 qRT-PCR 测定 *PAX6* 基因表达

中间球海胆管足 *PAX6* mRNA 表达量用实时定量 PCR（qRT-PCR）来测定。用 Primer Premier 5 软件基于中间球海胆 *PAX6* cDNA 克隆片段（KF733999）来设计基因特异性引物。18S 线粒体 RNA 作为内参基因（周遵春等，2008）。参照试剂盒说明书推荐的体系以及仪器说明书推荐的过程检验 PCR 产物的扩增特异性，琼脂糖凝胶电泳检测扩增条带大小。目标基因相对表达量用 $2^{-\triangle\triangle CT}$ 法计算（Livak *et al.*，2001）。

（五）数据分析

用二元方差分析（two-way ANOVA）统计检验 *PAX6* 基因日表达模式和遮蔽行为对 *PAX6* 基因表达的影响。中间球海胆用于遮蔽行为的贝壳数用一元方差分析（one-way ANOVA）检验。自然光下中间球海胆的 *PAX6* 基因表达与水下照度值的相关性用皮尔森关联分析（Pearson correlation analysis）进行统计检验。数据分析软件为 SPSS 13.0。$P<0.05$ 设置为显著差异。

二、结果

（一）自然光和黑暗条件下的 $PAX6$ 基因表达

水下阳光照度在 12：00 达到最大值，而在 21：00 到 3：00 处于黑暗状态（图 1-13）。本研究海胆的壳径为（35.01±3.09）mm，并且在各实验组间无显著差异。

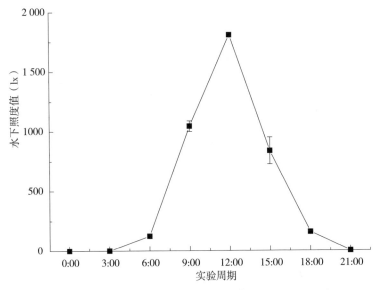

图 1-13　实验周期内自然光的水下照度值（$n=3$，mean±SE）

$PAX6$ 基因的日表达模式在自然光下和在黑暗条件下显著不同（$P<0.001$，图 1-14）。黑暗条件下中间球海胆 $PAX6$ 基因的相对表达量在整个实验周期里始终稳定在 1 左右。而自然光下中间球海胆 $PAX6$ 基因的相对表达量与水下照度总体上呈负相关，尽管 P 值没有达到显著水平（$P=0.071$）。在这一模式下，$PAX6$ 基因的相对表达量在水下光照度最强（1 808.67±20.70）lx 的 12：00 达到最低值，然后逐渐显著上升到光很微弱（123.73±5.02）lx 的 6：00 达到最高值。

（二）遮蔽行为对不同光条件下 $PAX6$ 基因表达的影响

本实验中间球海胆壳径为（40.08±2.38）mm，且各组间没有显著差异（$P>0.05$）。

中间球海胆在自然光条件下用于遮蔽行为的贝壳数显著多于其在黑暗条件下所遮蔽的贝壳数（$P=0.029$，图 1-15）。

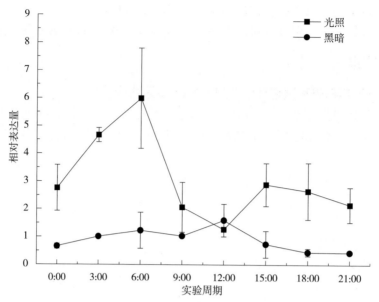

图 1-14　中间球海胆在不同光条件下管足 *PAX*6 基因相对表达量
（*n*＝3，mean±SE）

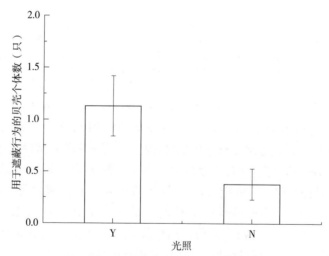

图 1-15　中间球海胆在自然光（Y）和黑暗（N）条件下
遮蔽所用的贝壳数（*n*＝16，mean±SE）

　　无论在自然光条件下还是在黑暗条件下，中间球海胆遮蔽行为都能够显著地降低其 *PAX*6 基因的相对表达量（*P*＝0.012，图 1-16）。然而，光条件（黑暗或自然光）对 *PAX*6 基因表达没有显著影响（*P*＞0.05）。

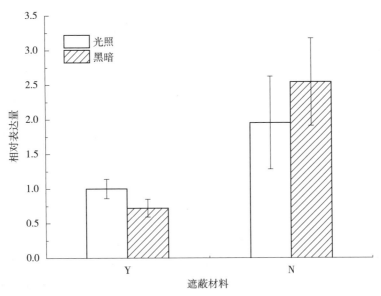

图 1-16　中间球海胆在自然光（Y）和黑暗（N）条件下遮蔽行为对
PAX6 基因表达的影响（$n=4$，mean±SE）
Y 代表有遮蔽材料，N 代表无遮蔽材料

三、讨论

　　海胆管足中的骨片依次排列具有光采集器的作用，是海胆感光的组织基础。这些骨片上有孔，与显著表达 PAX6 的色素细胞互为伴侣。PAX6 在有眼动物中与眼的发育密切相关（Lesser *et al.*，2011）。目前，我们对 *PAX6* 在海胆中的生物学功能知之甚少，尽管它们的原位表达模式已经非常清楚（Lesser *et al.*，2011；Ullrich-Lütera *et al.*，2011）。尽管尚无直接证据表明 *PAX6* 基因表达参与到海胆的感光过程中，但在果蝇（*Drosophila melanogaster*）中，PAX6 已被证实具有调节感光结构基因的生物学功能（Sheng *et al.*，1997）。因此，厘清光与海胆 *PAX6* 基因表达之间的关系至关重要。本研究是首次关于海胆感光相关基因的日表达模式的研究。中间球海胆 *PAX6* 基因在自然光下的表达在日周期内与光强呈现不显著的负相关关系。因为 PAX6 是生物视蛋白基因表达的直接调节者，所以，对于 *PAX6* 基因表达的这种日节律现象的一个合理的解释是它转化成了对视蛋白基因的调节，尽管本研究并未测定视蛋白的基因表达水平（Dr. Florian Raible，私人通信）。这一结果与 Lesser *et al.*（2011）的研究结果相一致。他们发现，海胆壳不同位置管足的视蛋白基因表达随着管足光暴露程度的增强而显著下降。然而，如果将海胆置于黑暗环境中，*PAX6* 基因表达的日节律则是显著不同的。这些

结果表明 *PAX*6 在海胆管足中的基因表达与光条件密切相关，尽管其生物学功能尚不清楚。Ooka *et al*.（2010）报道海胆（*Hemicentrotus pulcherrimus*）管足 encephalopsin 蛋白的基因表达在黑暗条件下显著下降，这与本研究结果完全一致。因此，未来对于生活在深海中的海胆（Pawson and Pawson，2013）视蛋白基因和 *PAX*6 基因表达模式的研究将会是非常有趣的。

光能够显著影响多种海胆的遮蔽行为（Adams，2001；Kehas *et al*.，2005；Dumont *et al*.，2007；Sigg *et al*.，2007）。在本实验中，中间球海胆在自然光条件下遮蔽行为所利用的贝壳数显著高于其在黑暗条件下所利用的贝壳数。这一结果与 Dumont *et al*.（2007）在绿球海胆的研究发现相一致。这进一步地证实了：尽管遮蔽行为存在于黑暗无光的海底（Pawson and Pawson，2013），但对于大部分浅海海胆种类来说，光确实能够显著增强海胆的遮蔽行为。对于这一现象的一个合理解释就是海胆的遮蔽行为具有防护光辐射的作用（Kehas *et al*.，2005）。然而，光增强海胆遮蔽行为的分子神经机制目前尚不清楚。Lesser *et al*.（2011）猜想感光相关基因在光暴露下海胆的行为反应（例如，遮蔽行为）中可能起到关键性的作用。这样的猜想把海胆的 *PAX*6 基因表达和遮蔽行为联系了起来。在本研究中，遮蔽行为能够显著减弱自然光条件下中间球海胆 *PAX*6 的基因表达水平。普遍认为海胆的遮蔽行为具有防御光辐射的生物学功能。因此，有理由认为遮蔽的海胆感知到的光要少于未遮蔽的海胆。然而，我们发现当光强减弱时，中间球海胆 *PAX*6 基因表达水平显著上升。我们没有理由认为遮蔽行为未减弱海胆的感光性，因为遮蔽物覆盖了海胆壳，而且其管足大量缩回壳内。因此，一个更为合理的解释是海胆遮蔽行为具有某种未知的生理、感觉或神经功能，进而导致了 *PAX*6 基因表达的显著下降。本研究接下来的实验数据从某种程度上支持这一设想。我们发现中间球海胆遮蔽行为在黑暗条件下也显著降低其 *PAX*6 基因表达。这一结果清晰表明遮蔽行为对 *PAX*6 基因表达并不通过光条件发挥作用，并凸显了 *PAX*6 基因可能像在脊椎动物中一样在海胆中发挥着复杂而新奇的生物学功能。例如，Kim *et al*.（2014）发现 *PAX*6 基因表达在大鼠谷氨酸能神经元分化过程中发挥重要作用，进而有效调节因其亲代产前丙戊酸暴露而引起的子代孤独症相似行为。本研究的实验结果暗示海胆（特别是生活在黑暗无光的深海的海胆种类）遮蔽行为和 *PAX*6 基因表达之间可能存在着某种新奇的联系。本研究为探索海胆遮蔽行为的分子机制提供了有价值的思路。未来需要有更多的海胆感光相关基因表达方面的研究，来全面解释光影响海胆遮蔽行为的分子机理。

第四节　不同性别中间球海胆遮蔽行为的日节律研究

本研究的主要目的是探讨：①雌雄中间球海胆的遮蔽行为是否存在显著差异；②雌雄海胆的遮蔽行为是否与光照度显著相关；③中间球海胆的遮蔽行为是否存在日节律模式；④中间球海胆遮蔽行为日行为模式是否存在性别上的显著差异。

一、材料与方法

（一）海胆

中间球海胆（2010 年 10 月培育）于 2012 年 10 月 25 日购自大连某养殖场。在大连海洋大学农业部北方海水增养殖重点实验室暂养两周后，用阴干流水刺激的方法诱导海胆产卵（排精）。因中间球海胆精卵呈现不同颜色，很容易用肉眼将它们区分开来。然后，将雌雄海胆分开饲养至行为实验开始，饲养环境、条件和方法完全一致。

（二）实验设计

行为实验在室内自然光条件下进行。除了夜晚快速观察时不得不使用的微弱灯光外，实验中不存在其他人造光源的介入。自然光照度在一天之内存在着明显的变化。所以，在实验过程中，每 2h 用水下可见光照度计测量一次水下照度。随机选取雌雄中间球海胆各 45 只，随机分布在 6 个 200L 水槽中（单因素，两水平，三个重复）。用做遮蔽材料的 20 枚小虾夷扇贝贝壳均匀地布置在水槽底部。各实验组内中间球海胆和贝壳（遮蔽材料）的重量没有显著差异（$P > 0.05$，表 1-3）。为研究中间球海胆遮蔽行为的日节律，在 2012 年 12 月 28—29 日每 2h 观察并记录一次遮蔽的海胆数和海胆用于遮蔽的贝壳数，并在实验开始时记录海胆初始遮蔽时间（以前三个海胆初始遮蔽自己的时间平均值为海胆初始遮蔽时间）。

表 1-3　实验用中间球海胆和贝壳的尺寸

项目	中间球海胆			贝壳		
	壳径（mm）	壳高（mm）	体重（g）	壳高（mm）	壳长（mm）	体重（g）
M1	66.09±1.86	33.77±1.59	111.78±5.95	20.59±1.21	21.59±1.21	0.28±0.08
M2	68.95±2.04	34.59±1.72	122.84±9.78	20.26±1.37	21.29±1.45	0.26±0.06
M3	67.80±2.97	34.90±1.71	119.08±11.85	20.45±1.21	21.48±1.27	0.27±0.06
F1	66.78±2.27	33.00±2.09	112.25±11.80	20.38±1.23	21.41±1.26	0.27±0.06
F2	66.97±2.80	33.72±1.71	114.48±13.25	20.53±1.15	21.58±1.16	0.28±0.07
F3	68.92±2.78	34.92±3.49	120.76±16.56	20.39±1.18	21.41±1.16	0.28±0.06

注：M 代表雄性，F 代表雌性。

（三）数据分析

首先对数据进行正态性和方差齐性分析。利用一元方差分析（one-way ANOVA）检验海胆初始遮蔽时间、光照度以及海胆和贝壳的体尺性状。用一元重复度量方差分析（one-way repeated measured ANOVA）检验遮蔽的海胆数和海胆用于遮蔽行为的贝壳数。光照度和遮蔽行为的关联性采用皮尔森关联分析（Pearson correlation analysis）予以统计检验。所有实验数据均利用 SPSS 16.0 软件进行统计分析，各统计分析的显著水平均设置为 $P < 0.05$。

二、结果

实验日周期内的水下光照度相对较低，仅在 10：00 达到最大值 80lx（图 1-17）。各个实验水槽的水下光照度没有显著差异（$P > 0.05$）。

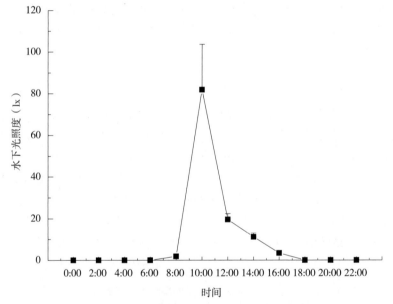

图 1-17　实验周期内的水下光照度（mean±SD）

尽管雌性海胆比雄性海胆遮蔽速度要稍快一点，但两者的初始遮蔽时间没有显著差异（$P > 0.05$，图 1-18）。无论是从遮蔽的海胆数（$P = 0.012$）还是海胆用于遮蔽的贝壳数（$P = 0.006$）来看，中间球海胆都显示出了显著的日遮蔽行为模式。性别作为一个因素，对于遮蔽的海胆数和海胆用于遮蔽的贝壳数都没有显著影响（$P > 0.05$）。而且，一元重复度量方差分析结果显示，昼夜周期与性别的交互作用对遮蔽的海胆数（$P = 0.043$）和海胆用于遮蔽行为的贝壳数（$P = 0.026$）具有显著影响。皮尔森关联分析表明，水下自然光照度与遮蔽的雄性海胆数（$R^2=0.669$，$P<0.001$）以及雄性海胆用于遮蔽的贝壳数（$R^2=0.672$，$P<0.001$）呈显著相关，而与遮蔽的雌性海胆数（$R^2=0.062$，$P=0.719$）以及雌性海胆用于遮蔽的贝壳数（$R^2=0.291$，$P=0.181$）不显著相关（图 1-17，图 1-19，图 1-20）。

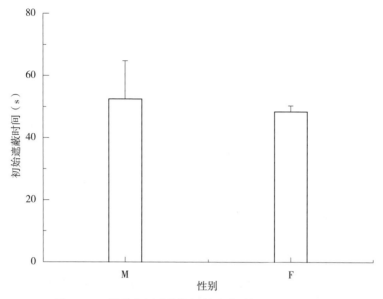

图 1-18　雌雄中间球海胆初始遮蔽时间（mean±SD）
M 代表雄性，F 代表雌性

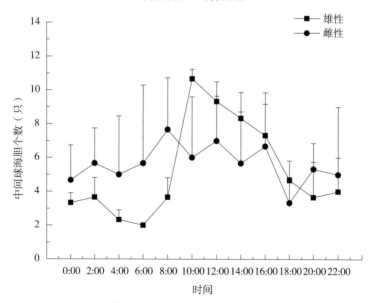

图 1-19　日周期内遮蔽的雌雄中间球海胆数（mean±SD）

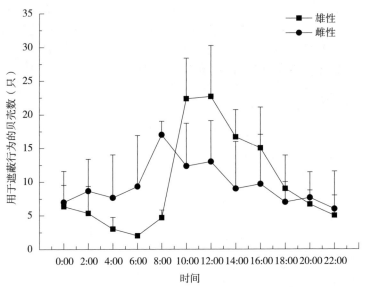

图 1-20　日周期内雌雄中间球海胆用于遮蔽行为的贝壳数（mean±SD)

三、讨论

在本研究中，性别对海胆初始遮蔽时间、遮蔽的海胆数和海胆用于遮蔽的贝壳数都没有显著影响。通过一个仔细设计的室内实验，本研究用中间球海胆印证了 Crook（2003）在拟球海胆上关于"性别对海胆遮蔽行为没有显著影响"的结论。

在本研究中，中间球海胆显示出明显的遮蔽行为日节律。文献表明，光照度能够显著地影响海胆的遮蔽行为（Kehas *et al.*，2005；Dumont *et al.*，2007）。本研究与 Dumont *et al.*（2007）的研究结果"绿球海胆在阳光下与黑暗中的遮蔽行为显著不同"相一致。白天，遮蔽的拟球海胆比不遮蔽的多20％，而夜晚遮蔽的拟球海胆比不遮蔽的少17％（Barnes and Crook，2001）。值得注意的是，这些研究是在不同季节、不同地点开展的。Dumont *et al.*（2007）的研究是8月在加拿大进行；Barnes and Crook（2001）的实验是2—12月在爱尔兰进行，而本研究则是12月在中国进行。结合前人的研究结果，本研究表明：海胆遮蔽行为具有清晰的日节律，不仅仅是白天和夜晚的区别（Barnes and Crook，2001；Dumont *et al.*，2007），而且（至少在中间球海胆）表现出一个连续的日节律。先前研究表明中间球海胆在实验室条件下的摄食行为并未表现出明显的日节律（Zhao *et al.*，2013）。可见，中间球海胆不同行为的节律模式是不同的。有趣的是，在本研究中，昼夜周期与性别的交互作用对中间球海胆的遮蔽行为具有显著影响。这一结果表明雌雄中间球海胆遮蔽行为的日节律模式显著不同。这意味着中间球海胆遮蔽行为的性别差异表现在节律模式上（尽管性别作为一个因素对中间球海胆遮蔽行为没有显著影响）。这与 Alós *et al.*（2012）的实验结果相一致。Alós *et al.*（2012）发现昼夜周期与性别的交互作用显著影响条尾连鳍唇鱼（*Xyrichtys novacula*）的行为，而性别作为一个因素却对其没有显著影响。在本研究中，皮尔森关联分析结果显示水下光照度与雄性中间球海胆的遮蔽行为存在显著相关，而与雌性中间球海胆的遮蔽行为无显著相关。这表明雄性中间球海胆遮蔽行为的日节律更具有光依赖性。这与 Gravem *et al.*（2012）的研究结果相吻合。Gravem *et al.*（2012）发现雄性紫球海胆在光照强烈的环境下能够显著增加光防御作用的表皮类菌胞素氨基酸（MAAs）的浓度，而雌性海胆却不能。雌性海胆遮蔽行为日节律的内在机制尚不清楚。

遮蔽行为具有光（Dumont *et al.*，2007）和捕食者（Agatsuma，2001）防御的功能机制，所以，遮蔽行为的日节律对于海胆的环境适应性可能具有重要意义。本研究阐明了雌雄海胆遮蔽行为不同的日节律，为海胆行为生态学提供了重要的信息。然而，需要注意的是，本研究是在实验室条件下进行的。自然环境要比实验室环境复杂得多。捕食者能够显著地影响海胆在野外的行为节律。例如，为了躲避捕食者，拟球海胆（*P. lividus*）在地中海是夜行动物，而在爱尔兰水域则主要集中在白天活动（Ebling *et al.*，1966；Dance，1987；Barnes and Crook，2001）。因此，更为复杂的自然环境下海胆遮蔽行为的日节律模式有待进一步研究。

第五节　捕食者暴露下中间球海胆遮蔽行为对其存活和 *HSP*70 基因表达的影响

球海胆属（*Strongylocentrotus*）稚胆与其捕食者相互作用具有重要的生态意义。本研究的主要目的包括：①日本蟳（*Charybdis japonica*）是否显著捕食中间球海胆稚胆；②遮蔽行为是否能够显著减少日本蟳对中间球海胆稚胆的捕食；③捕食者暴露和遮蔽行为是否显著影响中间球海胆稚胆 *HSP*70 基因表达。

一、材料与方法

（一）海胆和日本蟳

于 2013 年 7 月 15 日在大连某养殖场购买了 240 枚壳径为 10～20mm 的中间球海胆稚胆（2012 年 10 月培育）。它们随后被安置在大连海洋大学农业部北方海水增养殖重点实验室进行暂养到实验开始。暂养环境条件为水温 22～

24℃，自然光照，投喂足量海带。实验开始前，测量了所有实验用海胆的体重。为避免对稚胆可能的伤害，壳径和壳高未做准确测量。

6 只日本蟳在大连黑石礁水域（38°52′ N，121°34′ E）捕获，无需授权和许可。它们随后在实验室与中间球海胆相同养殖环境饲养，投喂足量菲律宾蛤仔（*Ruditapes philippinarum*），以确信它们具有摄食能力且并无蜕皮现象。在实验开始前，饥饿日本蟳一周，测定并记录其体尺和性别，确保遮蔽组和无遮蔽组各有尺寸相近的 2 只雄蟹和 1 只雌蟹。

（二）实验设计

本研究包含 3 个实验。这些实验 2013 年 8 月 6 日在自然光条件下进行，水温 23.7～26.0℃，盐度 31，pH 8.12。首先，笔者研究了在有或无遮蔽材料存在的情况日本蟳暴露下中间球海胆稚胆的死亡率（遮蔽材料和捕食者暴露作为两个因素）。6 只日本蟳作为捕食者被放置在 6 个 70L 实验水槽中（有或无遮蔽材料）。两只雄性和一只雌性日本蟳分别放入有/无遮蔽材料的实验组中，以确保每个实验组的捕食者雄雌比例为 2∶1。六个相同但不放置捕食者的水槽设置为对照组。根据我们之前的研究（Zhao *et al.*，2013），20 枚小虾夷扇贝贝壳 ［壳长（20.31±0.99）mm，壳高（21.54±1.10）mm，壳重（0.28±0.06）g］ 作为遮蔽材料均匀布置在实验水槽底部。然后，轻柔地将20 枚中间球海胆均匀地放置于水槽。在实验开始后 1、3、6、9 和 12 h，记录每个实验水槽中间球海胆的死亡率。第 2 个实验是有/无捕食者存在条件下的中间球海胆遮蔽行为实验（捕食者暴露作为因素）。本研究观察记录中间球海胆初始遮蔽时间（行为反应速度），并在实验开始后 12h 观察记录每个实验水槽中中间球海胆遮蔽行为所用的贝壳数（行为能力）。第 3 个实验为中间球海胆在有/无捕食者暴露和有/无遮蔽材料条件下的 *HSP*70 基因表达研究（遮蔽材料和捕食者暴露作为研究的两个因素）。实验开始后 12h，每只海胆取0.5mL 体腔液，3 000r/min 冷冻（4℃）离心 2min，弃上清液。取样后，样本立即放入液氮，然后放到−80℃冰箱保存（表 1-4）。

表 1-4　日本蟳的性别和尺寸记录（$n=3$，mean±SE）

遮蔽材料	N	Y
性别比例（♂∶♀）	2∶1	2∶1
甲宽（cm）	7.67±0.17	8.00±0.00
甲高（cm）	6.00±0.00	6.00±0.00
左螯长（cm）	11.00±0.00	11.00±0.29
右螯长（cm）	11.17±0.17	11.00±0.29

（续）

遮蔽材料	N	Y
体重（g）	98.03±3.56[a]	117.97±3.81[b]

注：同行不同字母代表显著差异。N代表无，Y代表有。

（三）HSP70 基因表达

用总 RNA 提取试剂盒（天根生化）按照说明书推荐步骤提取总 RNA。cDNA 第一链用 PrimeScript™ RT 合成试剂盒（TaKaRa，Japan）按照说明书推荐步骤合成。HSP70 基因相对表达量用实时定量 PCR（quantitative RT-PCR）分析。

基因特异性引物由 HSP70 片段用 Primer Premier 5.0 软件合成。中间球海胆 18S 线粒体 RNA 作为内参基因（周遵春等，2008）。qRT-PCR 反应在 20μL 体系中进行。实验仪器为 Applied Biosystem 7500 实时定量 PCR 仪（Applied Biosystem，USA）。每个 PCR 反应后，都进行扩增产物的熔解曲线分析以确认其扩增特异性，琼脂糖凝胶电泳检测确定扩增产物的大小。采用 CT 值比较法（$2^{-\triangle\triangle CT}$）计算 HSP70 基因的相对表达量（Livak and Schmittgen，2001）。

（四）数据分析

中间球海胆在日本蟳暴露下的死亡率用二元重复度量方差分析（two-way repeated measured ANONA）进行统计检验（日本蟳暴露和遮蔽材料作为两个实验因素，时间作为重复度量因素）。中间球海胆初始遮蔽时间和遮蔽行为所用的贝壳数用一元方差分析进行检验（捕食者暴露作为实验因素）。HSP70 的相对表达量用二元方差分析（two-way ANOVA）来统计检验（日本蟳暴露和遮蔽材料作为两个实验因素）。所有实验数据的统计均使用 SPSS 13.0 软件进行分析，各统计分析的显著水平均设置为 $P<0.05$。

二、结果

（一）中间球海胆和日本蟳

中间球海胆的体重为（1.99±0.025）g（$n=240$，mean±SE），各实验组间无显著差异（$P>0.05$，$n=3$）。日本蟳体甲宽、体甲高和左右螯长在各实验组间无显著差异（$P>0.05$）。但遮蔽组日本蟳的体重显著高于非遮蔽组个体（$P=0.019$，$n=3$）。雌雄日本蟳在所有体尺性状中均未出现显著差异（$P>0.05$）。

（二）捕食效应

无日本蟳暴露的中间球海胆在实验周期内无死亡现象。日本蟳在 12h 内显著捕食中间球海胆稚胆（$P = 0.018$，$n = 3$）。在实验期间，其死亡率为 $(34.17 \pm 11.43)\%$。具有遮蔽材料组的中间球海胆的死亡率要明显高于无遮蔽材料组海胆的死亡率，尽管 P 值并未达到显著水平（$P > 0.05$，图 1 - 21）。捕食者与遮蔽材料的交互作用对其没有显著影响（$P > 0.05$）。

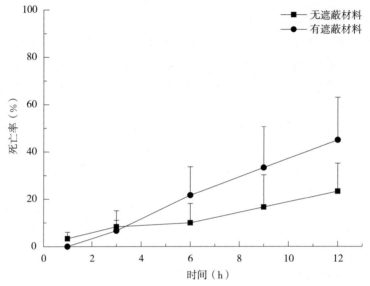

图 1 - 21　有遮蔽材料和无遮蔽材料条件下日本蟳对中间球海胆的捕食（$n = 3$，mean±SE）

（三）遮蔽行为及其对 HSP70 基因表达的影响

总体而言，日本蟳暴露下的中间球海胆稚胆的遮蔽行为反应时间和反应能力均略有下降。然而，捕食者暴露对于中间球海胆稚胆的初始遮蔽时间（$P > 0.05$，$n = 3$，图 1 - 22）和遮蔽行为所用的贝壳数（$P > 0.05$，$n = 3$，图 1 - 23）均无显著影响。遮蔽材料、捕食者暴露及其交互作用对中间球海胆稚胆的 HSP70 基因表达均无显著影响（$P > 0.05$，$n = 3$，图 1 - 24）。

三、讨论

评估海胆的潜在捕食者及其捕食效应能够在海胆种群和群落保护管理方面提供一些有价值的生态学信息（Clemente et al.，2013）。尽管日本蟳和中间球海胆在潮间带和次大陆架浅海都有生境上的重叠，但它们可能的猎物-捕食者关系却从未报道。本研究观察到日本蟳显著地捕食中间球海胆稚胆。这表明，除了四齿矶蟹（Pugettia quadridens）外（Agatsuma，2001），日本蟳是中间球海胆稚胆另外的一种可能的捕食者，尽管还需要更多的野外观察来验证这一结论。因此，避免日本蟳的捕食能够在中国（常亚青等，2004）和日本

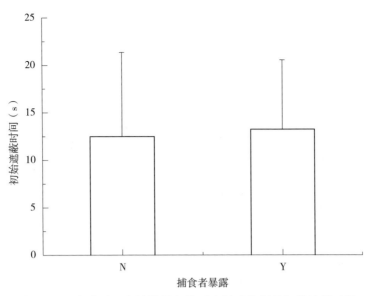

图 1-22 有及无日本蟳暴露条件下中间球海胆的初始遮蔽时间
（$n=3$，mean±SE）

N代表无捕食者暴露，Y代表有捕食者暴露

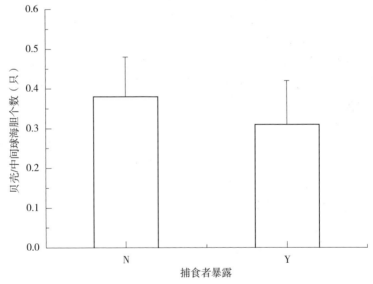

图 1-23 有及无日本蟳暴露条件下中间球海胆遮蔽行为所用的贝
壳数（$n=3$，mean±SE）

N代表无捕食者暴露，Y代表有捕食者暴露

（Kawai and Agatsuma，1996）对中间球海胆稚胆进行增殖放流时增加中间球
海胆稚胆的成活率。

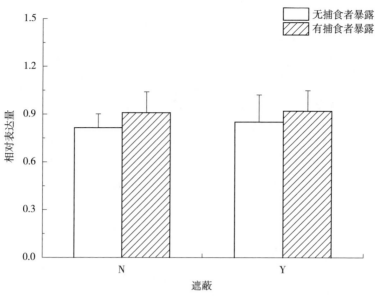

图 1-24　有/无日本蟳暴露及不同遮蔽条件下中间球海胆 *HSP*70 的
基因相对表达量

N 代表无遮蔽材料，Y 代表有遮蔽材料

　　海胆的遮蔽行为是一种多因素决定的生命现象（Dumont *et al.*，2007）。遮蔽行为与其防御捕食者的生物学功能尚未像与防止紫外线照射那样很好地关联起来。这是因为暴露在不同捕食者下的不同种海胆的遮蔽行为反应明显不同（Amsler *et al.*，1999；Agatsuma，2001）。在本研究中，遮蔽材料的可获得性并未显著提升中间球海胆稚胆在日本蟳暴露 12h 条件下的成活率。这一结果与 Agatsuma（2001）的研究结论相一致。他发现，中间球海胆稚胆在四齿矶蟹暴露下，其遮蔽行为 2h 内具有显著的防御作用，而 24h 和 48h 后则不存在显著的防御功能。值得注意的是，本研究中使用的日本蟳要比 Agatsuma（2001）研究中所用的四齿矶蟹大得多。这些结果表明遮蔽行为仅在短时间暴露于特定捕食者情况下才具有有效的防御功能。Amsler *et al.*（1999）的研究结果在一定程度上支持了我们的这一结论。他们发现暴露在捕食者海葵（*Isotealia antarctica*）下的遮蔽海胆（*Sterechinus neumayeri*）的存活率显著高于未遮蔽个体。在本研究中，有遮蔽材料组中被捕食的中间球海胆稚胆还略多于无遮蔽材料组，尽管 *P* 值未达到显著水平。一个合理的解释是有遮蔽材料组日本蟳的体重显著高于无遮蔽材料组。本研究另外的一个局限性在于每个实验组只使用了不同性别的 3 只日本蟳（两雄一雌）。本研究中雌雄日本蟳的各体尺性状均无显著差异，尽管另外的一种蟹（*Pachygrapsus crassipes*）雌雄螯长具有明显的不同（Clemente *et al.*，2013）。而且，本研究中所用蟹的雌雄比例是固定的，整体上并不影响捕食。尽管如此，日本蟳数量上的局限可能仍会影响统计分析的稳定性。结合前人的文献报道，本研究表明蟹在复杂的海胆和蟹的猎物-捕食者作用中具有非常重要的作用。而且，比较 Clemente *et al.* （2013）的研究结果，遮蔽材料对于海胆稚胆所起到的防御作用完全不如其生境中的庇护所（habitat refuges）。

我们预想捕食者暴露能够显著增加中间球海胆稚胆的遮蔽行为。然而，实际的实验结果与预想的不同：日本蟳暴露并未促使海胆显著地增加其遮蔽行为。相反，日本蟳暴露反而对中间球海胆稚胆的遮蔽行为略有妨碍。这一结果与 Dumont *et al.* （2007）关于捕食者刺激对绿球海胆（*Strongylocentrotus droebachiensis*）遮蔽行为没有显著影响的报道相一致。本研究结果进一步地证实了遮蔽行为在海胆防御捕食者的过程中并不发挥主要作用。

*HSP*70 基因表达水平的上调与动物反捕食反应的联系在无脊椎动物（Pauwels *et al.*，2005；Slos and Stock，2008）和脊椎动物（Kagawa *et al.*，1999；Kagawa and Mugiya，2002；Mesa *et al.*，2002）中都有报道。在本研究中，尽管日本蟳对中间球海胆稚胆的捕食行为相当明显［中间球海胆稚胆的死亡率为 (34.17±11.43)%］，但捕食者、遮蔽材料及其交互作用对 *HSP*70 基因表达都没有显著影响。这一结果与 Sørensen *et al.* （2011）的报道相一致。他们发现，96h 的捕食者暴露并未显著引起蛙（*Rana temporaria*）蝌蚪 *HSP*70 基因表达的显著变化。存在两种合理的解释。一种可能性是在 12h 实验周期内并未检测到可诱导的 *HSP*70 基因表达反应，因为捕食者诱导的 *HSP*70 基因表达反应速度在不同物种间差异非常大。例如，金鱼（*Carassius auratus*）在捕食者暴露 6h 的情况下就表现出了显著的 *HSP*70 基因表达变化（Kagawa and Mugiya，2002）。然而，Slos and Stoks（2008）报道处于捕食危险下的豆娘（*Enallagma cyathigerum*）长达 5d 都未出现 *HSP*70 基因表达上的显著变化。另外的一种可能性是中间球海胆稚胆除 *HSP*70 外的捕食胁迫敏感基因在日本蟳暴露 12h 过程中产生显著的应答反应。因此，未来需要在多种环境和捕食条件下研究其他海胆 *HSP*70 基因表达与捕食过程可能的关联。

第六节　近交对中间球海胆遮蔽行为的影响

近交系在揭示其生物学现象的遗传机理上发挥重要作用（Bleakley *et al.*，2006）。然而，近交对海胆行为影响的研究却未见报道。本研究的主要目的包括探究：①一代全同胞和半同胞近交是否显著影响中间球海胆的遮蔽行为；②中间球海胆从 17 月龄到 25 月龄是否存在遮蔽行为上的显著变化。

一、材料与方法

（一）海胆

农业部北方海水增养殖重点实验室 2007 年 10 月培育了 190 个中间球海胆全同胞家系（95 个半同胞家系）。培育和养殖的方法详见 Chang *et al.* (2012)。于 2010 年 11 月和 2011 年 7 月用全同胞和半同胞近交的方法分别培育了两批中间球海胆近交家系。在默认 2007 年 10 月建立家系的祖代海胆无近交的前提下，其近交系数分别为 0.25、0.125 和 0，在本实验中分别记为 F、H 和 C 组。在每批海胆（分别为 17 月龄和 25 月龄）每个近交水平中随机选取 15 枚个体，测量它们的壳径、壳高和体重（表 1-5）。所有的海胆在称重前用毛巾沥干 10s。测量结果显示，不同月龄的中间球海胆三个体尺性状显著不同，而近交水平对壳径和壳高无显著影响（$P>0.05$），对体重有显著影响（$P=0.05$）。不同月龄和近交水平的中间球海胆在 6 个 70L 水槽中暂养一周，直到 2012 年 12 月 27 日的行为实验。

表 1-5 不同月龄和不同近交水平的中间球海胆的壳径、壳高和体重

近交水平		壳径（mm）	壳高（mm）	体重（g）
C	17	42.24±5.89	20.55±2.66	29.58±13.09
	25	47.09±5.29	24.21±3.93	42.74±12.12
F	17	40.05±3.22	19.66±2.24	25.49±7.45
	25	47.21±4.75	22.70±3.31	39.42±9.16
H	17	41.81±5.93	21.12±3.16	29.81±10.51
	25	49.87±5.44	25.44±4.01	48.00±11.62

注：C、F、H 代表中间球海胆不同近交水平（0.25、0.125、0）；17 和 25 代表其月龄数。

（二）实验设计

实验在 90 个个体实验水槽（10L）中进行，每个水槽中放置 1 枚中间球海胆。20 枚小虾夷扇贝贝壳［壳长（20.43±1.23）mm，壳高（21.46±1.25）mm，壳重（0.28±0.07）g］作为遮蔽材料均匀分布在实验水槽（22cm 直径）底部。将标号的 90 只水槽随机排布位置来平衡实验室内可能存在的环境差异。实验共设置两个因素（月龄和近交水平），三个近交水平和两个月龄水平，每组 15 个个体重复。

实验在 27~35lx 的水下自然光照度下进行。观察记录海胆初始遮蔽时间，以及 2h 后中间球海胆用于遮蔽行为的贝壳数。

（三）数据分析

首先检验数据的正态性和方差齐性。海胆的遮蔽行为指标用二元方差分析（two-way ANOVA）检验。如果因素作用显著，则利用邓肯多重比较（Duncan multiple comparisons）对因素间各水平间进行两两比较。鉴于是否可以利用方差分析来检验不符合正态性和方差齐性的数据在统计学上存在争议（Runyon *et al.*，2000），进一步采用 Mann-Whitney 检验和 Kruskal-Wallis 检验这两种非参数检验方法来分析数据。所有实验数据的统计均使用 SPSS 13.0 软件进行分析，$P < 0.05$ 设为统计分析的显著水平。

二、结果与讨论

海胆遮蔽行为易受外界环境的影响。比如，光是显著影响海胆遮蔽行为的环境因子（Verling *et al.*，2002；Kehas *et al.*，2005；Dumont *et al.*，2007）。但在黑暗无光的海底，Pawson and Pawson（2013）同样观察到了一些种类海胆的遮蔽行为。这表明，海胆在容易受到环境因子影响的同时，也有其内在固有性。这事实上提出了这样的一个有趣的科学问题：如果海胆在由近交导致的整体适合度下降的情况下，遮蔽行为的固有程度是否会因此而下降？本实验是第一个着眼于海胆遮蔽行为遗传基础的相关研究，能够为其行为机制探索提供新的思路。

一代全同胞近交显著地影响孔雀鱼（*Poecilia reticulata*）的追逐求偶行为（Mariette *et al.*，2006）。然而，在本研究中，参数检验和非参数检验结果都表明，一代近交并不显著影响中间球海胆的初始遮蔽时间和遮蔽行为所用的贝壳数（$P > 0.05$，图 1-25、图 1-26）。这意味着一代近交并未引起中间球海胆遮蔽行为的显著衰退。海胆遮蔽行为可能是极端内在固有的，不因近交而衰退，或者这种行为仅仅是一种反射行为（Lawrence，1976）。中间球海胆遮蔽行为的这一内在固有性与先前的一项研究结果相吻合：长达 24 周的饥饿并未显著影响中间球海胆的遮蔽行为（Zhao *et al.*，2014）。近交所导致的生物适合度下降更倾向于影响能量需求量大的行为（Mariette *et al.*，2006）。所以，另外的一种解释是：中间球海胆遮蔽行为所需的能量是相对较少的，因此并未受到一代近交的显著影响。这两种解释是并行不悖的。另外，van Oosterhout *et al.*（2003）报道，一代近交并未显著影响特立尼达群体孔雀鱼的追逐求偶行为，然而这一行为却在二代和三代近交个体中显著地衰退了。这意味着一代近交没有引起的行为衰退可能在第二代甚至是第三代近交中产生。应该看到，本实验研究的是一代近交对中间球海胆遮蔽行为的影响。多代近交是否能够引起海胆遮蔽行为的显著衰退，则需要进一步的研究来检验本研究关于海胆遮蔽行为内在固有性的结论。

在本研究中，同样没有发现月龄对中间球海胆遮蔽行为的显著影响（$P >$

0.05，图 1-25、图 1-26）。这表明小于和大于 24 月龄中间球海胆的遮蔽行为之间并不存在显著的变化。这一结果与我们平时对于中间球海胆遮蔽行为的实验室观察相一致。这进一步地印证了本研究关于中间球海胆遮蔽行为内在固有性的论断。

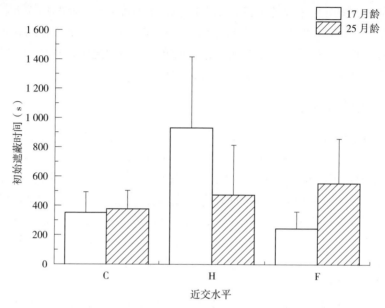

图 1-25　不同月龄中间球海胆初始遮蔽时间（mean±SE，$n=15$）

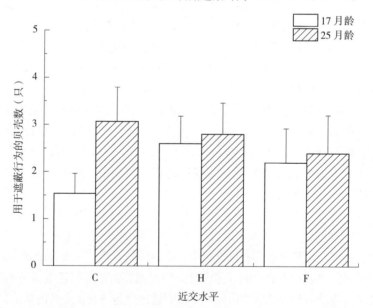

图 1-26　不同月龄中间球海胆用于遮蔽行为的贝壳数（mean±SE，$n=15$）

值得注意的是，在本研究中，中间球海胆遮蔽行为存在着较大的个体差异。这一结果与 Crook（2003）的研究结论相一致：拟球海胆（*Paracentrotus lividus*）的遮蔽行为具有很大的种内个体差异。这凸显了海胆遮蔽行为研究的困难。较少的样本量可能会增大统计分析中出现不显著判断的可能性。本实验的样本量为 15 只，在行为学实验中，这一样本量还是相对较少的。这构成了本研究的一个局限，从而强调了在行为学研究中大样本量的重要性（表 1-6）。

表 1-6　不同月龄和不同近交水平的中间球海胆遮蔽行为的差异系数（CV，%）

组别	初始遮蔽时间		遮蔽行为所用贝壳数	
	17 月龄	25 月龄	17 月龄	25 月龄
C	157.1	131.4	107.1	91.8
F	180.5	213.6	127.6	129.7
H	201.9	276.6	87.0	91.8

第七节　中间球海胆遮蔽行为的遗传力估计及基因型与温度互作研究

行为学中一个突出的挑战是揭示生物行为的遗传机制。本研究的主要目的包括探索：①中间球海胆遮蔽行为是否具有明确的遗传基础；②如果有，它的两个典型性状——初始遮蔽时间和遮蔽行为所用的贝壳数的遗传力分别是多少；③遗传和环境因子及其相互作用是如何影响中间球海胆的遮蔽行为的。

一、材料与方法

（一）海胆

农业部北方海水增养殖重点实验室于 2007 年 10 月培育了 190 个中间球海胆全同胞家系（含 95 个半同胞家系）。培育和养殖的方法详见 Chang *et al.* (2012)。以体重为主要目标性状，利用这些家系进一步开展选择育种工作。2009 年 5 月建立了第 2 代 40 个中间球海胆全同胞家系，并以同样的育苗和养殖方法培育了第 3 代选育中间球海胆。2012 年 3 月，在它们 8 月龄的时候，随机选择 9 个家系来研究基因型与温度的相互作用。每个家系随机选择 40 只海胆放置在两个温度组中。一组为自然海水温度（不做控温处理），另一组用水温调控系统做高温调控。两组的水温每月观察并记录一次（表 1-7）。在两组不同的水温条件下饲养 10 个月以后（2013 年 1 月 17 日），每组每个家系随机选取 6～15 只中间球海胆进行接下来的行为学实验。实验开始前，测量每个个体的壳径、壳高和体重（表 1-8）。

表 1 - 7　实验中两个温度组的月实际温度

日期	高温组（℃）	低温组（℃）	温差（℃）
2012 年 3 月	12.40	11.25	1.15
2012 年 4 月	16.92	15.89	1.03
2012 年 5 月	19.94	19.01	0.93
2012 年 6 月	23.65	22.42	1.23
2012 年 7 月	24.11	22.49	1.62
2012 年 8 月	24.68	21.72	2.96
2012 年 9 月	24.25	20.70	3.55
2012 年 10 月	22.88	17.98	4.90
2012 年 11 月	19.38	14.30	5.08
2012 年 12 月	17.27	12.06	5.21
2013 年 1 月	16.65	12.47	4.18

表 1 - 8　实验开始前中间球海胆的壳径、壳高和体重（mean±SD）

家系	海胆数（只）	壳径（mm）	壳高（mm）	体重（g）
1	13	40.00±5.26	19.53±2.41	26.04±9.02
2	30	39.59±4.59	18.90±2.17	24.42±7.50
3	12	34.56±6.72	16.60±3.52	18.77±8.32
4	30	41.62±4.40	19.89±2.08	28.63±8.22
5	20	38.18±4.14	17.52±1.68	24.20±6.94
6	14	43.85±3.05	20.10±1.75	32.52±5.53
7	12	38.68±2.19	18.12±1.15	24.98±5.49
8	16	43.27±5.40	22.59±3.21	28.48±8.76
9	30	36.68±3.30	17.26±1.27	20.64±5.23

（二）遮蔽行为实验

实验在个体实验水槽（10L）中进行，每个水槽中放置 1 枚中间球海胆。实验细节详见 Zhao et al.（2013）。20 枚小虾夷扇贝贝壳［壳长（20.38±1.24）mm、壳高（21.50±1.29）mm、壳重（0.28±0.065）g］作为遮蔽材料均匀分布在实验水槽（22cm 直径）底部。实验共设置两个因素（家系和温度），9 个家系水平和 2 个温度水平，每组 6～15 只个体重复。中间球海胆遮蔽行为的测试条件为：室内自然光照（水下照度为 11～37.2lx）、水温 12～14.4℃、盐度 31.93、pH 7.99。行为学测试指标为：中间球海胆初始遮蔽时间和用于遮蔽行为的贝壳数。

（三）遗传分析

遗传力估计参考我们先前的研究（Chang et al. 2012）并略有改动。估计中间球海胆遮蔽行为的动物模型见公式：

$$Y_{ijkl} = \mu + sire_i + dam_j + e_{ijkl} \qquad (1-1)$$

式中，Y 代表中间球海胆行为表型的观测值，μ 代表行为观测值的平均值，$sire_i$ 代表第 i 个父亲的随机效应，dam_j 代表第 j 个母亲的随机效应，e 代表随机误差效应。利用一般线性模型（GLM）中的约束极大似然法（REML）估计方差组分。基因型、温度及其相互作用对中间球海胆遮蔽行为的影响采用二元协方差分析（ANCOVA）进行统计检验（以壳径为协变量）。所有实验数据均利用 SPSS 13.0 软件进行统计分析，各统计分析的显著水平均设置为 $P < 0.05$。

二、结果

中间球海胆初始遮蔽时间和遮蔽行为所用的贝壳数的遗传力估计值分别为 0.43 和 0.12（图 1-27）。

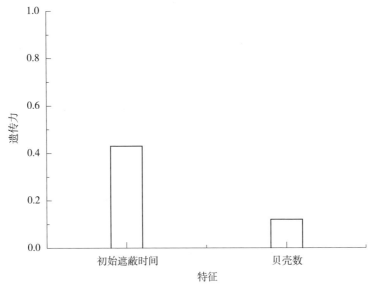

图 1-27　中间球海胆遮蔽行为的遗传力

家系（基因型）、温度及其相互作用对中间球海胆遮蔽行为的影响数据概括于表 1-9。本研究中的两个典型的遮蔽行为性状对遗传和环境因子的反应明显不同。基因型显著影响中间球海胆初始遮蔽时间（$P = 0.047$），但温度及基因型与温度互作对其无显著影响（$P = 0.405$）。另一方面，温度显著影响中间球海胆遮蔽行为所用贝壳数（$P = 0.005$），但基因型及温度与基因型互作对其无显著影响（$P = 0.248$）。壳径作为协变量，显著影响中间球海胆初始遮蔽时间（$P = 0.024$），但对用于遮蔽行为的贝壳数无显著影响（$P = 0.311$）。高温组和低温组中间球海胆初始遮蔽时间在各家系间存在显著差异（$P < 0.05$，图 1-28）。无论高温组还是低温组，1 号家系初始遮蔽时间显著最短，8 号家

系初始遮蔽时间显著最长（P＜0.05，图1-28）。所有实验家系的中间球海胆用于遮蔽的贝壳数都随着水温的升高而明显下降（图1-29）。

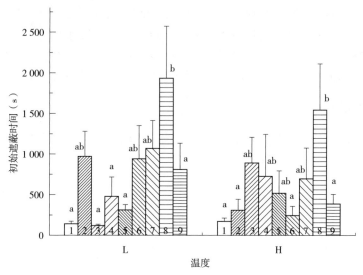

图1-28　中间球海胆9个家系的初始遮蔽时间（mean±SE）
L. 低温　H. 高温
柱图上方的不同字母代表显著差异（P＜0.05）

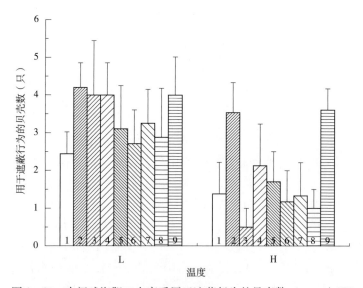

图1-29　中间球海胆9个家系用于遮蔽行为的贝壳数（mean±SE）
L. 低温　H. 高温
柱图上方的不同字母代表显著差异（P＜0.05）

表 1 - 9　中间球海胆初始遮蔽时间和遮蔽所用的贝壳数的二元协方差分析结果

项目	初始遮蔽时间			遮蔽行为所用贝壳数		
	df	F	Sig.	df	F	Sig.
壳径	1	5.184	0.024	1	1.033	0.311
家系	8	3.400	0.047	8	1.624	0.248
温度	1	0.741	0.405	1	11.504	0.005
家系×温度	8	0.958	0.471	8	0.978	0.456

三、讨论

自海胆遮蔽行为 100 多年前被报道以来，本研究首次探究了海胆遮蔽行为的遗传力及其基因型与环境互作。先前的研究发现一代近交并不显著影响中间球海胆的遮蔽行为（Zhao *et al.*，2013）。这表明海胆遮蔽行为既易受到环境影响又有其固有的内在性。然而，目前并不知道海胆的遮蔽行为在多大程度上受到遗传因素的控制，以及多大程度上受到环境因子的影响。笔者研究了初始遮蔽时间和遮蔽行为所用的贝壳数这两个遮蔽行为典型性状。它们分别表征着中间球海胆遮蔽行为的反应速度和能力。研究结果表明，中间球海胆初始遮蔽时间的遗传力为 0.43，为高遗传力；遮蔽所用的贝壳数的遗传力为 0.12，为低遗传力。这表明中间球海胆的遮蔽行为具有明确的遗传基础，且行为反应的遗传力较高，而行为能力的遗传力较低。在本研究的两种温度条件下，1 号家系的遮蔽行为反应速度最快，而 8 号家系的反应速度最慢。这些结果表明中间球海胆遮蔽行为受遗传和环境共同决定，且行为反应比行为能力受遗传因素控制的程度更大些。换句话说，与遮蔽行为反应时间相比，遮蔽行为能力更易受到温度影响。这些结果与先前的研究发现相一致：温度变化显著影响中间球海胆遮蔽所利用的贝壳数，但不显著影响其初始遮蔽时间（赵冲等，2014）。本研究中的结果"初始遮蔽行为只受基因型显著影响，而遮蔽所用的贝壳数只受温度显著影响"则进一步支持了这一论点。

海胆遮蔽行为是具有生物学功能的行为模式（Agatsuma，2001；Verling *et al.*，2002；Dumont *et al.*，2007）还是仅仅是一种反射行为（Dambach and Hentschel，1970；Lawrence，1976）尚存争议。尽管国外学者提出了一系列的假说来解释海胆的遮蔽行为（Crook，2003），且许多假说都有着坚实的证据，但目前仍然不清楚这种行为的遗传机制是什么，以及环境和基因型是如何在这种行为上相互作用的。Lawrence（1976）研究发现，如果将海胆倒置（口面朝上，反口面朝下），海胆（*Lytechinus variegatus*）就会将遮蔽材料移动并吸附至口面，并且倒置海胆有将自己正置的行为能力（righting behavior）。Lawrence（1976）还发现海胆运送遮蔽材料的棘和管足的摆动方向与其正置行为中的摆动方向是完全一致的。这说明遮蔽行为很可能是由于海胆棘和管足的随机摆动造成的。因此，他得出结论：海胆棘和管足的摆动能够构成遮蔽行为作为一种反射行为的基础，但遮蔽行为的生物学功能同样是非常重要的。本研究发现中间球海胆初始遮蔽时间比遮蔽所用的贝壳数受遗传因素控制的程度更大些。结合 Lawrence（1976）的发现，可以推断，遮蔽反应在没有环境胁迫的情况下可能仅仅是一种反射行为。Crook（2003）的发现"活力强的海胆遮蔽反应要快些"部分支持本研究的这一观点。大量文献（例如，Sigg et al.，2007；Dumont et al.，2007）表明环境刺激能够显著影响海胆的遮蔽行为。一个合理的解释是环境刺激促使海胆增加其遮蔽行为来防御捕食者（Agatsuma，2001）、风浪（Millott，1975；Dumont et al.，2007）、水中漂浮物（Richner and Milinski，2000）和光（Verling et al.，2002；Kehas et al.，2005；Sigg et al.，2007；Dumont et al.，2007）。综上，对于海胆遮蔽行为是具有生物学功能还是仅仅是一种反射行为这一争论，本研究认为：响应环境变化发挥其生物学功能的更多是海胆遮蔽行为的能力，而不是其反应速度。

基因型与温度的相互作用对于中间球海胆初始遮蔽时间和遮蔽所用的贝壳数都没有显著影响。这表明，基因型与温度对于中间球海胆遮蔽行为都只具有简单加性主效应。另外，壳径作为协变量，显著影响中间球海胆初始遮蔽时间，而对于遮蔽行为所用的贝壳数没有显著影响。另外，所有实验家系的中间球海胆用于遮蔽的贝壳数都随着水温的升高而明显下降。这与先前的研究结果相一致：中间球海胆遮蔽行为在 15℃ 所利用的贝壳数要显著多于其在高温25℃ 条件下所利用的贝壳数（赵冲等，已接收）。这可能与中间球海胆在 15℃ 摄食、生长和新陈代谢更好有关（常亚青等，2004；Chang et al.，2005；Lawrence et al.，2009）。本研究为探索海胆遮蔽行为的遗传机制提供了有价值的信息。

第二章 掩蔽行为

第一节 中间球海胆对遮蔽行为和掩蔽行为日节律的权衡

遮蔽行为和掩蔽行为是海胆常见的两种行为模式，它们既有共同点也有不同点。遮蔽行为是指生活在潮间带、浅海和深海的多种海胆利用其管足和棘将环境中的物体，如贝壳、石块和大型海藻碎片等吸附至其反口面上的行为模式（Amato et al.，2004；Verling et al.，2002；Pawson and Pawson，2013）；而掩蔽行为是动物的一种生活在掩体中的习惯。

中间球海胆在掩体中有食物或者没有食物的情况下表现出掩蔽行为的个体数是显著不同的。这表明，中间球海胆存在行为权衡（Zhao et al.，2013）。本研究的主要目的为探究：①中间球海胆遮蔽行为和掩蔽行为之间是否存在着显著的日节律权衡；②当遮蔽材料在掩体内和掩体外时，是否更多的中间球海胆都选择遮蔽行为而不是掩蔽行为；③如果中间球海胆遮蔽行为和掩蔽行为之间存在着显著的日节律权衡的话，这种权衡是否具有性别差异；④在不同的遮蔽、掩蔽行为条件下，这两种行为的日节律是否相同。

一、材料与方法

（一）海胆

中间球海胆（2010 年 10 月培育）于 2012 年 10 月 25 日购自大连某养殖场。在大连海洋大学农业部北方海水增养殖重点实验室暂养两周后，用阴干流水刺激的方法诱导海胆产卵（排精）。因中间球海胆精卵呈现不同颜色，很容易用肉眼将它们区分开来。然后，将雌、雄海胆分开饲养至行为实验开始，饲养环境、条件和方法完全一致。随机选择雌、雄中间球海胆各 40 只，并测量它们的壳径、壳高和体重。

（二）实验设计

两种行为条件下实验各设置 6 个 200L 水槽（2 种性别，3 个重复）。两个实验于 2013 年 1 月 26—27 日同时进行。实验用中间球海胆壳径、壳高和体重分别为（72.20±3.35）mm，（39.13±2.75）mm 和（116.27±13.59）g，且各实验组间无显著差异。在实验过程中，每 2h 用水下可见光照度计测量一次水下自然光照度。

第一个实验用来研究当遮蔽材料在掩体外时，中间球海胆遮蔽行为和掩蔽行为之间的日节律权衡。在水槽的一边，用砖块搭造一个掩体。40 枚小虾夷扇贝（*Patinopecten yessoensis*）贝壳作为遮蔽材料均匀分布于水槽的另一侧。9 枚已知性别的中间球海胆随机置于水槽中线位置（图 2-1a）。从实验开始起，每隔 2h 观察记录一次具有遮蔽行为和掩蔽行为的中间球海胆个数。

第二个实验与第一个实验相类似，唯一的不同在于遮蔽材料的位置。在第二个实验中，遮蔽材料被放置在掩体内而不是掩体的另一侧（图 2-1b）。具有遮蔽行为和掩蔽行为的中间球海胆个数同样是每 2h 观察记录一次。

图 2-1　遮蔽和掩蔽材料的分布
a. 遮蔽材料在掩体外　b. 遮蔽材料在掩体内

（三）数据分析

首先对数据进行正态性和方差齐性分析。数据表现出良好的正态性和方差齐性，适于方差分析。具有遮蔽行为和掩蔽行为的海胆数利用一元重复度量方差分析（one-way repeated measured ANOVA）来检验。光照度和遮蔽和掩蔽行为的关联性采用皮尔森关联分析（Pearson correlation analysis）予以检验。所有实验数据均使用 SPSS 13.0 软件进行统计分析，各统计分析的显著水平均设置为 $P < 0.05$。

二、结果

在遮蔽材料和掩蔽材料都存在的条件下，中间球海胆遮蔽行为和掩蔽行为之间的日节律具有明显的权衡。在第 1 个实验中，当遮蔽材料在掩体外，更多的中间球海胆选择遮蔽行为（而非掩蔽行为），但差异不显著（$P > 0.05$）。

在第 2 个实验中，当遮蔽材料在掩体内，遮蔽的中间球海胆数显著多于掩蔽的中间球海胆数（$P < 0.05$）。然而，中间球海胆遮蔽行为和掩蔽行为的权

衡在两个实验中都不存在显著的性别差异（$P>0.05$）。在两个实验中，遮蔽行为的日节律模式都是8：00达到最强，10：00最弱。第1个实验中遮蔽行为与水下光照度显著负相关（$R^2=-0.352$，$P=0.002$）。另一方面，中间球海胆的掩蔽行为在第2个实验中与水下光照度显著正相关（$R^2=0.387$，$P=0.001$）（图2-2～图2-4）。

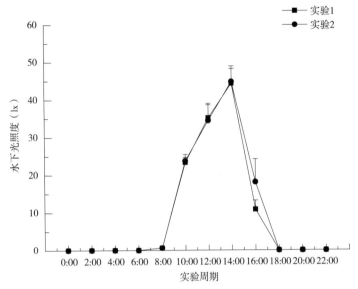

图2-2　实验日周期内的水下光照度（$n=6$，mean±SE）

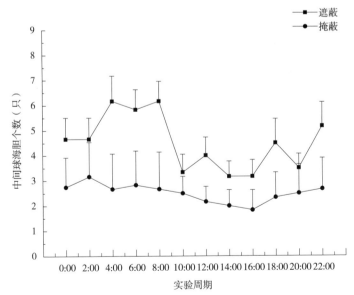

图2-3　遮蔽材料在掩体外时遮蔽和掩蔽的中间球海胆数（$n=6$，mean±SE）

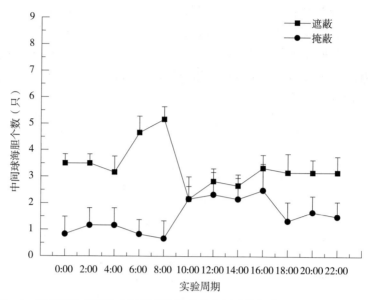

图2-4　遮蔽材料在掩体内时遮蔽和掩蔽的中间球海胆数（$n=6$，mean±SE）

三、讨论

在自然环境下，遮蔽材料和掩体对海胆来说都是很容易获得的。所以，海胆显然存在着对它们的行为决策。然而，目前对海胆的这两种行为之间的取向偏好却知之甚少。先前研究表明，8个月的遮蔽行为和掩蔽行为对海刺猬生长和性腺产量具有显著影响（罗世滨等，2013）。这表明遮蔽行为和掩蔽行为对海胆适合度相关性状具有显著不同的作用效果。因此，有理由认为，海胆在这两种习见的行为间存在着权衡。在本研究中，当遮蔽材料在掩体内时，中间球海胆显著倾向于选择遮蔽行为，而不是掩蔽行为。这非常清晰地显示了其行为的偏好性。这与我们先前长达8个月的研究结果相一致：生活在只具有遮蔽行为条件下海刺猬的适合度相关性状值要显著高于那些生活在只具有掩蔽行为条件下的个体（罗世滨等，2013）。有趣的是，当遮蔽材料在掩体内时，大部分的中间球海胆遮蔽后从掩体中移动到掩体外来。这一奇异的现象进一步印证了本研究之前的结论。动物行为的灵活性对其生存、生长和繁殖具有非常大的好处（Mowrey and Portman，2012）。结合之前的研究报道（罗世滨等，2013），本研究清晰地表明海胆在其偏好的藻场环境（Pinna *et al.*，2012）很可能是从遮蔽行为，而非掩蔽行为中获得适合度上的好处。

当遮蔽材料在掩体的另一侧时，更多的中间球海胆选择遮蔽行为（而非掩蔽行为），但它们之间的差异并不显著。这一现象存在两种合理的解释。大量研究证实，脊椎动物和无脊椎动物的行为都存在着巨大的个体差异（Bell *et* al., 2009)。这种行为上的个体差异可以进一步剖析为个性（personality）、塑性（plasticity）和个体内差异（intra-individual variation）（Biro et al., 2013；Briffa et al., 2013）。海胆的遮蔽行为同样存在着巨大的个体差异（Crook, 2003）。在本研究中，遮蔽行为较大的个体差异可能会影响统计分析中的显著性判定。另一种解释是本研究中所设置的遮蔽材料的位置不同。目前的研究普遍认为海胆只有感光功能没有视觉功能（Lesser et al., 2011）。将中间球海胆放置在水槽中线的位置，其避光习性驱动它们去寻找遮蔽或掩蔽材料。因此，其寻找和移动的方向则是随机的。与遮蔽材料在掩体内情况不同，当遮蔽材料在掩体外时，海胆不具有携带遮蔽材料离开掩体的条件了。

目前，对行为决定的性别差异机制最令人信服的解释是动物对神经网络上神经调节物质的性别特异性控制（Mowrey and Portman, 2012）。然而，在本研究的两个实验中，中间球海胆遮蔽行为和掩蔽行为的权衡并不存在性别差异。这与先前关于中间球海胆遮蔽行为并不存在性别差异的研究结果相一致（Zhao et al., 2013）。这暗示海胆神经网络上神经调节物质可能不存在性别特异性控制。

当遮蔽材料在掩体外时，中间球海胆的遮蔽行为与水下光照度呈显著的负相关。这一结果与文献报道的"自然光能够显著诱导海胆增强其遮蔽行为"完全相反（Kehas et al., 2005）。这充分表明在掩蔽行为的影响下，海胆遮蔽行为可能与光照度不相关，甚至是显著负相关。大量文献证实，光显著影响海胆的遮蔽行为（Adams, 2001；Verling et al., 2002；Kehas et al., 2005）。然而，令人疑惑的是，在完全黑暗无光的海底，一些种类的海胆仍然存在着遮蔽行为（Pawson and Pawson, 2013）。本研究为这一看似矛盾的现象所能提供的新线索是：在海胆自然生境中普遍存在的掩蔽材料可能会影响遮蔽行为，使之与光照度显著负相关。在本研究的第 2 个实验中，掩蔽行为的日节律与光照度显著正相关。这表明，掩蔽行为对于中间球海胆防止光辐射的功能更加显著。

第二节　遮蔽和掩蔽行为对海刺猬适合度相关性状的影响

本研究的主要目的是探索长期遮蔽和掩蔽行为对海刺猬适合度相关性状的影响，以期为海胆遮蔽行为和掩蔽行为的机制研究提供新的线索。

一、材料与方法

（一）海胆

海刺猬稚胆［壳径（20.88±2.24）mm］于 2011 年 2 月购自大连某养殖场。在大连海洋大学农业部北方海水增养殖重点实验室暂养 1 周适应实验室环境。

（二）实验设计

实验从 2011 年 3 月 2 日开始。在 300L 水槽（83cm×52cm×60cm）中用不同的材料为海刺猬设置了三种行为特异性环境（空白对照组、遮蔽行为环境、掩蔽行为环境）。每种环境设置 4 个水槽，每个水槽中放置 20 枚海刺猬。用 20 枚菲律宾蛤仔贝壳来制造遮蔽行为环境（图 2-5a）。在掩蔽环境，我们用尺寸为 23cm×17cm×11cm 和 23cm×11cm×5cm 的两种砖块在水槽中叠放来构建大小各异（从 4cm×4cm 到 17cm×12cm）的掩体环境（图 2-5b）。小孔洞开口的尺寸与海胆自然环境下的掩体大小相类似（Pinna *et al.*，2012），而大孔洞开口则用来模仿海刺猬自然生境中所投放的小型人工鱼礁尺寸（陈勇等，2006）（图 2-5d）。海刺猬可自由出入尺寸各异的掩体来获取食物。本研究未涉及捕食者。因此，海刺猬并无摄食限制，尽管掩体可能会影响它们的摄食能力。掩体内的光强要明显低于掩体外，并在大孔洞开口内 17cm（孔洞 52cm 深，图 2-5b）处达到 0lx。空白对照组水槽中既没有贝壳也没有砖块（图 2-5c）。在一个实验室内随机放置不同行为特异性环境的水槽，来平衡各种可能的非实验因素。在实验开始时，三个实验组中海刺猬的壳径、壳高和体重都没有显著差异（$P>0.05$）。各实验组的水质条件和海刺猬饲养方法完全一致：在室内自然光下养殖 31 个月，使用充气过滤海水，每 3d 换 1 次水，过量投喂海带。

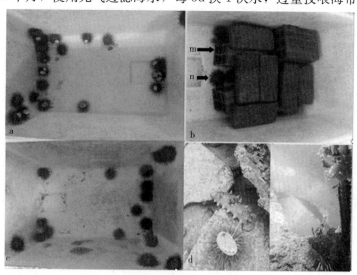

图 2-5 遮蔽行为环境

a. 遮蔽行为环境 b. 掩蔽行为环境 c. 空白对照组 d. 海刺猬野外掩体照片
实验水槽尺寸为 83cm×52cm×60cm。b 图中，m 代表小口径掩体，n 代表大口径掩体；d 图的两张分图在獐子岛（39°2′ N，122°42′ E）海刺猬自然生境潜水拍摄（刘永虎拍摄并授权使用），左侧图为岩石缝隙所构成的小掩体，右侧图片为人工鱼礁所构成的大掩体

（三）适合度相关性状的度量

经过在不同行为实验条件下养殖 31 个月后，从每个实验组中随机选取 9 只海刺猬来度量它们的适合度相关性状。海刺猬壳径、壳高和体重分别用电子游标卡尺和电子天平来测量，然后解剖所有的海胆，测量它们的壳重、口器重、性腺重和肠重。壳和口器的最大可承受压力用一台压力测试机（济南试金）来完成。这台仪器的工作原理为测定物体临界破裂时所需施加的最小力值。壳和口器最大可承受压力系数按下面的公式来计算：

$$PI\text{-}T = \frac{pt}{tw} \qquad\qquad (2-1)$$

式中，$PI\text{-}T$ 表示壳最大可承受压力系数；pt 表示壳最大可承受压力；tw 表示壳重。

$$PI\text{-}L = \frac{pl}{lw} \qquad\qquad (2-2)$$

式中，$PI\text{-}L$ 表示口器最大可承受压力系数；pl 表示口器最大可承受压力；lw 表示口器重。

壳、口器、性腺和肠都在 72℃ 条件下烘干 4d，然后重新测量其干重。海刺猬性腺颜色采用 1976 年建立起来的国际标准 CIELAB 颜色测定法测定。这种方法在海胆性腺颜色测定上被广泛利用，以避免观察方法的主观误差（Woods *et al.*，2008；Chang *et al.*，2012）。用 PANTONE Color Cue® 2 测色仪（Carlstadt，NJ，USA）在 D65 标准光源下测定其 L^*、a^*、b^* 值（L^* 表示亮度，a^* 表示红度值，b^* 表示黄度值）。性腺发育的组织学观察采用 James and Siikavuopio（2011）的方法。性腺发育分期如下所示：

Ⅰ期：产卵（排精）后恢复期。性腺较空，外观不规则且无结构，仅存少量残余的生殖细胞。

Ⅱ期：营养吞噬细胞发育期。营养吞噬细胞在数量和尺寸上快速增长。

Ⅲ期：生殖细胞发育期。生殖细胞在数量和尺寸上明显增长并开始移动到性腺的中心区域。与其同时，营养吞噬细胞的数量和尺寸有所下降。

Ⅳ期：产卵（排精）前及产卵（排精）期。性腺中间充满成熟的生殖细胞（配子），随时可能产卵（排精）。营养吞噬细胞消耗殆尽。

壳指数、口器指数、性腺指数和肠指数计算方法为：

$$TI = \frac{tw}{bw} \times 100\% \qquad\qquad (2-3)$$

$$LI = \frac{lw}{bw} \times 100\% \qquad\qquad (2-4)$$

$$GI = \frac{gw}{bw} \times 100\% \qquad\qquad (2-5)$$

$$GtI = \frac{gutw}{bw} \times 100\% \qquad\qquad (2-6)$$

式中，TI 表示壳指数；tw 表示壳重；bw 表示体重；LI 表示口器指数；lw 表示口器重；GI 表示性腺指数；gw 表示性腺重；GtI 表示肠指数；$gutw$ 表示肠重。

（四）数据分析

首先检验数据的正态性和方差齐性。除性腺发育分期外的所有海刺猬适合度相关性状都用一元方差分析（one-way ANOVA）来进行统计检验。如果在方差分析中发现因素具有显著性，则进而利用邓肯多重比较来进行因素各水平间的两两比较。Kruskal-Wallis H 检验用来分析海刺猬的性腺发育分期。所有实验数据的统计均使用 SPSS 13.0 软件，各统计分析的显著水平均设置为 $P<0.05$。

二、结果

（一）壳径、壳高、体重、壳重和口器重

31 个月行为特异性环境下的生活显著影响海刺猬的适合度相关性状。遮蔽组和空白对照组的海刺猬的壳径、壳高和体重显著大于掩蔽组个体（$P<0.001$，图 2-6）。掩蔽组海刺猬同时显示出显著较小的壳重、口器重、壳干重和口器干重（$P<0.001$，图 2-7）。

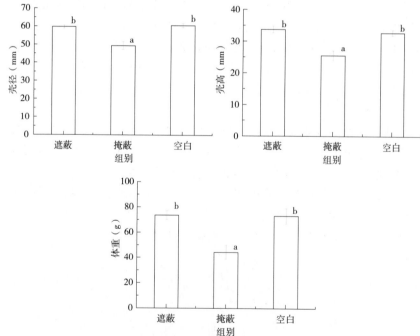

图 2-6　长期不同行为条件下海刺猬的壳径、壳高和体重

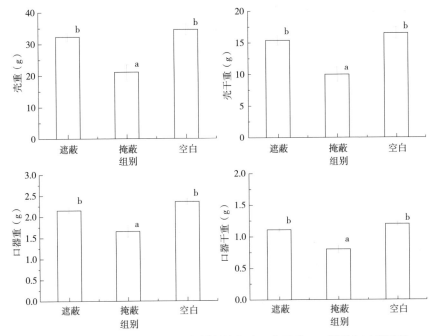

图 2-7　长期不同行为条件下海刺猬的壳重、壳干重、口器重和口器干重

（二）壳和口器的最大承受压力系数

掩蔽组海刺猬的最大承受压力系数显著大于遮蔽组和空白对照组个体（$P=0.039$，图 2-8）。海刺猬口器的最大承受压力系数则是遮蔽组大于另外两组，但 P 值未达到显著水平（$P=0.268$，图 2-8）。

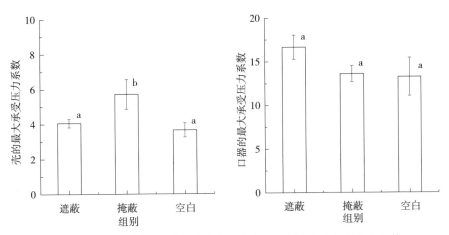

图 2-8　长期不同行为条件下海刺猬的壳和口器的最大承受压力系数

（三）性腺重、性腺干重、肠重和肠干重

遮蔽组和空白对照组海刺猬的性腺重、性腺干重、肠重和肠干重没有显著差异（$P>0.05$），但都显著高于掩蔽组个体（$P<0.001$，图2-9）。

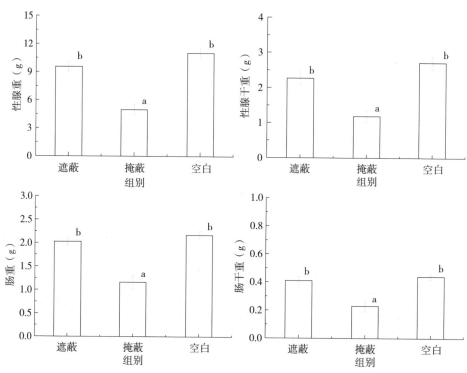

图2-9　长期不同行为条件下海刺猬的性腺重、性腺干重、肠重和肠干重

（四）壳指数、口器指数、性腺指数和肠指数

遮蔽组和空白对照组的海刺猬性腺指数没有显著差异（$P>0.05$），但都显著高于掩蔽组（$P=0.006$，图2-10）。然而，掩蔽组海刺猬的壳指数和口器指数则显著高于遮蔽组和空白对照组（$P<0.001$，图2-10）。另外，海刺猬的肠指数则在三个实验组间没有显著差异（$P=0.461$，图2-10）。

（五）性腺颜色

空白对照组海刺猬 L^* 值显著高于遮蔽组个体（$P=0.003$，图2-11），而 a^* 值显著低于遮蔽组个体（$P=0.045$，图2-11）。各实验组间的 b^* 值无显著差异（$P=0.373$，图2-11）。

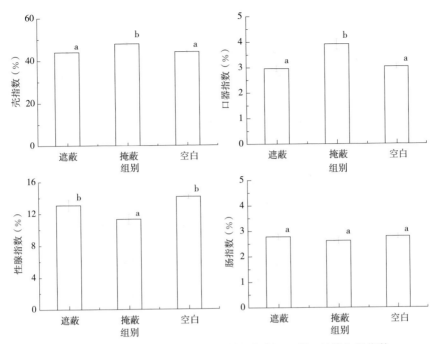

图 2-10 长期不同行为条件下海刺猬的壳、口器、性腺和肠指数

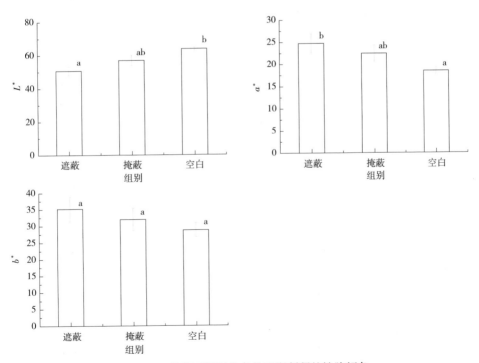

图 2-11 长期不同行为条件下海刺猬的性腺颜色

(六) 性腺发育

Kruskal-Wallis H 检验结果表明，海刺猬的性腺发育分期频率在三个实验组显著不同（$P=0.028$，图 2-12）。66.67% 的掩蔽组海刺猬处于性腺发育 1 期，而只有 11.11% 的遮蔽组和空白对照组海刺猬处于性腺发育 1 期。然而，另一方面，44% 的遮蔽组和空白对照组海刺猬处于性腺发育 3 期，而只有 11.11% 的掩蔽组海刺猬处在这一性腺发育期。

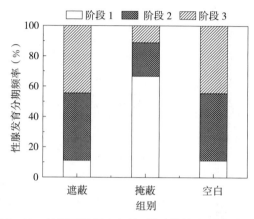

图 2-12　长期不同行为条件下海刺猬的性腺发育分期

三、讨论

Pinna *et al.* (2013) 认为掩蔽行为（而不是食物的获得）才是吸引拟球海胆来到藻场边缘的内在原因。这凸显了海胆掩蔽行为的生物学重要性。然而，海胆长期掩蔽行为的收益与成本之间的比较评估未见报道。笔者研究了 31 个月的遮蔽和掩蔽行为对海刺猬适合度相关性状的影响，以期为遮蔽和掩蔽行为机制提供新的线索。在野外，海胆通过栖息于石缝、岩石和巨石下来躲避捕食和湍急的水流（Lawrence，2013）。然而，随着其体型的增大又不得不离开掩体去寻找更大的庇护所（Scheibling and Hatcher，2013）。而且，在捕食者被过度捕捞的水域，海胆会离开掩体到开阔地带摄食（Lawrence，2013）。因此，在本研究中，我们设计了尺寸各异的掩体来模拟海刺猬的自然生境。结果表明，掩蔽行为组海刺猬的壳尺寸和体重显著低于遮蔽组和空白对照组。而且，海刺猬主要器官（包括壳、口器、性腺和肠）的生长都受到长期掩蔽行为的显著抑制。

这些结果有力地证明了掩蔽行为不仅能够给海胆带来例如避光和防御捕食者的好处，但同时也能够显著影响海胆的生长和发育等适合度相关性状。对于这一现象，一个合理的解释是掩体可能会影响海胆的摄食能力，尽管它们并未与食物相隔离。在野外，当海胆栖息在石缝、岩石和巨石下以躲避捕食者的时候，它们的主要食物来源为水中的藻类碎片（Lawrence，2013）。尽管本研究并未涉及捕食者和水文胁迫，但当海胆栖息在掩体中时（特别是较小尺寸的掩体），它们的摄食能力很容易受到影响。我们先前的研究发现中间球海胆在没有捕食者和水文胁迫的情况下，其遮蔽行为和摄食行为仍然存在着显著的权衡（Zhao et al.，2013）。我们先前报道过本研究前 8 个月海胆的摄食情况（罗世滨等，2013）。在此期间，掩蔽组海刺猬的摄食量为（35.88±22.74）g/周，显著低于遮蔽组个体的摄食量［(47.08±25.66) g/周］。这 8 个月的研究结果与本研究（31 个月）结果相一致：掩蔽行为显著影响海刺猬的壳径、壳高、体重以及壳、口器和性腺的生长。这些实验证据充分表明，我们在强调海胆的掩蔽行为的生物学意义的同时却低估了其行为成本，因为遮蔽行为不仅影响海胆的摄食（罗世滨等，2013；Zhao et al.，2013），而且还会显著妨碍其生长。

在生境中寻找掩体（如石缝、岩石、巨石和人工鱼礁）是动物增大其在捕食压力下生存概率最为重要的途径之一（Loflen and Hovel，2010）。海胆也不例外，防御捕食者被认为是海胆掩蔽行为的一个重要的生物学功能（Farina et al.，2009）。在野外，拟球海胆在高捕食压力下显著增加其掩蔽行为（Guidetti et al.，2003），且死亡率显著下降（Sala et al.，1998）。Clemente et al.（2013）报道，生境中的庇护所能够显著地降低紫球海胆（Strongylocentrotus purpuratus）的死亡率。在本研究中，掩蔽组海刺猬的体型显著最小。值得注意的是，在猎物-捕食者相互作用中，蟹倾向于捕食较大尺寸的成年海胆，以增加其捕食效率（Clemente et al.，2013）。而且，掩蔽行为显著增加海刺猬的壳指数和口器指数，而显著地降低其性腺指数。这表明海刺猬在长期掩蔽行为条件下优先生长壳和口器。这与 Ebert（1980）关于海胆具有资源分配上的塑性的发现相一致。有趣的是，掩蔽行为组海刺猬壳的最大承受压力系数显著高于遮蔽行为组和空白对照组。这些结果表明，减小个体体型、增加壳的硬度和调节生长优先可能在海胆反捕食过程中发挥积极的作用。这一新奇的发现为海胆掩蔽行为防御捕食者功能的机理研究提供了新的有价值的思路。结合前人的文献报道，本研究进一步给出了"海胆掩蔽行为具有防御捕食者的生物学功能"这一理论的实验证据。然而，需要指出的是，本实验是一项基于实验室条件的研究，并不具有自然环境下掩体、捕食者和环境的复杂性。因此，需要更多的野外证据来验证本研究的结论。

在本研究中，掩体内的自然光强明显低于掩体外的光强，并在大掩体（52cm 深）17cm 处照度为 0lx。而且，我们的日常行为观察也表明，掩蔽组海刺猬经常栖息于掩体之中。因此，掩蔽行为可能缩减海刺猬实际所受光周期，这可能显著妨碍海刺猬的性腺发育和显著降低其性腺指数。这一结果与

James and Heath（2008）关于"白昼短的光周期使海胆（*Evechinus chloroticus*）的性腺指数显著下降"的发现相一致。然而，拟球海胆在白昼短的光周期下则具有更好的性腺发育（Shpigel *et al*.，2004）和性腺指数（McCarron *et al*.，2010）。这些研究上的不同结论充分表明不同海胆种类在不同生境下生长和发育的最佳光周期是不同的。拟球海胆是一种典型的潮间带和浅海物种，一般分布于潮间带到 20m 深的浅海（Boudouresque and Verlaque，2013）；而海刺猬则主要栖息在水深 10～150m 的海域。

海胆遮蔽行为的机理目前尚不十分清楚，尽管大量研究提供了其具有反射模式（Lawrence，1976）和生物学功能（Richner and Milinski，2000；Agatsuma，2001；Dumont *et al*.，2007）的相关证据。在本研究中，31 个月的长期遮蔽行为，与空白对照组相比，对海刺猬的壳径、壳高、组织生长、组织指数和性腺发育都没有显著影响。这些证据充分地表明，长期遮蔽行为并未有利于海刺猬的适合度相关性状。因此，本研究表明，在有充足食物供给、无风浪、无悬浮泥沙以及无捕食者暴露的生境条件下，海胆遮蔽行为的内在动机可能并不基于对适合度相关性状的贡献。大量文献表明，海胆遮蔽行为能够被各种环境胁迫所显著诱导而增强，这些环境因子包括光（Verling *et al*.，2002；Kehasg *et al*.，2005；Dumont *et al*.，2007）、风浪（Dumont *et al*.，2007）、水中悬浮物（Richner and Milinski，2000）和捕食者（Agatsuma，2001）。这些信息结合本研究的结果提出了这样的一个有趣的科学问题：遮蔽行为会不会在食物短缺、充满风浪、悬浮泥沙和存在捕食者的情况下有利于海胆的适合度相关性状呢？这一假说有待于进一步的研究去发现和检验。

海胆不仅是海洋底栖生态系统中非常重要的一环和发育生物学的模式生物，而且还是一类极具市场价值的海珍品（Lawrence，2013）。全球范围内海胆的过度捕捞使其资源量急剧下降，这同时凸显了资源保护和水产养殖在满足日益增长的市场需要上的重要性。本研究从行为学的角度为海胆的资源保护和水产养殖提供了一些新的信息。陈勇等（2006）报道掩体能够显著地吸引海胆聚集。然而，本研究结果表明，掩蔽行为可能会妨碍海胆的生长和发育。我们先前的研究证实，中间球海胆在遮蔽材料和掩蔽材料共存的情况下显著偏爱遮蔽行为。因此，建议海胆的资源保护者和水产养殖专家向其相应的栖息地和水产养殖区域投放一些遮蔽材料（如贝壳），来丰富海胆的行为选择并从某种程度上减小掩蔽行为对海胆生长和发育可能造成的影响。

综上所述，31 个月特定行为条件下的生活显著影响海刺猬的适合度相关性状。在掩蔽行为条件下长期生活使得海刺猬的壳径、壳高、体重、组织重、性腺指数和性腺发育显著降低。然而，掩蔽行为组海刺猬的壳指数和最大承受压力系数显著高于遮蔽行为组和对照组的个体。另一方面，31 个月的长期遮蔽行为,与空白对照组相比,对海刺猬的壳径、壳高、组织生长、组织指数和性腺发育都没有显著影响。本研究为海胆遮蔽行为和掩蔽行为的机制研究,以及海胆的资源保护和水产养殖实践提供了新的有价值的信息和思路。然而,我们也应该意识到,本研究为实验室模拟研究,尽管我们很好地模拟了野外条件下不同尺寸的掩体,但并未涉及海刺猬自然生境中非常常见的捕食者和湍急水流。因此,需要更多的野外实验来验证我们在实验室条件下所得出的结论。

第三节 UV-B辐射下中间球海胆掩蔽和遮蔽行为分子机理研究

全球气候变化对海洋生物的威胁正在变得越来越大(IPCC,2013)。UV-B辐射对生活在潮间带和浅海的海洋无脊椎动物会产生不利影响(Lu and Wu,2005)。我们之前的研究表明,$20 \mu W/cm^2$ 是对中间球海胆不利的辐射强度(Zhao et al.,2018)。本研究旨在探究UV-B紫外线在 $20 \mu W/cm^2$ 辐射下掩蔽和遮蔽行为对中间球海胆基因组响应的影响,为UV-B紫外线诱导海洋无脊椎动物行为的分子基础提供新的见解。

一、材料和方法

(一)海胆

本实验所用海胆于2014年3月通过人工养殖育苗(Chang et al.,2012),然后在碧龙海产公司采用筏式养殖技术(Chang and Wang,1997)进行养殖。2015年3月7日运到大连海洋大学农业部北方海水增养殖重点实验室。

在2015年12月25日实验开始前,海胆以 $4 \times 10^3 g/m^3$ 的密度被饲养在容量为276L的水箱中(长×宽×高:850mm×500mm×650mm),按当地条件饲喂新鲜采集的海带或石莼。每天早上换一半的水。

(二)实验设计

设计制作了矩形槽(长×宽×高:800mm×200mm×300mm,48L)作为UV-B紫外线辐射实验容器。每次实验将新鲜海水倒入槽内,直到200mm深。采用USA YSI公司便携式水质监测仪,现场分析水温、盐度、pH和溶解氧含量,分别为 $11.5 \sim 12.4$℃、$31.19 \sim 32.33$、$7.87 \sim 8.11$ 和 $4.98 \sim 6.31 g/mL$。各组间水质无差异。

设置三种行为条件的处理方法。我们遮挡了容器的两面,以创造适合掩蔽行为的条件(称为SB组,图2-13a)。遮蔽行为的条件是将20只虾夷扇贝幼贝贝壳[壳长(11.65±1.21)mm,壳高(19.89±1.49)mm,壳重(0.12±0.03)g]均匀放置在容器底部作为潜在遮蔽材料(称为CB组,图2-13b)。非保护组是指实验容器中既没有遮蔽也没有掩蔽行为材料（称为 NA 组，图 2-13c）。在容器的 200mm 和 600mm 处设置两个网，以尽量减少 CB 组和 NA 组在 UV-B 紫外线暴露下的差异（图 2-13b，c）。

设定行为条件后，将 8 只健康的中间球海胆分别以约 1 g/L 的密度置于每个实验容器的中间，然后在 20 μW/cm² （水下）的 UV-B 辐射下照射 2h。判断海胆健康状况的标准为：管足主动伸张、运动良好、无疾病特征（Chang *et al*.，2004）。实验前，所有海胆的直径和体重分别用游标卡尺（德国 Mahr 公司）和电子秤（USA G&G 公司）测量。

UV-B 紫外线照射使用 UV-B 灯（40W，Philips 公司，德国）。在水下 UV-B 紫外线辐射计测量（北京师范大学光电仪器公司，中国）实验前及 UV-B 紫外线辐射期间，不给海胆投喂食物，以避免潜在的影响。经过 UV-B 紫外线辐射后，从实验海胆的对应部分迅速收集了 8 只海胆的管足，然后混合成一个样本。每个实验组重复 3 次（$n=3$），样本立即用液氮冷冻，保存在 -80℃ 冰箱里。

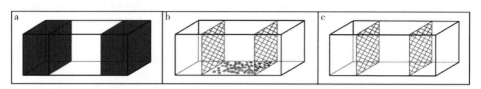

图 2-13　SB 组（a）、CB 组（b）、NA 组（c）容器概念图

图 a 中阴影部分为遮挡区域。图 b 中潜在遮挡材料为扇贝幼贝［*Patinopecten yessoensis*，壳高（19.89±1.49）mm］20 只，以 NA 组为对照

（三）行为

UV-B 紫外线辐照后，分别测定 CB 组和 SB 组掩蔽海胆和遮蔽海胆的数量。

（四）RNA 提取，基因库构建，RNA 测序

使用总 RNA 提取试剂盒（TIANGEN，China）按照标准方案提取管足 RNA。RNA 浓度、纯度和完整性分别使用 Qubit® RNA 测定试剂盒中的 Qubit® 2.0 Flurometer（CA，USA，Life Technologies，CA）、NanoPhotometer® 分光光度计（IMPLEN，CA，USA）和 Agilent 生物分析仪 2 100 系统（Agilent Technologies，CA，USA）的 RNA Nano 6 000 测定试剂盒进行测定。

使用 NEBNext® Ultra™ RNA Illumina®（NEB，USA）的 RNA 文库制备试剂盒，从每个样品 1.5 μg RNA 生成测序库，遵循制造商的方案，并添加索引代码将序列对应到每个样品。文库片段采用 AMPure XP 系统（Beckman Coulter，Beverly，USA）纯化，选择一定长度（150~200 bp）的 cDNA 片段。使用 Phusion 高保真 DNA 聚合酶、通用 PCR 引物和指数（X）引物进行 PCR 反应，将 3μL USER 酶（NEB，USA）处理后，选择大小，在 37℃ 下连

接 cDNA 15min，然后在 PCR 前在 95℃ 下连接 5min。使用 AMPure XP 系统纯化 PCR 产物。使用 Agilent Bioanalyzer 2 100 系统检查文库质量。索引编码样本在 cBot 聚类生成系统上使用 TruSeq PE 聚类工具包 v3-cBot-HS（Illumia）按照协议进行聚类。在 Illumina Hiseq 测序仪上对该文库进行测序以产生成对的末端读取。通过内部 perl 脚本处理原始读取（fastq 格式），其中去除低质量和包含接头或 poly-N 的读数，以获得用于转录组组装的高质量干净读取片段。随后计算过滤后的数据的 Q20、Q30、GC 含量和序列重复水平。

（五）转录组组装和基因注释

转录组组装使用 Trinity 完成，min_kmer_cov 默认设置为 2，其他所有参数采用默认设置（Grabherr *et al.*，2011）。基于公共数据库进行基因注释，包括 NCBI 非冗余蛋白序列（Nr）、NCBI 非冗余核苷酸序列（Nt）、同源蛋白质（Pfam）、同源蛋白群（KOG/COG）、人工注释和审查的蛋白质序列数据库（Swiss-Prot）、KEGG Ortholog 数据库（KO）和基因本体（GO）。

（六）实验组间转录组比较

使用 RSEM 软件将过滤后的数据映射回组装的转录组（Li and Dewey，2011）。所有样本的映射率为约 78%。从绘图结果中获得每个基因的读取计数，通过 RSEM 计算基因表达水平（Li and Dewey，2011）。使用 DESeq 2R 包（1.10.1）对差异表达分析进行了三组两两比较。在 DEseq2 1.6.3 中，用 padj<0.05 筛选差异表达基因。使用 Benjamini and Hochberg 法进行调整，以控制错误发生率。

（七）统计分析

分别采用 Kolmogorov-Smirnov 检验和 Levene 检验分析方差的正态分布和方差齐性。采用单因素方差分析法对试验海胆直径和体重进行分析。所有数据分析均采用 SPSS 21.0 统计软件进行。$P<0.05$ 的概率水平被认为是差异显著的。

二、结果

（一）海胆

实验前测量 3 组海胆（21 月龄）的直径（sum of squares＝24.409，$df=2$，$F=2.464$，$P=0.093$）和体重（sum of squares＝85.144，$df=2$，$F=1.485$，$P=0.234$）均无显著差异。NA 组、CB 组和 SB 组的直径分别为（46.34±2.15）mm、（47.55±2.30）mm 和（47.56±2.50）mm，NA 组、CB 组和 SB 组体重分别为（39.66±4.51）g、（42.29±5.80）g 和（39.48±5.87）g。

（二）行为

SB 组所有暴露在 UV-B 紫外线辐射下的海胆在有庇护所的情况下都表现出掩蔽行为。CB 组 20 只海胆中平均有（12.92±3.50）只表现出遮蔽行为。

（三）转录组测序和组装

过滤掉原始测序数据（Q20 约为 95%）作为过滤后的数据进行组装和进一步分析。生成的 CB1、CB2、CB3、NA1、NA2、NA3、SB1、SB2 和 SB3 的原始测序数据提交至 NCBI 数据库（SRA 登录号：PRJNA494803）。使用 Trinity 软件（k-mer=2，mismatch=0.4）将过滤后的数据组装成 402 264 个转录本和 276 699 个功能基因。转录物（N50=1 105，N90=276）和单基因（N50=842，N90=252）的平均长度分别为 702nt 和 597bp。

（四）基因标注和分类

利用 Nr、Nt、Pfam、KOG/COG、Swiss-Prot、KO 和 GO 等公共数据库对中间球海胆转录组组装进行注释。表 2-1 总结了被注释的单基因数量和注释百分比。至少有 28.78% 的功能基因注释到这些数据库之一中。共有 42 309 个功能基因被划分为 56 个功能类别。在 GO 中，它们被进一步归纳为三大类（图 2-14）。在 KOG 中，共有 15 809 个功能基因被划分为 26 个功能类别（图 2-15），其中"信号转导机制"（约 15%）的功能基因数量位居第二，仅次于"一般功能预测"（约 20%）。通过 KEGG 通路分析，将 KO 注释的功能基因（7662）划分为 32 个不同的生化途径，并进一步归纳为 5 个功能性通路，包括细胞过程、环境信息处理、遗传信息处理、代谢和有机体系统（图 2-16）。

表 2-1　在公共数据库中标注的单基因数量及其百分比

数据库	单基因数量	注释比例（%）
Nr	42 150	15.23
Nt	56 590	20.45
KO	7 662	2.76
SwissProt	25 989	9.39
Pfam	42 119	15.22
GO	42 309	15.29
KOG	15 809	5.71
在所有数据库中	4 681	1.69
在至少一个数据库中	79 642	28.78
单基因总数	2 786 699	100

注：包括 NCBI 非冗余蛋白序列（Nr）、NCBI 非冗余核苷酸序列（Nt）、同源蛋白质（Pfam）、同源蛋白群（KOG/COG）、人工注释和审查的蛋白质序列数据库（SwissProt）、KEGG 同源数据库（KO）和基因本体（GO）。

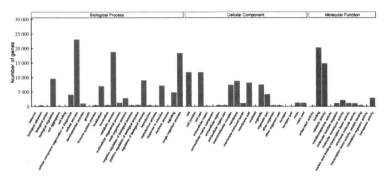

图 2 - 14　中间球海胆转录组单基因的 GO 分类

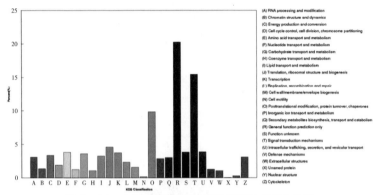

图 2 - 15　中间球海胆转录组单基因的 KOG 分类

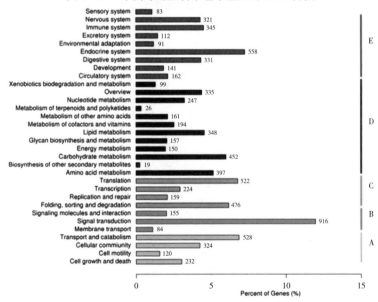

图 2 - 16　中间球海胆转录组单基因的 KEGG 分类

(五) 实验组间基因表达差异

通过转录组比较，共发现 330 个差异表达基因（图 2 - 17）。与 NA 组比较，SB 组有 79 个基因上调，118 个基因下调；CB 组有 26 个基因上调，67 个基因下调。与 CB 组相比，SB 组有 34 个基因上调，52 个基因下调。转录组相似性和差异分析显示，CB 组和 SB 组聚为一类，与 NA 组不同（图 2 - 18）。

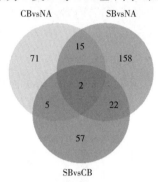

图 2 - 17　不同转录组比较中的差异表达基因

SB、CB 和 NA 分别指有掩蔽的、有遮蔽的和无保护的中间球海胆

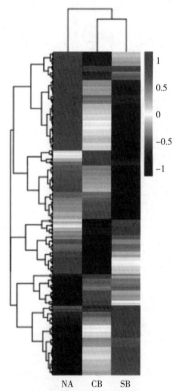

图 2 - 18　实验组间差异表达基因的聚类分析

三、讨论

UV-B 紫外线诱导的行为在潮间带和浅海的海洋无脊椎动物中有广泛的研究 （Lamare *et al.*，2011）。尽管有研究表明紫外线诱导行为对生物健康有正面影响（Ziegenhorn，2017），但其分子基础仍在很大程度上未知。本研究中，我们首次比较了暴露于 UV-B 紫外线辐射下被遮蔽、被掩蔽和未受庇护的中间球海胆的转录组，为海胆在 UV-B 紫外线辐射下的掩蔽和遮蔽行为的分子机制提供了新的见解。

本研究中，我们鉴定了暴露于 UV-B 紫外线辐射的中间球海胆的一些表达基因。这些基因被归类为信号转导、翻译、内分泌系统和神经系统等多个过程。更重要的是，我们在暴露于 UV-B 辐射的被遮蔽、被掩蔽和未受庇护的中间球海胆中发现了 330 个差异表达基因。与 NA 个体相比，掩蔽组中有 79 个基因表达上调，118 个基因表达下调；遮蔽组中有 26 个基因表达上调，67 个基因表达下调。这些结果表明，在被遮蔽和被掩蔽的中间球海胆中，基因的响应机制不同，更多的基因在被下调。在 330 个差异表达基因中，我们重点研究了 *TRPA1* 和 *Opsin*，这些基因揭示了海胆在 UV-B 紫外线辐射下掩蔽和遮蔽行为的分子机制。

瞬态受体电位（TRP）通道是一类具有 6 个跨膜多肽亚基的大整合膜同源蛋白（Montell，2005），对无脊椎动物的生长发育过程中的温度感应（Kim *et al.*，2015；Saito *et al.*，2017）发挥着重要作用。最近，UV 检测在脊椎动物和无脊椎动物 TRPA1 中的作用得到了肯定（Viana，2016）。例如，紫外线暴露部分诱导了人类黑素细胞中的 TRPA1 激活（Bellono *et al.*，2013）。果蝇中的 TRPA1 可以通过光诱导 H_2O_2 的产生来检测紫外线（Guntur *et al.*，2015）。在本研究中，笔者发现 TRPA1 在受遮蔽的中间球海胆中的表达显著高于未受庇护的个体，这表明 TRPA1 表达可能在暴露于 UV-B 辐射的未受庇护的海胆中降低。TRPA1 的显著表达确保了遮蔽海胆对 UV-B 辐射的敏感性。避免 UV-B 辐射对海胆适应环境而言非常重要（Lamare *et al.*，2011），这表明遮蔽行为具有潜在的生物学功能，可以维持 TRPA1 的相对高表达，这可能是海胆感应 UV-B 的必要条件。TRPA1 是有害信号的多用途传感器，这些有害信号包括有毒细菌产物和紫外线辐射等（Viana，2016）。本研究强调了暴露于 UV-B 辐射的海胆遮蔽行为的重要性，为研究暴露在 UV-B 辐射下海胆的遮蔽行为的分子机制提供了新的信息。

光探测对动物的生存和繁殖至关重要。众所周知，视蛋白在眼睛中起视觉受体的作用（Briscoe，2008）。Ullrich-Lüter 等人（2011）证明微绒毛和表达 r-视蛋白的 PRCs 在海胆中充当了具有可视光感受功能的视觉受体。然而，在无眼无脊椎动物中，UV-B 辐射的检测在很大程度上仍然未知。转录组数据显示，视蛋白在 UV-B 辐射下的海胆中表达不同，表明视蛋白可能参与了海胆检测可见光和 UV-B 辐射的分子机制。目前的结果与之前的研究结果有望丰富我们对无眼动物的光检测的理解（Ullrich-Lüter *et al.*，2011）。我们之前的研究发现，当掩蔽行为和遮蔽行为同时存在时，海胆会选择遮蔽行为而非掩蔽行为（Zhao *et al.*，2014），而长期的掩蔽行为会显著影响海胆的健康（Zhao *et al.*，2016）。这些结果表明，掩蔽对海胆健康状况存在负面影响。然而，海胆通常会有掩蔽行为，尤其是当它们暴露在 UV-B 辐射下时。表明掩蔽行为在海胆中提供的适应性收益大于适应性成本。在 20 μW/cm² 的 UV-B 辐射下暴露 2 h 后，受遮蔽海胆的视蛋白表达显著高于受掩蔽海胆和未受庇护海胆。视蛋白表达的增加在海胆的遮蔽行为中具有重要的生物学功能。

本研究提供的证据表明，遮蔽行为可能通过增加视蛋白和 TRPA1 的表达而增强海胆的光探测，该结论需要进一步验证。这一结果与最近的一项发现一致，即螳螂虾（*Neogonodactylus oeredii*）在暴露于光下时会表现出显著的寻求遮蔽行为（Donohue *et al.*，2018）。此外，330 个差异表达基因可作为分子层面的研究资源，进一步研究海胆掩蔽和遮蔽行为的分子基础。

第四节　长期掩蔽环境对海胆适合度相关性状的影响

目前缺乏掩体环境下适合度相关性状权衡的长期实验室实验，这严重阻碍了人们对掩体生态作用的理解，进而低估其对底栖生态系统中海洋无脊椎动物的行为和生长的有利或不利影响。本研究的主要目的是探求：①亚里士多德提灯反应和/或觅食行为是否造成潜在的摄食适合度代价；②在超过 7 年的掩蔽条件下掩蔽行为是否存在不利的影响；③在掩蔽条件下海胆的遮蔽行为和翻正行为是否存在妥协；④我们把实验延长到 7 年，海胆的体尺是否存在不利和/或有利的影响；⑤在 2.5～7 年的掩蔽条件下，海胆的组织是否存在不利和/或有利的影响。

一、材料与方法

（一）海胆和实验设计

本研究是前期实验（Zhao *et al.*，2016）的延伸。实验持续了 7 年以上，从 2011 年 3 月到 2018 年 6 月。简要总结海胆和实验设计如下：

在实验中进行了适合于掩蔽行为的行为条件（有掩蔽条件组）和不适合掩蔽行为的行为条件（无掩蔽条件组）。在有掩蔽条件组中，将砖

（23cm×17cm×11cm 和 23cm×11cm×5cm）放置于水槽（85cm×52cm×
60cm）中，形成1个大（17cm×12cm）、18个小（4cm×4cm）和几个不规则
的空腔开口。在无掩蔽环境条件组中，水槽（85cm×52cm×60cm）中没有
砖。根据可得性，我们用大型藻类海带（*Sacharrina japonica*）、裙带菜
（*Undaria pinnitafida*）、石莼（*Ulva pertusa*）来投喂海胆，每3d更换一次
海水。

在实验结束时，随机选取5只海胆进行以下相关性状的测量（$n=5$）。每
一个行为实验都更换海水并洗刷实验装置。为了避免潜在的疲劳效应，每3d
进行一次行为实验。

（二）翻正行为

将口面朝上的海胆分别放置于实验水槽（60cm×40cm×16cm）的底部，翻正
时间指的是倒置的海刺猬口面朝上翻正过来所需要的时间（$n=5$，图 2-19a）。在
相同的光照和水质条件下（海水温度的平均值是 18.6℃；pH 是 8.03；溶解
氧值是 9.28g/mL），分别测定其翻正行为。如果海刺猬在 10min 内没有翻正
过来，我们把它翻正时间记为 600s。

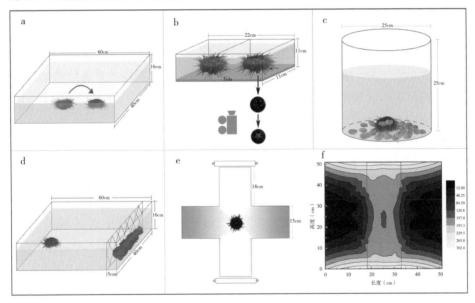

图 2-19　实验的概念图
a. 翻正行为　b. 亚里士多德提灯反应　c. 遮蔽行为　d. 觅食行为
e. 掩蔽行为　f. 遮蔽实验中照度分布

（三）亚里士多德提灯反应

我们设计了一种简单的测量亚里士多德提灯反应的装置。这个装置
（图 2-19b）有两个小的隔间（11cm×11cm×11cm），在装置的底部有海带

薄膜。海带薄膜是由 2 g 海带粉，3g 琼脂粉和 50mL 的海水混合而成的混合物质。每一次实验我们更换海带薄膜。有和无掩蔽条件组的海胆分别放置在两个隔间内（图 2 - 19b）。亚里士多德提灯反应是指牙齿从开口到闭合的一个周期（Brothers and McClintock，2015）。咬合周期的次数在 5min 内用摄像机（Legria HF20，Canon）记录下来。摄像机放置在装置（图 2 - 19b）的正下方。在相同照度条件下，分别测定亚里士多德提灯反应。

(四) 遮蔽行为

实验在个体实验塑料桶（直径为 25cm，高度为 25cm）（n=5，图 2 - 19 c）中进行，每个塑料桶中放置 1 枚海刺猬。48 枚小虾夷扇贝贝壳［壳高为（20±1）mm］作为遮蔽材料均匀分布于塑料桶中。每一次遮蔽行为实验前，我们更换小虾夷扇贝贝壳。记录在 1h 内初始遮蔽时间和用于遮蔽行为的贝壳数。用 ImageJ 软件测量海胆的遮蔽面积并随后计算贝壳覆盖面积百分比。每组遮蔽行为是在相同的光照（塑料桶底部的照度大约是 70.4lx）和水质条件（海水温度的平均值是 18.5℃；pH 是 8.05；溶解氧值是 9.3g/mL）下测定的。

(五) 觅食行为

我们设计了一个简单的测量觅食行为的装置（60cm×40cm×16cm）。将新鲜的野生海带（200 g）放置在装置的一侧而一只海胆放置另一侧（图 2 - 19d）。每一次觅食实验，我们更换新鲜的野生海带。觅食时间指的是海胆移动到野生新鲜的海带所需要的时间。运动的总距离、速度、加速度也是由摄像机记录的，随后用软件 ImageJ 计算。每组觅食行为是在相同的光照（约 63.75lx）和水质条件（pH 的平均值是 7.98；平均溶解氧值是 9.10g/mL）下测定的。

(六) 掩蔽行为

我们设计了一种用于测量掩蔽行为的暗/亮装置，这个装置是由两个亮区和两个暗区组成（图 2 - 19e）（Fossat et al.，2014）。亮区的光照度160.3～296.7lx，掩蔽区域的照度为 13.6～ 47.7lx，在中间区域的照度为153.3～159.2lx（图 2 - 19f）。在实验之前，海胆分别放置在 80mm 深的水槽中。摄像机（Legria HF20，Canon）在 30min 内记录海胆的移动和掩蔽行为。利用软件 ImageJ 计算海胆待在暗区的时间。每组掩蔽行为是在相同光照条件下测定的。

(七) 壳径，壳高：壳径，体重

壳径和壳高是由数字游标卡尺测量的（Mahr Co.，Germany）。随后计算壳高与壳径的比值。海胆的体重是由电子天平称量的（G & G Co.，USA）。

(八) 壳重，壳厚，口器重，口器长

海胆的体尺测量完成之后将海胆解剖。根据 Byrne et al.（2014）的方法

利用数字游标卡尺测量口器长和壳厚。使用电子天平称量壳重和口器重（G & G Co.，USA）。

（九）性腺重和肠重

仔细收集性腺和肠，然后使用电子天平称量它们的重量（G & G Co.，USA）。

（十）数据分析

所有数据进行正态分布检验和方差齐性检验。采用独立样本 t 检验，检测两组海胆的行为和生长的差异。所有数据用 SPSS 21.0 统计软件进行分析。概率水平 $P < 0.05$ 设为显著性差异。

二、结果

（一）翻正行为、亚里士多德提灯反应

在掩蔽条件组和无掩蔽条件组中，海刺猬的翻正时间无显著差异（$P = 0.281$，图 2-20a）。无掩蔽条件组的亚里士多德提灯反应［（17.0±4.2）次］显著高于有掩蔽条件组的反应［（9.3±2.9）次］（$P = 0.041$，图 2-20b）。

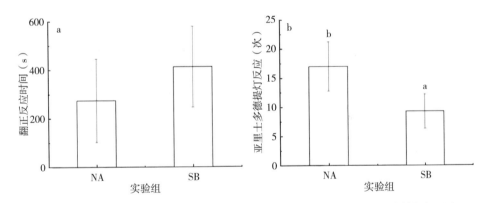

图 2-20　不同的实验组在 5min 内观察海刺猬的翻正反应时间和亚里士多德提灯反应
（翻正反应组 $n = 5$，亚里士多德提灯反应 mean±SD，$n = 4$）
NA 和 SB 分别指的是无掩蔽条件组和有掩蔽条件组。
条形图上的不同字母代表着显著差异

（二）遮蔽行为

在两个实验组别中，初始遮蔽的时间（$P = 0.156$，图 2-21a），用于遮蔽行为的贝壳数（$P = 0.158$，图 2-21b），贝壳覆盖的面积（$P = 0.267$，图 2-21c）和覆盖面积所占的百分比（$P = 0.154$，图 2-21d）均无显著差异。

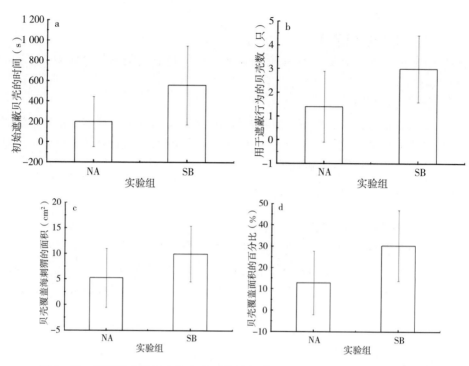

图 2-21 不同的实验组中从实验开始观察到 1h，海刺猬初始遮蔽贝壳的时间
(a)，海刺猬用于遮蔽行为的贝壳数（b），贝壳覆盖海刺猬的面积
(c)，贝壳覆盖的面积与海刺猬面积的百分比（d）（$n=5$，mean±SD）
NA 和 SB 分别指的是无掩蔽条件组和有掩蔽条件组

（三）觅食行为

在两个实验组中，觅食行为中移动的总距离（$P=0.415$，图 2-22a），速度（$P=0.432$，图 2-22b），加速度（$P=0.191$，图 2-22c）和觅食时间（$P=0.704$，图 2-22d）均无显著差异。

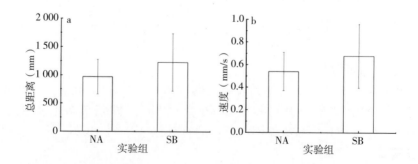

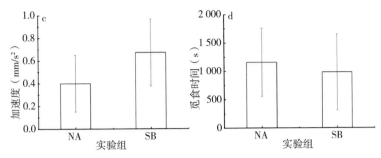

图 2-22 不同的实验组中从实验开始观察到30min，海刺猬移动和觅
食行为（$n=5$，mean±SD）
(a) 海刺猬觅食移动的总距离 (b) 海刺猬觅食移动的速度
(c) 海刺猬觅食移动的加速度 (d) 海刺猬觅食所需的时间
NA 和 SB 分别指的是无掩蔽条件组和有掩蔽条件组

(四) 掩蔽行为

掩蔽条件组的海胆待在暗区的时间显著少于无掩蔽条件组（$P=0.034$，图 2-23）。

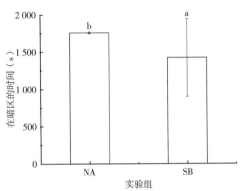

图 2-23 不同的实验组中从实验开始观察
到 30min，海刺猬待在暗区的时
间（$n=5$，mean±SD）
条形图上的字母代表着显著差异。NA 和 SB
分别指的是无掩蔽条件组和有掩蔽条件组

(五) 壳径，体重和壳高壳径比

无掩蔽条件组海胆的壳径［（66.5±3.2）mm］显著高于掩蔽条件组［（60.1±3.8）mm］（$P=0.033$，图 2-24a）。无掩蔽条件组海胆的体重［（95.8±10.1）g］也显著高于有掩蔽条件组［（69.6±14.8）g］（$P=0.019$，图 2-24b）。然而，在两个实验组中壳高与壳径的比值无显著差异（$P=0.955$，图 2-24c）。

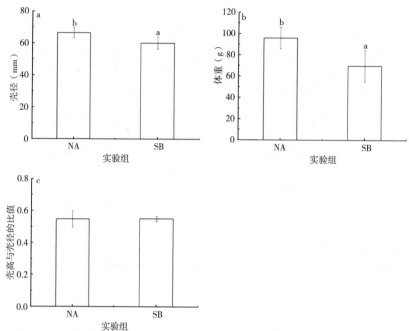

图 2-24　不同的实验组中测量海刺猬的壳径（a），体重（b）和壳高与壳径
　　　　的比值（c）（$n=5$，mean±SD）

NA 和 SB 分别指的是无掩蔽条件组和有掩蔽条件组。

条形图上的字母代表着显著差异

（六）壳厚，壳重，口器重和口器长

在两个实验组中，海胆的壳厚无显著差异（$P=0.619$，图 2-25a）。无掩蔽条件组中海胆的壳重（$P=0.021$，图 2-25b），口器重（$P=0.005$，图 2-25c）和口器长（$P=0.001$，图 2-25d）均显著高于掩蔽条件组。

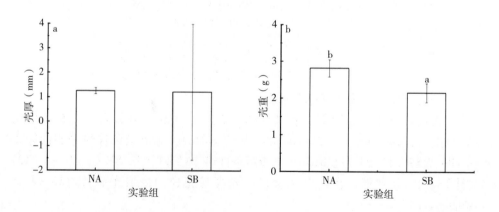

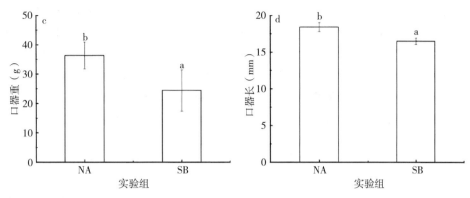

图 2-25　不同实验组中测量壳重（a），口器重（b），壳厚（c）和口器长（d）（$n=5$,
mean±SD)

NA 和 SB 分别指的是无掩蔽条件组和有掩蔽条件组。条形图上的字母代表着显著差异

（七）肠重和性腺重

在两个实验组别中，海胆的肠重（$P=0.055$，图 2-26a）和性腺重（$P=0.843$，图 2-26b）均无显著差异。

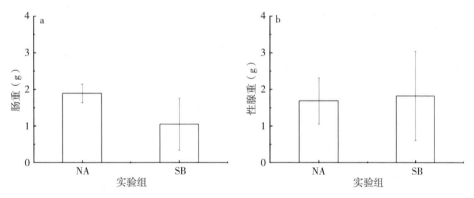

图 2-26　在不同的实验组中测量海刺猬的肠重和性腺重（$n=5$，mean±SD)

NA 和 SB 分别指的是无掩蔽条件组和有掩蔽条件组

三、讨论

在海洋底栖生态系统中，有或无掩体的环境都是普遍存在的。掩体对于海洋底栖无脊椎动物的适合度是非常重要的。当然，掩体由于适合度代价也可能产生不利影响。长期实验室实验对于评估适合度利益和代价的权衡是至关重要的。我们前期的研究调查了处在掩蔽条件超过 2.5 年的海刺猬的适合度相关性状（Zhao，2016）。本研究首次将调查时间延长至 7 年以上，用来评估对海刺猬行为和生长有利和/或不利的影响。

在本研究中，我们发现在超过 7 年掩蔽条件下生长的海胆的亚里士多德提灯反应显著低于无掩蔽条件组。亚里士多德提灯反应减少的潜在解释是亚里士多德提灯在特殊环境中肌肉功能的减少（Pearse，2006）。因为海胆在潮间带和潮下带的生态系统中扮演着重要的角色（Pearse，2006），减少的亚里士多德提灯反应可能减少了海胆的过度啃食，因此改善了群落的结构（Hughes *et al.*，1987）。这表明掩体对于避免海胆的过度啃食具有很大的价值。然而，本研究是在实验室中模拟的，没有考虑到复杂的自然环境，野外研究对于检验这一假设是必要的。

除了亚里士多德提灯反应，觅食对于海胆的摄食和食物消耗也是另一个重要的行为。在本研究中，超过 7 年掩蔽条件和无掩蔽条件中海胆的觅食和移动（30min 内移动的总距离，速度和加速度）无显著差异。这一现象可部分地从本实验设计来解释，即海胆很容易获得过度提供的食物。我们先前的研究发现，当食物供应到掩体外时，更多的海胆放弃掩蔽行为，这表明因为觅食的内部需求，海胆不一定会在长期掩蔽的条件下隐藏自己（Zhao *et al.*，2013）。本研究表明，食物消耗量的减少（Zhao，2016）可能是由于亚里士多德提灯反应而不是觅食行为引起的。

令人惊讶的是，我们发现生活在超过 7 年的掩蔽条件下，海胆的掩蔽行为有显著差异。在本研究中，亮区的照度是 150～300lx，而暗区的照度是 10～50lx。一致地，我们以前的研究发现暴露在低光强度下（约 24lx）的海胆显著地被高光强度（约 220lx）所吸引（Sun，2019）。本研究结果表明长期适应掩蔽行为提高了海胆的趋光性。

在超过 7 年的有和无掩蔽条件组中的海刺猬的翻正行为没有显著差异，可能是因为神经肌肉的损害（例如，翻正行为）（Brothers and McClintock，2015）。本研究表明，尽管暴露在不同的环境中，翻正行为是一个非常稳定的行为。除此之外，长期掩蔽环境同样对海胆的遮蔽行为没有显著影响。这个结果可以由先前的研究来解释，即海胆更倾向于遮蔽行为而不是掩蔽行为（Zhao *et al.*，2014）。除了掩蔽行为，翻正行为和遮蔽行为对于保护海胆躲避敌害和水湍流也是重要的。因此，没有受到影响的翻正和遮蔽行为可能增加了掩蔽环境下海胆躲避不利环境的能力。

我们先前发现在超过 2.5 年的掩蔽条件下，海胆的壳径、体重、壳重和口器重显著低于无掩蔽环境组。然而，对于长期掩蔽条件对海胆是否具有有利影响存在争论（Zhao *et al.*，2018；Dupont *et al.*，2013）。为了研究这一问题，我们将实验延长到了 7 年以上。一致地，本研究发现长期在掩蔽环境下海胆的壳径、体重、壳重和口器重显著低于无掩蔽条件组。这个结果表明，在长期掩蔽环境下，海胆的体尺对于海胆的寿命来说是一个不利的影响。然而，在超过

7年掩蔽环境下，海刺猬的肠重和性腺重无显著差异，而在超过2.5年的掩蔽环境下，海胆的肠重和性腺重显著低于无掩蔽环境组（Zhao，2016）。这个结果表明，在2.5年到7年以上的长期掩蔽环境下，海胆的肠和性腺没有受到影响。

在7年以上的有掩蔽环境和无掩蔽条件下，海胆的测试形状无显著差异（壳高：壳径）。相反地，紫球海胆壳在洞（作为另一种掩体）中仅8～20周就发生了显著的重塑（Hernández and Russell，2010）。上述比较表明在不同掩体环境下，海胆形状的塑性是不同的。此外，本研究发现，在7年以上的有掩蔽条件和无掩蔽条件下，海胆的壳厚无显著差异。这个结果与我们的前期发现是一致的：长期（约10个月）高温对海胆的壳厚无显著差异，但是短期暴露（约4个月）会有影响（Zhao *et al.*，2018）。适应的壳厚对于进一步保护海胆免受捕食和物理湍流是至关重要的（Collard *et al.*，2016）。

第三章　趋向行为

本章主要研究光强对中间球海胆的趋光、觅食和翻正行为的影响。

本研究的主要目的是探讨不同光强环境对中间球海胆稚胆趋光、觅食和翻正行为的影响。我们提出并研究以下几个问题：①光强是否显著调节中间球海胆稚胆的正向和负向趋光性；②不同的光强环境下，中间球海胆稚胆的觅食行为是否受到显著影响；③光强是否显著影响中间球海胆稚胆的翻正行为；④适合海胆的底播增殖活动的光强。

一、材料与方法

(一) 海胆

中间球海胆稚胆购自大连海宝公司，共 200 只，暂养在实验室的可控生态系统品字缸水池内。暂养水池暴露在自然光下，水下环境光强随时间在 0～1 500lx 变化，水温保持在 15℃，饲喂新鲜石莼（*Ulva lactuca*），暂养两周直至实验开始。实验所用海胆壳径（10.3±1.3）mm，壳高（5.6±0.7）mm，体重（0.6±0.2）g。

(二) 实验设计

整个实验在一个黑暗的房间里进行。实验装置是长 170mm，宽 92mm，高 50mm 的透明亚克力盒，盒子被均匀分为前后两部分，在盒子的前部一端外放置一个棒状的 LED 灯，通过调节灯棒的挡位发出不同强度的白光作为光源（冷光源）（图 3 - 1）。实验用水是新鲜的海水，水温 15℃，各组海胆个体之间实验用水会进行更换并清洗亚克力盒，以避免潜在的非实验因素影响。经测量实验过程中的水温维持在 15℃不变。

(三) 光强设置

经过我们的实地测量，晴朗的白天，潮间带开阔水域水底光强约 2 200lx，而在浅水区域礁石地带光强最低在 0～20lx。另外，前期预实验显示中间球海胆会对约 200lx 的光强有明显的趋向运动。因此，通过调节光源的强度，我们在实验装置亚克力盒内设置了三种光强环境：无光环境（0lx）、低光强环境（24～209lx）和高光强环境（252～2 280lx）。低光强环境和高光强环境下，盒

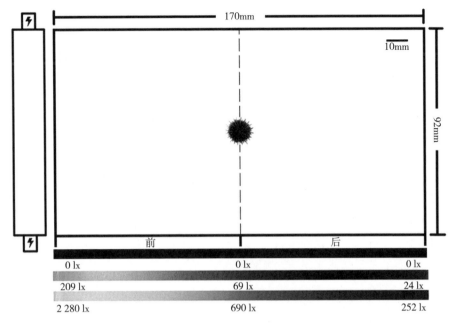

图 3-1　实验装置

灯管被放在装置一侧。以中线分割，灯管一侧的部分称为前部，相反一侧称为后部。

装置下方的阴影条是从实验录制视频里截取的，分别标上了相应位置的照度值

子中部海胆初始位置的光强分别为 69lx 和 690lx（图 3-1）。所测光强皆为水下照度。三种光强环境不同时进行，实验相互独立。

（四）趋光行为

海胆被单独放在亚克力盒的中心部，实验开始，利用摄像机（Legria HF20，Canon）垂直俯拍，完整记录下 7min 内海胆的运动情况（$n=5$）。正向趋光性指海胆的向光运动，负向趋光性则相反。我们通过比较海胆在亚克力盒前部和后部的停留时间，来表示这一组海胆的正负趋光性。后期通过对实验录像的处理，利用图像分析工具 ImageJ 的路径跟踪插件（Manual Tracking），计算出海胆的运动距离和平均速度。

（五）觅食行为

食物是被剪成 2cm×2cm 方形的石莼，每一次实验都会更换新鲜的石莼。在高光强环境中，食物先被放在 252lx 的位置进行一组实验（$n=10$），之后将食物放在光强较高的 2 280lx 处进行另一组实验（$n=10$）。同样的，在低光强环境实验中，食物先被放在 209lx 的位置（$n=10$），另一组食物放在 24lx 处进行实验（$n=10$）。在无光环境，只进行一组实验（$n=10$），食物被放在亚克力盒的一端同样位置。实验开始前，海胆被单独放在亚克力盒的中心部，记

录 7min 内成功觅食海胆的个数。

（六）翻正行为

将口面向上的海胆单独放置在盒子中部（水深 20mm），从海胆反口面接触池底开始到海胆彻底回正口面重新接触池底，记录不同光强环境内海胆翻正过来所需时间（$n=10$）。若 5min 内海胆未翻正成功，翻正时间记作 300s。

（七）数据分析

利用 Kolmogorov-Smirnov 检验和 Levene 检验分析各组数据的正态性和方差齐性。海胆的运动距离和平均速度使用单因素方差分析（one-way ANOVA）进行比较，停留时间不符合正态分布，使用非参数检验 Kruskal-Wallis 检验分析。觅食行为使用二乘二列联表的 Fisher 精确检验进行分析，比较不同光强环境内食物所处位置的光强不同所导致的觅食成功率的差异。由于海胆的翻正时间方差不齐，使用非参数检验 K-W 检验分析。所有统计结果都是利用 SPSS 21.0 软件进行分析，显著水平设置为 $P<0.05$。

二、结果

（一）趋光行为

在低光强和高光强环境内，海胆在装置前后部的停留时间显著不同（图 3-2）。在低光强环境下，海胆在前部的停留时间显著高于后部〔前部

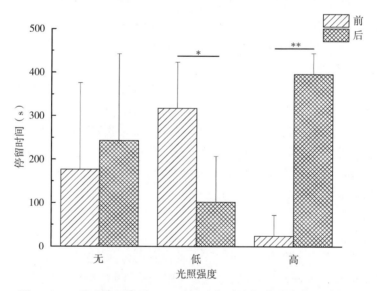

图 3-2　三种光强环境下 7min 内，中间球海胆稚胆在装置前部和后部的停留时间（$n=5$，mean±SD）

差异性用 * 表示，* 代表 $P<0.05$，** 代表 $P<0.01$

（318.00±105.15）s，后部（102.00±105.15）s，$P=0.046$]。相反，在高光强环境下，海胆在后部的停留时间显著更长［前部（24±48）s，后部（396±48）s，$P=0.005$]。无光环境，海胆在前部和后部的停留时间无显著差异［前部（177.00±199.09）s，后部（243.00±199.09）s，$P=0.911$]。

三种光强环境之间，海胆的平均速度［无光环境（0.34±0.10）mm/s，低光强环境（0.48±0.14）mm/s，高光强环境（0.46±0.12）mm/s]和移动距离［无光环境（142.36±42.49）mm，低光强环境（203.38±57.83）mm，高光强环境（192.19±50.80）mm]没有显著差异（图3-3）。

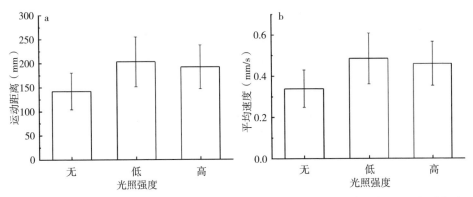

图3-3　趋光实验中，中间球海胆稚胆在三种光强环境下的运动距离（a）和平均速度（b）（$n=5$，mean±SD）

（二）觅食行为

无光环境下，只有3/10的海胆在规定的7min内找到了食物。在低光强环境中，食物放在光强209lx位置时，9/10的海胆成功觅食，而当食物放在24lx位置时，仅有2/10（$P=0.005$）。在高光强环境中，仅有3/10的个体找到了2 280lx位置的食物，显著低于食物放252lx位置的情况（10/10，$P=0.003$，图3-4）。

（三）翻正行为

中间球海胆在高光强环境下的翻正时间［（194.94±90.05）s]显著高于无光环境［（56.80±19.85）s，$P=0.001$]和低光强环境［（73.23±25.79）s，$P=0.031$]。无光环境和低光强环境之间，海胆的翻正表现无明显差异（$P=0.892$，图3-5）。

三、讨论

海胆在面对强光时表现出负趋光性的现象，无论在野外还是实验室条件都得到了广泛证实（Yoshida，1957；Holmes，1912；Ullrich-Luter，2011），

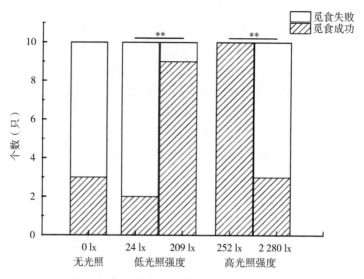

图 3-4　中间球海胆稚胆在三种光强环境内，食物位置不同光强的情
况下，成功觅食的海胆个数比较（$n=10$，mean±SD）

**表示 $P<0.01$

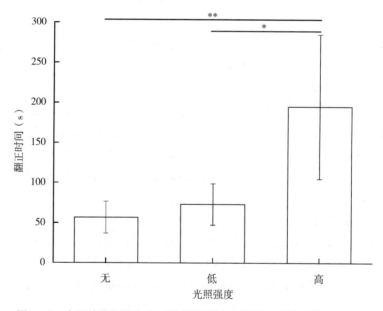

图 3-5　中间球海胆稚胆在三种光强环境内的翻正时间比较（$n=10$，
mean±SD）

*表示 $P<0.05$，**表示 $P<0.01$

然而这些研究大都是描述性的，或者缺少对光强详细的报道。本研究中我们发现，中间球海胆稚胆在高光强环境下（252～2 280lx）表现出明显的负趋光

性。在野外，大多数种类海胆为了躲避捕食者和湍流，会选择礁石和岩石的裂缝、洞穴和空隙里（Lawrence，2013），中间球海胆便广泛分布在潮间带和浅水区域的礁石地带（Agatsuma，2013）。这些行为与海胆的负趋光性密切相关。最新的研究显示，海胆对不同大小、对比度甚至不同颜色的物体有不同的反应（Al-Wahaibi and Claereboudt，2017），而海胆极有可能利用这种"视觉"辨别物体如石块、捕食者、食物（Kirwan *et al.*，2018）。虽然中间球海胆在高光强环境下表现出负趋光性，但是为了生长它们可能离开庇护所到开阔水域寻找食物（Lawrence，2013；Scheibling and Hatcher，2013）。中间球海胆已经被证实会在掩蔽行为和觅食行为之间进行抉择（Zhao *et al.*，2013），我们猜想随后的高光强暴露会对海胆的觅食行为产生影响。在随后高光强环境下的觅食实验中，食物放在252lx位置时全部实验个体（10/10）成功觅食。这个现象可以用食物的吸引或者海胆的负趋光性解释。为了进一步解释这一现象，我们将食物放在2 280lx位置，7/10的海胆觅食失败并且表现出负向趋光运动。本研究的实验结果与Agatsuma（Fuji，1967）的结果一致，Agatsuma的实验结果显示高光强会显著降低中间球海胆的觅食活动并且会减少海胆的摄食量。尽管这一行为主要依靠化学信息素的传递（Sakata *et al.*，1989），高光强会对海胆的觅食行为产生显著的消极影响。根据目前的实验结果，我们建议养殖户不要在较浅的水域底播中间球海胆稚胆，以避免海胆暴露在强光下（例如，2 280lx）。

在低光强环境的实验中，我们观察到中间球海胆稚胆会向光源位置（209lx）移动并停留更长的时间。海胆在没有受到刺激时被认为是随机运动的（Clément *et al.*，2007），这也与我们在无光环境下观察到的海胆运动一致。在无光环境下，海胆在装置内的分布没有明显差异，运动也没有特殊的指向性，而在低光强环境下，实验个体表现出异于平常的共性趋向运动。因此笔者猜想，209lx的光强照度对中间球海胆稚胆有某种吸引作用，但是其中的机制仍未可知。尽管海胆的趋光性已有记载，但是大多是描述性的或者并没有确切的吸引海胆的光强被报道（Salazar and Michael，1970；Gray *et al.*，1962）。本研究首次发现低光强（209lx）能够引起中间球海胆的正趋光性。同样，为了探讨低光强环境（24～209lx）对中间球海胆稚胆觅食行为的影响，我们将食物放在209lx和24lx位置分别测试中间球海胆的觅食表现。9/10的海胆成功找到了209lx位置的食物，而在无光环境成功觅食的很少。另外，将食物放在24lx位置时，8/10的海胆觅食失败。这些结果显示，光强能够调节动物的觅食表现，如灵长类 *Callithrix geoffroyi*（Caine *et al.*，2010）等。

为了进一步探讨适合中间球的光强环境，我们分别测试三种光强环境下海胆的翻正时间。与预想一致，中间球海胆稚胆在高光强环境下的翻正时间比在无光和低光强环境显著更长。由于反口面的管足（Bayed *et al*.，2005）拥有更敏感的感光性（Lesser *et al*.，2011），高光强环境下的翻正表现可以解释为强光削弱了反口面管足的功能。这与 Precy 的实验结果类似，他发现剧烈的环境因子如较高的水温，会削弱海胆管足吸附物体和收缩的能力，从而对海胆的翻正行为产生消极影响（Percy，1973；Percy，1972）。在海胆的底播增殖过程中，考虑到翻正行为对于海胆躲避捕食者和物理干扰的重要作用（Percy，1973；Brothers，2015），我们建议应避开高光强环境（例如，252～2 280lx）进行底播增殖活动。有趣的是，中间球海胆稚胆在三种光强环境下的运动能力包括平均速度和运动距离都没有显著差异，这说明即使在高光强环境下底播的中间球海胆稚胆仍具有向低光强环境运动的能力。

第四章 聚集行为

第一节 适合度驱动的资源型海胆聚集机制

动物的聚集可以由主动运动形成或被动聚合形成（Parrish and Edelsteinkeshet，1999；Jeanson *et al*.，2003）。生物体这样的聚集可分为资源聚集、行为聚集和生殖聚集（Reese，1966）。资源聚集即生物由于趋向资源而在资源附近形成高密度的被动聚集；行为聚集则由是生物本身的行为驱动的主动聚集。本节旨在通过观察光棘球海胆在非产卵季节于不同高适合度栖息地（HFHs）条件下对食物和捕食者的聚集反应以调查海胆聚集的潜在原因。

一、材料和方法

（一）实验材料

实验用光棘球海胆从某养殖场运至大连海洋大学北方海水增养殖重点实验室。所有光棘球海胆个体在体尺上均无显著差异［（45.27±2.48）mm，试验直径＋棘长，$P=0.231$］。海胆在常温水槽中暂养［（20±0.5）℃，长×宽×高：85cm×50cm×65cm，约276L］，光周期为13L：11D，直到2019年7月15日实验开始。每2d投喂新鲜的海带，投喂前进行一次全换水。在实验海胆中没有发现性成熟的海胆或产卵产精现象。

（二）实验设计

实验设置一：即稀缺HFHs条件；实验设置二：充足HFHs条件。理论上，稀缺HFHs组设定为当所有海胆均移动至HFHs内时海胆必然因HFHs不足而被动聚集，即HFHs方格数与海胆数比例为1：1，这样的条件是满足资源聚集形成的。而充足HFHs组设定为即使海胆均移动至HFHs内，每个海胆的占地面积是一个方格，而其平均拥有面积为两个方格，所以HFHs依旧充足使海胆之间可以有距离而不会被动聚集，即HFHs方格数与海胆数比例为2：1，这样的条件不能满足资源聚集。所以如果稀缺HFHs条件下海胆聚集而充足HFHs条件下海胆不聚集，则指向海胆进行资源聚集；如果海胆进行行为聚集，则两种条件下海胆均可进行聚集。

1. 实验一：稀缺 HFHs 组

为了研究海胆对食物和捕食者的聚集反应，我们进行了实验一。实验一由食物测试及捕食者测试组成。食物测试采用一个被分割成两部分的塑料方缸（每部分长度×宽度×高度：41cm×31.5cm×17.5cm），方盒两边水不流通。为分隔食物和海胆，我们将聚乙烯塑料网固定在距离水箱两侧 3cm 处，形成 3cm 的空档用于放置海带。在缸的底部，我们用防水马克笔依照海胆的尺寸绘制了 56 个正方形（4.5cm×4.5cm）。在之后的实验中，默认一个海胆的占用面积为一个方格。随后我们在实验组两侧 3cm 空白位置各放置 15g 海带，这样距离食物最近的 14 个方块为就成为海胆的高适合度生态区（HFHs）。随后，实验组、空白对照组中各放置 14 只海胆。因此，实验组中 HFHs：海胆数＝1：1，而对照组没有食物，所以对照组的 14 只海胆没有特殊的 HFHs（图 4-1）。

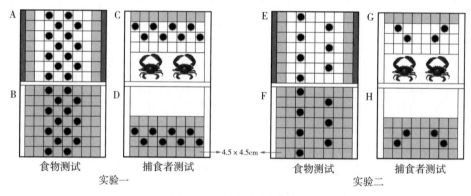

图 4-1　实验设计与设备

浅灰色的方块是海胆具有更高适合度栖息地（HFHs），
A、C、E、G 均为实验组，B、D、F、H 为空白对照组，
空白对照组中不具有外源因子，故所有方格内适合度一致，
即没有特殊 HFHs。深灰色表示填充在该区域的海带

为了进一步研究海胆的聚集是由于外源刺激还是只由正向刺激（又或是仅仅由食物）诱导，我们引入捕食者作为负向刺激，进行捕食者测试。捕食者测试的装置基于食物试验中的装置，在其基础上在距离装置短边 18cm 处额外设置了聚乙烯网，留出 18cm 空槽放置日本蟳，以将捕食者与海胆分离。同样，在缸的底部按照海胆尺寸标记出 32 个正方形（4.5cm×4.5cm）并默认每个方格为一只海胆的占地面积。将两只提前饥饿一周的日本蟳放入实验组的空槽中，形成 HFHs，即离两只日本蟳最远的 8 个方块。随后放置了 8 个海胆在实验组（8 格 HFHs：8 只海胆）。对照组的 8 只海胆的适合度在所有方块上都是

相同的，因为没有放置捕食者。这两次测试都在黑暗中重复了 8 次（$n=8$），以避免随机扰动与误差。实验过程中用红外数码相机录制 30min，随后观察（LegriaHF20；佳能，日本东京）。海胆在实验开始放置时均未相互接触，以避免相互影响的可能性。每次实验前，我们更换海水并清洗实验水箱。

2. 实验二：充足 HFHs 组

实验二在充足 HFHs 条件下（HFHs 格数与海胆数比例为 2：1）由食物测试和捕食者测试组成。

实验二的食物测试沿用了实验一食物测试中使用的装置。首先我们在食物测试的实验组装置两侧放置 15g 海带，得到距离食物最近 14 个方格的 HFHs。随后在实验组和空白对照组内分别放入 7 只海胆。但由于空白对照组中没有食物，所以空白对照组的 7 只海胆没有特殊的 HFHs。

同样，实验二的捕食者测试沿用了实验一的捕食者测试的装置。我们在实验组内放置两只饥饿一周的日本蟳，距离日本蟳最远的 8 个方格是 HFHs。随后我们在实验组放入 4 只海胆，因此，HFHs 方格数：海胆数＝2：1。最后我们在空白对照组内也放入 4 只海胆，但因为没有捕食者的引入，所以空白对照组海胆在所有方块上的适应度都是相同的。两次测试均在黑暗中重复了 8 次（$n=8$）以避免误差与随机扰动。在实验二中依旧测量了与实验一相应的性状。为避免海胆间相互影响的可能性，在实验开始放置海胆时将海胆分隔开，海胆在实验开始前均未有相互接触。在拍摄或每次重复之前，更换海水并清洗实验装置。

（三）海胆与食物/捕食者间距离

本实验用方格作为单位表示距离，取每只海胆与最近的食物/捕食者之间的方格数的整数的总和作为海胆与食物/捕食者间的距离。

（四）海胆在 HFHs 内个数

由于空白对照组中没有食物或是捕食者，所以海胆在任意一个方格内的适合度是一致的，对照组没有特殊的 HFHs。但为方便比较与数据统计，默认在空白组内与实验组中的 HFHs 对应位置的方格为 HFHs，并统计海胆在 HFHs 内个数。但只统计完全在 HFHs 内的海胆个数。

（五）海胆聚集个数

根据 Vadas *et al.*（1986）的定义，海胆聚集是三个及三个以上的海胆进行的三维聚集。联会是两个及两个以上的海胆进行的二维聚集。由于实验所用海胆个数较少，我们将联会的海胆也计算为聚集的海胆，即计算两个及两个以上的海胆二维或三维的聚集数量。

（六）统计方法

利用 WPS 2020 软件对数据进行整理，使用 SPSS 22.0 进行统计及数据分析。

利用 Levene test 和 Kolmogorov-Smirnov test 检验数据间是否有显著差异前进行了方差齐性和正态分布检验。确认各性状指标符合方差齐性及正态分布后使用独立样本 t 检验，以判断各组之间是否存在差异。当 $P < 0.05$ 时，认为两组数据差异显著，$P < 0.01$ 时，认为两组数据差异极显著，$P < 0.001$ 时，认为两组数据差异极其显著。

二、结果

（一）实验一：稀缺 HFHs 条件

本实验食物测试中，实验组海胆聚集总数［(10.50±2.39) 个］显著高于对照组［(4.38±3.16) 个，$F = 4.373$，$P < 0.001$，图 4 - 2a］。实验组的海胆与食物之间的距离［(11.00±4.63) 格］显著短于对照组［(18.25±5.38) 格，$P = 0.012$，图 4 - 2b］。实验组在 HFHs 的海胆数量［(8.13±1.55) 个］

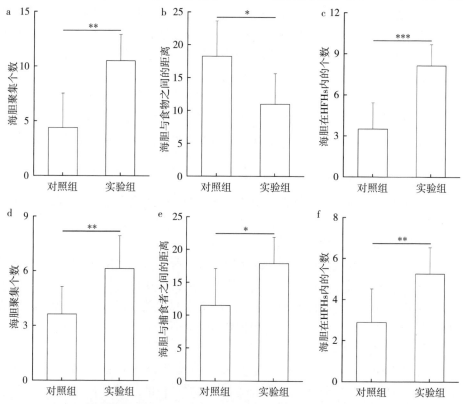

图 4 - 2 实验一中食物测试（a、b、c），捕食者测验（d、e、f）的海胆聚集个数、海胆与食物/捕食者间的距离，海胆在 HFHs 内的个数（$n = 8$，mean±SE）

*表示差异显著（$P < 0.05$），**表示差异极显著（$P < 0.01$），

***表示差异极其显著（$P < 0.001$）

显著高于对照组〔（3.50±1.93）个，$F=5.286$，$P<0.001$，图 4 - 2c〕。

在捕食者试验中，实验组的聚集海胆数量〔（6.13±1.81）个〕显著高于对照组〔（3.88±1.51）个，$F=3.005$，$P=0.021$，图 4 - 2d〕。实验组中海胆和捕食者之间的距离〔（17.88±4.02）格〕显著远于对照组〔（11.50±5.61）格，$F=3.225$，$P<0.01$，图 4 - 2e〕。实验组 HFHs〔（5.25±1.28）个〕中的海胆数量显著高于对照组〔（2.88±1.64）个，$P<0.01$，图 4 - 2f〕。

（二）实验二：充足 HFHs 条件

在食物测试中，对照组和实验组在海胆聚集数量上没有发现显著差异（$P=0.10$，图 4 - 3a）。对照组中海胆与食物之间的距离〔（9.25±3.01）格〕显著远于实验组〔（3.88±3.76）格，$F=3.767$，$P<0.01$，图 4 - 3b〕。实验组中海胆在 HFHs 内的个体数量〔（4.25±1.67）个〕明显高于对照组〔（1.88±1.36）个，$P<0.05$，图 4 - 3c〕。

在捕食者测试中，对照组与实验组在海胆聚集数量之间无显著的聚集差异

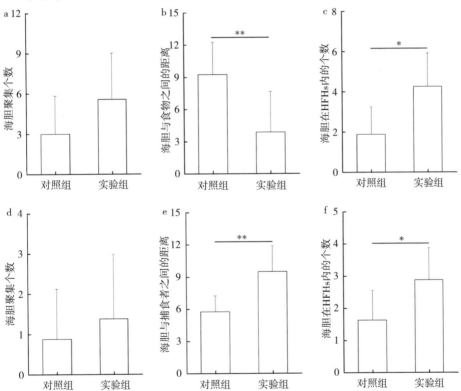

图 4 - 3　实验二中食物测试（a、b、c），捕食者测验（d、e、f）的海胆聚集个数、海胆与食物／捕食者间的距离，海胆在 HFHs 内的个数（$n=8$，mean±SE）

* 表示差异显著（$P<0.05$），** 表示差异极显著（$P<0.01$）

（$P=0.054$，$F=1.742$，图 4 - 3d）。实验组中海胆和捕食者之间的距离［（9.50±2.39）格］显著远于对照组［（5.75±1.49）格，$P<0.01$，图 4 - 3e］。实验组 HFHs 内的海胆数量［（2.88±0.99）个］显著高于对照组［（1.63±0.92）个，$P<0.05$，图 4 - 3f］。

三、讨论

在实验一的食物测试中，我们发现海胆更倾向于 HFHs。这与生物在食物附近具有更高适合度的早前研究相符（Vadas et al.，1986；Lemire and Himmelman，1996）。此外，光棘球海胆面对环境中的食物时，表现出显著的聚集，这可以用食物的吸引力和海胆趋向更高的适合度环境来解释（Vadas et al.，1986；Lauzon-Guay and Scheibling，2007）。为了进一步调查光棘球聚集是由外源刺激触发，还是仅仅由正向刺激（如食物）触发，我们观察海胆对捕食者的反应。不出所料，海胆依旧倾向于 HFHs，因为 HFHs 离捕食者相对较远（Lauzon-Guay and Scheibling，2007）。这表明，食物和捕食者等外源刺激的本质是影响了海胆在栖息地的适合度，而 HFHs 可能是聚集的潜在驱动因素。此外，与食物测试的结果一致，当 HFHs 稀缺时（即满足资源聚集，HFHs 格的数量∶海胆的数量＝1∶1），捕食者测试中的实验组海胆（暴露于捕食者）表现出显著聚集。因此，我们得出结论：海胆对于食物或捕食者的响应本质上可能是对 HFHs 的响应，海胆的聚集可能是由 HFHs 的稀缺驱动的。实验一中的这一系列结果表明海胆在非产卵季节的聚集更接近资源聚集，然而还不能排除行为聚集的可能性。

为了进一步揭示海胆聚集的类型（资源聚集或行为聚集），我们研究了海胆在充足 HFHs 条件下（不能满足资源聚集的条件，即 HFHs 格数量∶海胆数量＝2∶1）对食物和捕食者的反应。理论上，即使海胆全部移动到 HFHs 内，每只海胆因为拥有两格的平均空间，依旧可以保持个体之间有间隔，即不会被动聚集。但如果海胆进行行为聚集，HFHs 的稀缺或充足不会影响海胆的行为，在 HFHs 充足的条件下，海胆依旧可以以聚集来响应食物或捕食者。

在实验二中我们发现：实验组的海胆（环境中有捕食者或食物）仍然更倾向前往 HFHs，并在 HFHs 内具有更多的个体数量。这与前人研究中提到的，在食物存在时，海胆的运动趋向于食物，而面对捕食者时，海胆的运动趋向为远离捕食者或进行逃避的结果一致（Hereu et al.，2004；Morishita and Barreto，2011）。但有趣的是，当 HFHs 充足时，即使海胆表现出趋向 HFHs，并更多停留在 HFHs 内，实验组海胆（面对食物源或是捕食者）依旧并未表现出显著聚集。实验二的这一系列结果表明，聚集物对正向刺激（例如，食物）或负向刺激（例如，捕食者）的反应在本质上是对 HFHs 的响应。

海胆受到适合度调控，趋向 HFHs。因此，这样的海胆聚集只有在 HFHs 容纳量小于海胆数量时（HFHs 稀缺时）才会被动发生。本实验的研究结果表明，海胆（至少是光棘球海胆）形成的是资源聚集，而不是行为聚集。

资源聚集通常发生在非社会性动物中（Gazda et al.，2005），如金龟子（*Maladera matrida*）和床虫（*Cimex lectularius* L.）（Harari et al.，1994；Hentley et al.，2017），海胆聚集也是由于个体的选择造成的，而非因社会聚集模式产生的（Nichols et al.，2015）。尽管 Dayton and Oliver（1980），Warner（1979）和 Bernstein et al.（1983）都认为聚集是一种针对捕食者的积极防御行为，但目前的研究表明，群体的保护很可能是一个聚集后带来的功能，而不是调控海胆聚集的机制。蝗虫（*Locusta migratoria migratorioides*）在聚集后，因聚集群体数量大密度高，蝗虫腿部相互摩擦增加，故而释放出诱集信息素。这种诱集信息素能使得蝗虫聚集体更进一步扩大，是聚集后带来的作用（Torto et al.，1994）。Bernstein et al.（1983）的早期研究还曾提到，捕食者具有两个相反的作用，在海胆密度低时，捕食者的胁迫作用会使海胆躲藏在岩石缝隙等躲避物中，而在海胆密度高时则会触发海胆的聚集。本研究的结果可以很好地解释上述现象：由于环境中捕食者稳定存在，HFHs 的海胆容纳量（此处如岩石缝隙等躲避物）基本是恒定的。故此，在海胆密度低时，HFHs 的容纳量可以满足所有海胆躲进岩石缝隙中，且不会引起被动的资源聚集。但当海胆密度高、HFHs 容纳量不足时，如果海胆都前往 HFHs，就很可能因为 HFHs 内海胆密度过大造成不可避免的聚集。

海胆在荒原中大量聚集这一现象的原因一直存在争议，因为海胆在荒原中无法获得丰富的食物（Filbee-Dexter and Scheibling，2014），这与众所周知的海胆被大型藻类吸引的现象似乎很矛盾（Lauzon-Guay and Scheibling，2007）。尽管 Wahle and Peckham（1999）和 McCarthy and Young（2002）认为海胆在荒原聚集是具有生殖效益的，但这样的聚集也可以在小和不成熟的海胆中或是非产卵季节发现（Rowley，1990）。根据本研究的结果，荒原可能对海胆的适应度有潜在的好处，因此可以成为一种海胆的替代 HFHs。例如，海胆在荒原的被捕食率低于海藻森林（Lauzon-Guay and Scheibling，2007；Konar and Estes，2003；Gianguzza et al.，2010），因为荒原的生态结构复杂程度比海藻森林低，这可能带来更少的捕食者和捕食者更低的捕食成功率（Simenstad et al.，1978；Christie et al.，2009；Graham，2014）。此外，由于个体较小的海胆对捕食者的防御更弱，荒原对小个体海胆意味着更多的适合度好处，这也与非生殖季节荒原中小个体海胆占主导地位的研究结果一致（Rowley，1990）。人工建造更多的 HFHs（例如，掩蔽物）有望预防局部海胆密度过大而导致聚集，从而预防过度放牧，保护海藻森林。此外，通过人工控制 HFHs 条件（如人为制造 HFHs 稀缺条件区域诱导聚集），具有提高海胆的捕捞效率的潜在价值。

第二节 中间球海胆种内个体间行为互作研究

海胆聚集现象在近岸生态系统中十分常见（Lawrence，2020；Vadas *et al.*，1986）。本章节选择在可控的实验室条件下，研究海胆与同伴之间的行为互作。

研究中间球海胆幼胆对食物信号的行为响应对于当地近岸生态系统的管理具有重要意义。本节记录了 1、15 和 30 只中间球海胆幼胆［壳径为（11.06±0.99）mm］在 1m² 圆形水池中的行为以及对食物信号的响应。根据之前的研究，中间球海胆幼胆的平均移动速度为（0.34±0.10）mm/s（Sun *et al.*，2019），为了保证实验周期内海胆能够自由移动且不受池壁的影响，实验总时长设为 26min，包括 12min 的空白处理期以及 12min 的食物信号刺激（中间 2min 的食物信号释放）。本节的主要目的是研究：①海胆之间是否存在行为互作；②海胆之间的行为互作是否影响不同密度的海胆群内个体的行为；③食物信号是否影响不同密度海胆群内的个体之间的行为互作。

一、材料与方法

（一）实验材料

本实验所用的中间球海胆平均壳径为（11.06±0.99）mm，壳高为（6.02±0.66）mm，湿重为（0.76±0.21）g，共计 368 只。于农业农村部北方海水增养殖重点实验室暂养，暂养水温（12±0.5）℃，暂养期间喂食新鲜的龙须菜（*Gracilaria lemaneiformis*）。每 3d 换 1/2 水，保证幼胆良好的暂养环境。

（二）实验一：不同密度海胆群内海胆之间的行为

为了研究不同密度海胆群内的个体行为是否存在差异，分别记录了密度为 1、15 和 30 个/m² 的海胆群的行为。如图 4-4，实验开始时，所有海胆被放入一个占地面积 1m² 的圆形水池中心位置。水池水深 3cm，水温维持在 12±0.5℃。水池上方放置一台摄像机（Legria HF20；Canon，Tokyo，Japan）垂直俯拍整个水池，拍摄时长 12min。实验重复 8 次，每次实验使用不同的海胆，并且会对实验水池进行清洗以避免非实验因素的干扰。

（三）实验二：不同密度海胆群对食物信号的行为响应

在 12min 的空白处理结束后向水池中均匀注射 100mL 的食物信号，整个

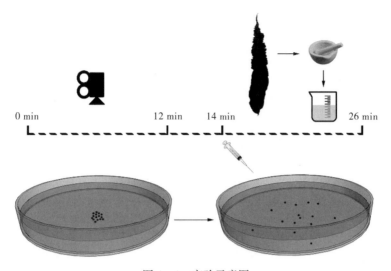

图 4-4　实验示意图

前 12min 空白处理，没有任何信号刺激；第 12min 开始注射食物信号，

第 14min 停止注射；摄像机记录总时长 26min

注射过程持续 2min。食物信号是由 20g 的干海带粉溶于 100mL 的新鲜海水中制成，制作过程中使用滤网过滤 3 遍。摄像机拍摄 12min，实验重复 8 次，每次实验使用不同的海胆并且清洗水池更换海水。

(四) 行为计算

单次实验时长共 26min。每 5s 截取实验视频，共计 313 张图片。前 12min 的空白处理阶段是从第 1 张照片至第 145 张，食物信号阶段从第 169 至第 313 张图片。利用图像处理软件 ImageJ （1.52s version）的人为跟踪插件，记录了海胆群内所有海胆的坐标位置。计算海胆运动速度 v 和位移 d 的公式为：

$$v_i = \sqrt{[x_i(t) - x_i(t-1)]^2 + [y_i(t) - y_i(t-1)]^2} \times \frac{k}{5} \quad (4-1)$$

$$d_i = \sqrt{[x_i(t) - x_p]^2 + [y_i(t) - y_p]^2} \times k \quad (4-2)$$

式中，$(x_i(t), y_i(t))$ 是海胆 i 在第 t 张图片的坐标位置，(x_p, y_p) 是每个阶段海胆的初始位置坐标，k 是图片的比例尺。海胆之间接触的速度包括接触前 30s、接触期间以及接触后 30s。

海胆的离心距离 CD 是海胆与实验水池中心的距离，计算公式如下：

$$CD = \sum \sqrt{[x_i - x_{tank}]^2 + [y_i - y_{tank}]^2} \times k/n \quad (4-3)$$

式中，(x_i, y_i) 是海胆 i 在实验阶段结束后的位置坐标，(x_{tank}, y_{tank}) 是水池的中心位置坐标，n 是不同密度海胆组的海胆个数。

为了比较运动的随机性，每个阶段的运动随机性 R 的计算公式如下：

$$R = \sqrt{\left[\frac{1}{n}\sum_{t=1}^{n}\cos(\theta_t)\right]^2 + \left[\frac{1}{n}\sum_{t=1}^{n}\sin(\theta_t)\right]^2} \qquad (4-4)$$

式中，θ_t 代表海胆在 t 张图片里的运动转角。运动随机性 R 等于 0 时，表示完全随机运动，而 R 等于 1 时代表完全指向性运动。

运动线性度 l 是每个阶段结束，海胆运动位移与运动距离的比值，计算公式如下：

$$l_i = \frac{displacement_i}{distance_i} \qquad (4-5)$$

海胆的扩散 r 是海胆每个阶段结束距离开始位置的距离减去与初始位置的距离，计算公式如下：

$$r = \sum\left(\sqrt{[x_i - x_0]^2 + [y_i - y_0]^2} - \sqrt{[x_p - x_0]^2 + [y_p - y_0]^2}\right) \times k/n \qquad (4-6)$$

式中，(x_p, y_p) 是每个阶段的开始位置坐标，(x_0, y_0) 是海胆实验的初始位置。

海胆群的扩张距离是海胆距离群中心的距离。群中心坐标 (x_c, y_c) 是海胆群内所有海胆坐标位置的均值。扩张速度 v_e 计算公式如下：

$$v_e = \sum\left(\sqrt{[x_i - x_c]^2 + [y_i - y_c]^2} - \sqrt{[x_p - x_{c0}]^2 + [y_p - y_{c0}]^2}\right) \times \frac{k}{12}/n \qquad (4-7)$$

式中，(x_c, y_c) 和 (x_{c0}, y_{c0}) 是海胆群体中心在实验阶段结束和开始的坐标。

（五）数据分析

在进行统计分析之前，分别用 Levene 检验和 Kolmogorov-Smirnov 检验对数据进行方差齐性检验和正态分布检验。在空白处理阶段，对三个密度组内海胆的运动速度、位移、离心距离、运动线性度和随机度，采用单因素方差分析（one-way ANOVA）比较。如果数据不满足方差齐或者正态分布，则使用曼-惠特尼 U 检验（Mann-Whitney U test）比较。单因素重复测量分析（one-way repeated measures ANOVA）被用来比较海胆接触前中后的运动速度。

释放食物信号后，配对样本 t 检验（paired sample T test）被用来比较释放食物信号前后海胆的运动速度、位移和扩张速度。如果数据不满足正态分布，则使用威尔科克森符号秩检验（Wilcox signed-rank test）。单因素方差分析（one-way ANOVA）被用来比较三组海胆之间的运动线性度、随机度和扩散距离。如果数据不满足方差齐或者正态分布，则使用曼-惠特尼 U 检验（Mann-Whitney U test）比较。独立样本 t 检验（independent sample T test）

被用来比较 15 和 30 只组的海胆群的扩张距离。所有的数据都利用统计分析软件 SPSS（版本 25.0）进行分析，$P<0.05$ 时，差异被认为具有统计学意义。

二、结果

（一）不同密度群内海胆间行为互作

在空白处理阶段，三组海胆的运动速度和位移没有显著差异 [1 只/m^2 组海胆的运动速度（0.51 ± 0.04）mm/s，1 只/m^2 组海胆的位移（291.60 ± 33.53）mm；15 只/m^2 组海胆的运动速度（0.44 ± 0.02）mm/s，15 只/m^2 组海胆的位移（230.45 ± 11.67）mm；30 只/m^2 组海胆的运动速度（0.46 ± 0.04）mm/s，30 只/m^2 组海胆的位移（245.72 ± 21.40）mm]（图 4-5a、b）。与对照组单只海胆相比，15 只/m^2 的中密度组以及 30 只/m^2 的高密度组内海胆的离心距离显著更少 [1 只/m^2 组海胆的离心距离（277.84 ± 35.70）mm；15 只/m^2 组海胆的离心距离（191.40 ± 12.65）mm；30 只/m^2 组海胆的离心距离（198.26 ± 19.92）mm]（图 4-5c）。通过分析录像，15 只组内的海胆共进行了 67 次身体接触，平均接触时长（120.37 ± 13.75）s，接触过程中海胆的移动速度显著下降（图 4-5d）。在 30 只组内，海胆共进行了 203

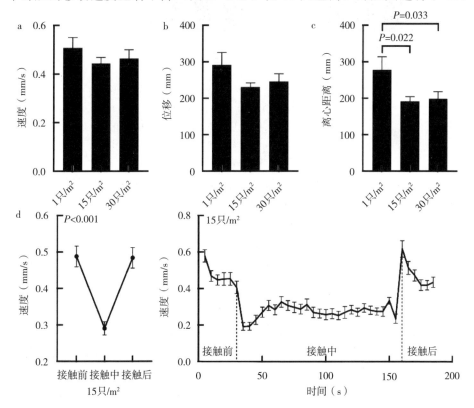

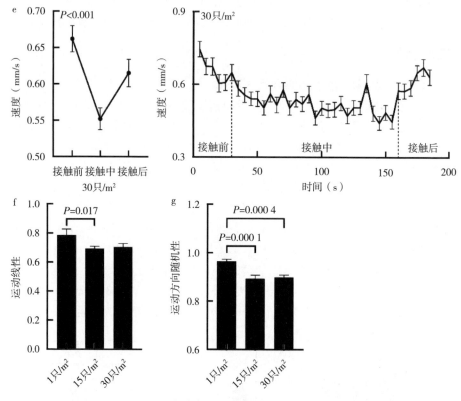

图 4-5 空白处理阶段，三个密度组间的海胆行为比较

1、15 和 30 只/m² 组海胆的移动速度、位移和离心距离比较（a、b、c）。

15 只/m² 组海胆接触前、中、后的速度和每 5s 的速度变化（d）。

30 只/m² 组海胆接触前、中、后的速度和每 5s 的速度变化（e）。

1、15 和 30 只/m² 组海胆的运动线性和运动方向随机性 R（f 和 g）

次身体接触，平均接触时长（121.43±8.30）s，接触过程海胆移动速度显著下降（图 4-5e）。由于海胆同伴之间会发生物理接触，与单只组相比，15只组的海胆运动线性度显著降低（1 只/m² 组海胆的运动线性度 0.79±0.04；15只/m² 组海胆的运动线性度 0.69±0.02；30 只/m² 组海胆的运动线性度 0.70±0.02）（图 4-5f），15 只与 30 只组的海胆运动方向随机性显著比单只组海胆高（1 只/m² 组海胆的运动随机度 0.97±0.01；15 只/m² 组海胆的运动随机度 0.89±0.01；30 只/m² 组海胆的运动随机度 0.90±0.01）（图 4-5g）。

（二）不同密度海胆群对食物信号的行为响应

在引入食物信号后，三个密度组内海胆的运动速度、位移和扩散距离均显著下降（图 4-6a~i）。

在暴露于食物信号条件下，三组海胆的运动线性度没有显著差异（图 4-7a）。

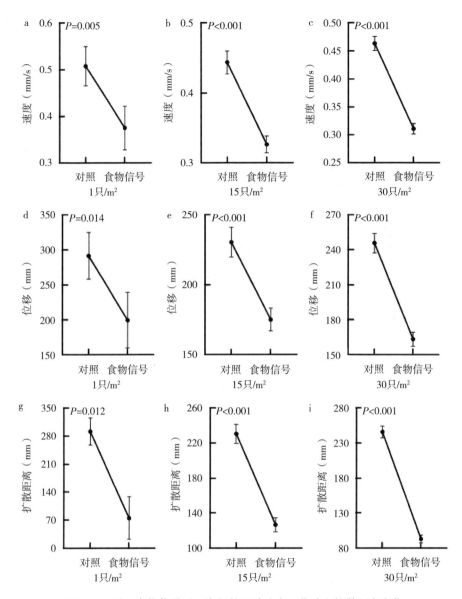

图 4-6 引入食物信号后，海胆的运动速度、位移和扩散距离变化

高密度组海胆运动方向的随机性更显著［1 只/ m² 组海胆运动随机度（0.94±0.02）；15 只/ m² 组海胆运动随机度（0.91±0.01）；30 只/ m² 组海胆运动随机度（0.89±0.01）］（图 4-7b），相比 15、30 只组海胆的扩散距离显著更少（图 4-7c）。在食物信号条件下，海胆之间的行为互作依然存在，在 15 和 30 只组中，分别发生了 16 次和 64 次身体接触，平均（122.50±25.85）s 和（107.81±11.45）s，接触过程中海胆的运动速度显著下降（图 4-7d，e）。食物

信号的引进，导致 15 和 30 只组的扩张速度均显著下降，而高密度组的扩张速度显著更低 [高密度下 15 只/ m² 组海胆扩张速度（15.44±0.93）mm/min；低密度下 15 只/ m² 组海胆扩张速度（9.46±0.70）mm/min；高密度下 30 只/ m² 组海胆扩张速度（16.41±1.56）mm/min；低密度下 30 只/ m² 组海胆扩张速度（6.71±0.35）mm/min]（图 4-7f、g 和 h）。

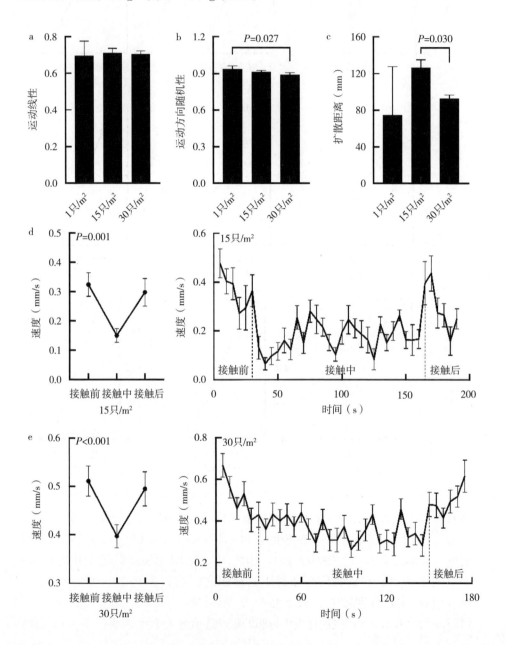

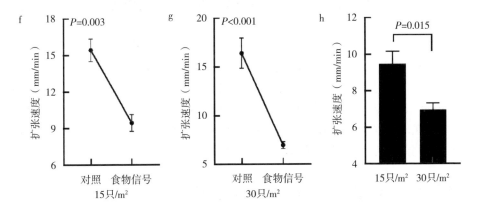

图 4-7 食物信号存在时，三个密度组间的海胆行为比较

1、15 和 30 只/m²组海胆的运动线性度、方向随机性和扩散距离比较（a、b、c）。

15 只/m²组海胆接触前、中、后的速度和每 5s 的速度变化（d）。

30 只/m²组海胆接触前、中、后的速度和每 5s 的速度变化（e）。

引入食物信号后，15 和 30 只/m²组海胆扩张速度变化（f 和 g）。

15 和 30 只/m²组海胆扩张速度比较（h）

三、讨论

在本研究中，海胆通过与同伴之间的身体接触产生相互作用。这种物理接触对海胆的运动有负面影响，15 只组内的海胆速度下降约 40%，30 只组内的海胆运动速度下降 17%。这解释了野外实验中观察到的，海胆在与同伴接触后会出现几秒的停留现象（Lauzon-Guay *et al*.，2006）。由于海胆群内海胆间的相互作用，各组海胆的运动线性度均显著低于单个海胆，而运动方向的随机性显著高于单个海胆。海胆在放入水池中后会向各个方向随机散开。这种快速远离高密度的聚集体的行为可以有效减少海胆之间相互作用的消极影响。这与海胆在野外通过远离同伴以减少海胆群内的竞争是一致的（Dumont *et al*.，2004）。中间球海胆的底播增殖是一种重要的海胆增殖方式。在我国，每年约有 30% 的中间球海胆幼苗被投入海区进行底播增殖（Lawrence *et al*.，2019）。快速扩散能够避免中间球海胆高密度的聚集以及随之带来的负面影响（Qi *et al*.，2016）。本研究发现，高密度的海胆聚集体阻止了群内海胆的扩散。这可能是由于海胆之间频繁发生的相互作用对运动的消极影响导致的，如减慢运动速度。本研究表明，在中间球海胆底播增殖的过程中，不宜进行局部高密度的播种。

在食物信号释放后，三组海胆的运动速度均显著下降。这种行为策略增加了海胆在食物斑块中的停留时间（Dumont *et al*.，2007）。在本实验中，海胆在食物均匀分布的条件下没有形成显著的聚集。这与现场报道的食物诱导海胆聚集的结果不同（Zhadan and Vaschenko，2019）。这一差异表明海胆的聚集高度依赖于食物来源的条件。暴露于食物信号中时，海胆相互作用对运动的负面影响仍然存在。此外，密度更高的海胆群体扩散明显更少。高密度海胆群内海胆的低流动性解释了大规模海胆群在海藻床内稳定存在的原因（Lauzon-Guay et al.，2006）。本研究认为，海藻床内高密度海胆群长期稳定存在的原因不仅是海胆对食物信号一系列的行为响应，如速度下降、位移减少，而且是海胆之间的相互作用导致了海胆群向外扩张受限。

第三节　刺参和中间球海胆种间行为互作研究

海胆和海参是海藻生态系统中重要的底栖生物（Purcell et al.，2012；Lawrence，2020）。它们行为上的相互作用我们仍知之甚少。本研究的主要目的是探究：①海胆与刺参之间是否存在行为相互作用；②大型海藻是否调控海胆与刺参之间的相互作用；③刺参是否能够响应同种报警信号；④中间球海胆和刺参对警报信号是否存在种间响应。

一、材料与方法

（一）实验材料

本实验所用中间球海胆湿重平均约 0.8 g（图 4-8a），刺参湿重约 0.6g（图 4-8b）。于农业农村部北方海水增养殖重点实验室暂养，暂养水温（10±0.5）℃，暂养期间喂食新鲜石莼。每 3d 换 1/2 水，保证实验对象良好的生长环境。所有实验均在实验室进行，光照强度为约 20lx（Sun et al.，2019）。

（二）实验一：海胆与刺参之间的行为互作

在一个长×宽×高为 420mm×280mm×250mm 的水槽中记录 20 只海胆在无外界刺激下的行为轨迹，在另一个相同规格的水槽中记录 20 只刺参（对照组，图 4-8c）的行为。为了研究海胆和海参是否存在行为相互作用，本节实验将 20 只海胆和 20 只刺参放入同一水槽中，分析它们的运动行为和分布位置（E1 组，图 4-8d）。实验开始时，将刺参和海胆随机放置在水箱中央，保证其随机分布。

（三）实验二：大型藻类对海胆与刺参间行为互作的影响

石莼是中间球海胆和刺参生境中常见的大型藻类。为了研究大型藻类是否调节了海胆与海参之间的相互作用，将新鲜石莼放置在实验水槽中央，并在其上投放了 20 只海胆和 20 只海参（E2 组，图 4-8e）。海胆和刺参的离心运动距离以及运动速度将会被记录。

（四）实验三：海胆和刺参对同种和种间警报信号的行为反应

为了研究海胆和刺参对同种和种间报警信号是否有行为响应，将2只受伤的中间球海胆以及2只受伤的刺参作为警报信号源（图4-8f），分别置于20只中间球海胆和20只刺参中间（E3组，图4-8g）。为了研究是否存在种间对警报信号的反应，将上述实验的警报信号源交换，并重复了行为实验（E4组，图4-8h）。

本节实验使用不同的实验动物重复所有实验3次（$n=3$）。在每次实验中，水槽被注入60mm深的新鲜海水。在水槽上方放置了一台数码摄像机（佳能HF20），用于拍摄整个水槽的延时影像（3 840像素×2 160像素，30s延时拍摄）。实验开始时，所有的动物都被放在水箱的中心。所有实验持续30min，每次实验都会更换海水，以避免潜在的非实验因素影响。

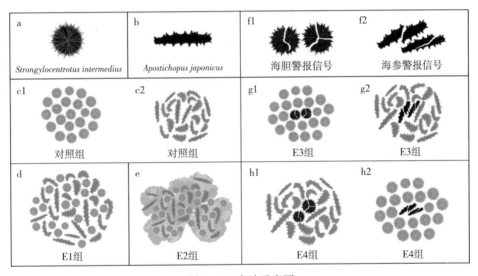

图4-8 实验示意图

a. 中间球海胆 b. 刺参 c. 20只海胆和20只刺参被分别投入不同水槽中记作对照组 d. 20只海胆和20只刺参在同一水槽中记作E1组 e. E2组为20只海胆和20只刺参以及新鲜的石莼 f. 警报信号为2只受伤的中间球海胆或刺参 g. 20只海胆或刺参与受伤海胆或刺参记为E3组 h. 20只海胆或刺参与受伤刺参或海胆记为E4组

（五）运动速度和离心运动距离

运动速度是研究海胆和刺参行为反应的重要指标。为了计算实验对象的平均速度，使用ImageJ（版本1.51n）每5min提取一次实验对象的坐标。实验对象的移动速度（v）计算如下：

$$v_i = \sqrt{[x_i(t) - x_i(t-5)]^2 + [y_i(t) - y_i(t-5)]^2} \times k/300$$

式中，（$x_i(t)$，$y_i(t)$）是实验对象i在时刻t的坐标，k是图片的比例尺。

对于海胆和刺参来说，脱离高密度的聚集体可以减少群体内的竞争。在实验开始时和结束时计算实验对象到水槽中心的距离，以分析它们的离心运动。平均离心距离（d）计算如下：

$$d = \sum \left(\sqrt{[x_i(30) - x_t]^2 + [y_i(30) - y_t]^2} - \sqrt{[x_i(0) - x_t]^2 + [y_i(0) - y_t]^2} \right) \times k/20$$

式中，（$x_i(30)$，$y_i(30)$）是实验结束时实验对象 i 的坐标，（x_t，y_t）是水槽中心的坐标，（$x_i(0)$，$y_i(0)$）是实验开始时对象 i 的坐标，k 是图片的比例尺。

为了比较分布变化，每 5min 计算一次海胆群和刺参群中心的位置。群中心坐标（x_c，y_c）为群内实验对象坐标的平均值：

$$(x_c(t),\ y_c(t)) = \left(\sum x_i(t),\ \sum y_i(t) \right)/20$$

式中，（$x_c(t)$，$y_c(t)$）为群中心在第 t 分钟的坐标，（$x_i(t)$，$y_i(t)$）为实验对象 i 在第 t 分钟的坐标。

为了直观地描述海胆和刺参的分布情况，使用 OriginPro 2019b（版本 9.6.5）绘制了二维核密度图。

（六）数据分析

在所有统计分析前，分别采用 Levene 检验和 Shapiro-Wilk 检验对数据进行方差齐性和正态分布检验。采用 Mann-Whitney U 检验，比较对照组与 E1 组之间实验动物的离心距离。采用单因素重复测量方差分析法比较两组动物的运动速度。Least-Significant Difference 用于事后检验。E1 组和 E2 组的离心距离用 Mann-Whitney U 检验比较，采用单因素重复测量方差分析和 Least-Significant Difference 比较两组动物的运动速度。为研究海胆和海参之间是否存在对报警线索的种间反应，采用 Mann-Whitney U 检验比较了对照组和 E3 组、E4 组动物的离心距离。采用单因素重复测量方差分析法比较三组间的运动速度，随后采用 Least-Significant Difference 进行事后检验。所有的数据都利用统计分析软件 SPSS（版本 25.0）进行分析，$P < 0.05$ 时，差异被认为具有统计学意义。

二、结果

（一）海胆和刺参之间的行为互作

刺参的存在对海胆的离心距离［对照组（129.18±12.05）mm；E1 组（149.60±10.57）mm，$P = 0.332$，图 4 - 9a］和运动速度（$P = 0.227$，图 4 - 9b)均没有显著影响。而海胆的存在显著增加了刺参的离心距离［对照组（31.05±6.62）mm；E1 组（81.15±8.90）mm，$P<0.001$，图 4 - 9c]和刺参的运动速度（$P<0.001$，图 4 - 9d）。在 E1 组的三次试验中，海胆和刺参群中心的运动轨迹没有重叠，但运动方向呈相反趋势（图 4 - 9e）。

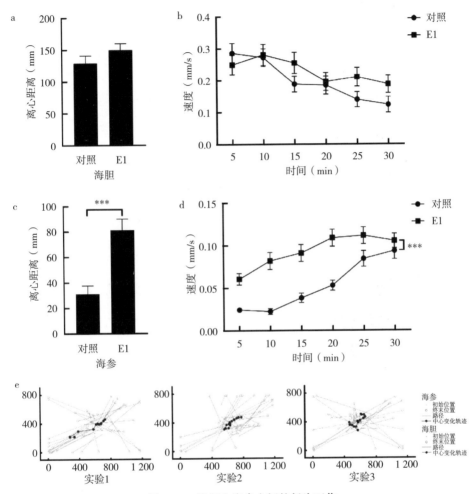

图 4 - 9　海胆和海参之间的行为互作

（a）对照组和 E1 组海胆的平均离心距离和（b）移动速度（mean±SEM）。（c）对照组和 E1 组海参的平均离心距离和（d）运动速度（mean±SEM）。（e）海参（浅红色）和海胆（浅蓝色）的初始位置（小空心点）和终末位置（大空心点）。三次试验中海参组（亮红色点）和海胆组（亮蓝色点）的中心位置变化轨迹

（二）大型藻类调控海胆与刺参间的相互作用

在有石莼存在的情况下，海胆的离心距离显著降低 [E2 组（96±11.30）mm，$P=0.001$，图 4 - 10a]，但海胆的移动速度没有显著变化（$P=0.770$，图 4 - 10b）。石莼的存在显著降低了刺参的离心距离 [E2 组（52.84±8.94）mm，

$P=0.004$，图 4-10c]和运动速度（$P<0.001$，图 4-10d）。实验结束时，海胆和刺参主要分布在石莼的位置（E2 组核密度估计：海胆$>2.0\mu$，刺参$>3.9\mu$，图 4-10e），而没有石莼的情况下，刺参主要分布在没有中间球海胆的区域（E1 组核密度：海胆$>3.3\mu$，刺参$>1.4\mu$，图 4-10e）。

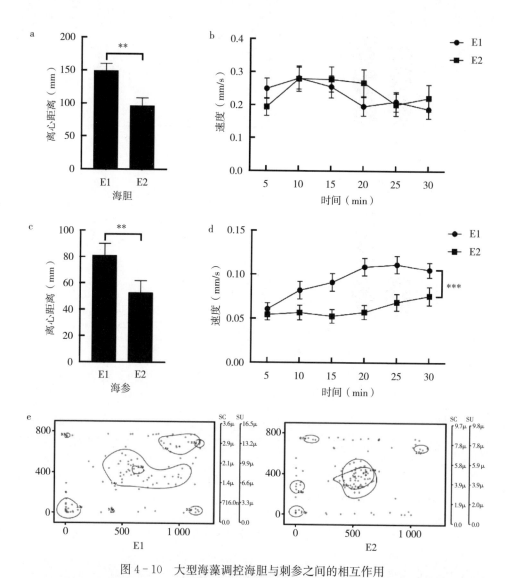

图 4-10　大型海藻调控海胆与刺参之间的相互作用

（a）E1 组和 E2 组海胆的平均离心距离和（b）运动速度（mean±SEM）。（c）E1 组和 E2 组刺参的平均离心距离和（d）速度（mean±SEM）。（e）海胆（蓝点）和刺参（红点）在 E1 组和 E2 组的位置

（三）海胆和刺参对同种和种间警报信号的行为响应

同种警报信号显著增加了海胆的离心距离［E3 组（182.29±5.05）mm，$P=0.017$，图 4-11a］和运动速度（$P<0.001$，图 4-11b）。刺参暴露于同种警报信号下的离心距离明显高于对照组［E3 组（90.99±9.80）mm，$P<0.001$，图 4-11c］。刺参警报信号显著提高了刺参的移动速度（$P<0.001$，图 4-11d）。

海胆暴露于刺参警报信号下的离心距离明显高于对照组［E4 组（186.36±6.87）mm，$P=0.001$，图 4-11a］。E4 组海胆的运动速度明显高于对照组（$P=0.002$，图 4-11b）。海胆警报信号显著增加了刺参的离心距离［E4 组（73.94±8.76）mm，$P<0.001$，图 4-11c］和运动速度（$P=0.008$，图 4-11d）。有趣的是，暴露于海胆警报信号下的海胆的运动速度显著高于暴露于刺参警报信号下（$P=0.003$，图 4-11b）。暴露于刺参警报信号下，刺参的运动速度显著高于暴露于海胆警报信号下（$P=0.020$，图 4-11）。

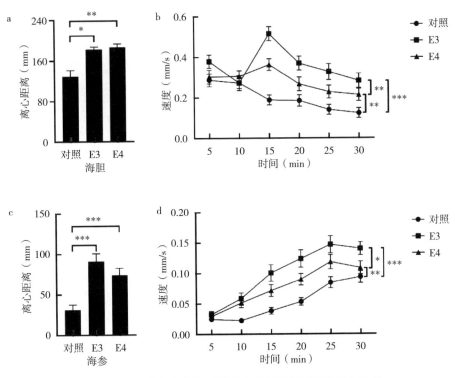

图 4-11　海胆和刺参对同种和种间警报信号的行为反应

（a）对照组和 E3 组、E4 组海胆的平均离心距离和（b）运动速度（mean±SEM）。
（c）对照组、E3 组、E4 组刺参的平均离心距离和（d）运动速度（mean±SEM）

三、讨论

本研究揭示了中间球海胆和刺参的行为相互作用。海胆的存在引起了刺参以显著更高的速度运动。与中间球海胆的接触导致刺参逃逸的反应，可能是由于海胆身上具有攻击性的棘刺（Guidetti and Mori，2005；Moitoza and Phillips，1979）。因此，海胆和刺参的密切共存可能存在负面影响。然而，这一现象与海胆和刺参在海藻生态系统中共栖的现象并不一致，即海胆和刺参共享栖息地（Hendler et al.，1995；James，1983）。这清楚地表明了在海藻生态系统中，大型藻类对海胆和刺参的种间互作存在调节作用。

大型藻类通过提供食物和栖息地，提高了海藻生态系统的生物多样性（Miller et al.，2018；Soulsby et al.，1982）。海胆改变资源可用性的功能被认为可以吸引海洋生物加入本地的生物群落中（Alexander et al.，2013；Vadas，1977；Sauchyn et al.，2011）。本节中，与没有大型藻类的情况不同，海参聚集在大型藻类区域，并与海胆很好地共存。这一新发现表明，大型藻类减少了海胆引起刺参高速运动的负面作用。因此，海胆和刺参之间的互利关系高度依赖于大型藻类的存在。本研究很好地解释了为什么刺参在没有大型藻类的荒地中非常罕见，并强调了大型藻类在维持海胆和刺参互惠关系方面的重要性。

对警报信号的响应是海带生态系统中底栖生物反捕食的重要方法（Bartumeus et al.，2021）。海胆对警报信号的行为反应已经有了很好的研究（Zhadan and Vaschenko，2019；Campbell et al.，2001；Chi et al.，2021a；Chi et al.，2021b）。中间球海胆会迅速离开警报信号的来源，该策略有效地降低了海胆被捕食的风险（Campbell et al.，2001）。本研究第一次揭示了刺参对受伤同类的警报信号表现出逃跑行为。本研究表明同种警报信号的行为调节作用在刺参生态研究和水产养殖中的潜在应用。

联合反捕食是动物常见的互利方式（Bshary and Noë，1997；Peres，1993）。海胆与其他动物存在警报信号的种间反应，如中间球海胆和紫海胆（Zhadan and Vaschenko，2019）。尽管在海藻生态系统中长期共存和暴露于相同的捕食者，但海胆和刺参对种间警报信号的反应尚不清楚。在本研究中，受伤的刺参能够引起中间球海胆的逃跑反应。刺参同样会对受伤海胆的警报做出反应，并远离信号源。这清楚地表明了海胆和刺参之间存在种间警报信号的互惠。对不同物种的警报信号响应有助于帮助海胆和刺参提前制定逃生的策略。本研究结果表明，种间警报信号是研究海胆与刺参互惠关系的重要途径。有趣的是，种间警报信号的效果明显弱于同种警报信号。尽管其机制仍在很大程度上未知，但是大量的证据表明棘皮动物对不同来源的警报信号的反应不同（Bartumeus et al.，2021；Campbel et al.，2001）。

第五章 摄食行为

第一节 TRPA1调控中间球海胆觅食行为的研究

觅食行为是一个寻找食物的过程，对食物的定位和获取以及能量平衡至关重要（Yang *et al*., 2015）。瞬时受体电位通道 ankryn 1（TRPA1）是一种兴奋性离子通道，在各种动物的感觉器官中大量表达（Lee, 2013; Luo *et al*., 2016）。5-羟色胺（5-HT）为一种重要的信号分子（Gershon, 2013; Gershon and Tack, 2007; Spiller, 2007）。本研究的主要目的是探究 TRPA1 是否通过 5-HT 调节不具有脑组织的动物（如中间球海胆）的觅食行为。

一、材料和方法

（一）海胆

实验所用的中间球海胆［壳径（34.2±0.05）mm；体重（14.6±0.06）g］购买于当地某养殖场，并被转移到大连海洋大学农业农村部北方海水增养殖重点实验室。中间球海胆于室内水槽中进行暂养（约 1 000L），所用海水为直接从外海抽取的沙滤海水，并投喂适量新鲜野生海带和裙带菜，每 3d 更换 1/3 的海水。

暂养 2 周后，实验所需中间球海胆被转移至温控水槽（750mm×430mm×430mm）中进行养殖，水温保持在 15℃，并在 2018 年 12 月实验开始前禁食两周。所有实验均在约 300lx 的光照和相同水质条件下进行（pH 维持在7.6～7.8、海水温度为 14.9～15.1℃、盐度为 29.2～29.5）。自然光周期为 12L：12D（12h 光照，12h 黑暗）。

（二）化学试剂

本研究所使用的化学试剂：HC-030031（TRPA1 选择性阻滞剂）购置于 Aladdin 公司，二甲亚砜（DMSO）购置于 Beyotime 公司，海洋动物生理盐水和 5-HT 购置于 Sigma-Aldrich 公司。HC-030031 和 5-HT 分别溶于 10% 的 DMSO 蒸馏水和海洋动物生理盐水中。根据预实验发现，在中间球海胆管足中 HC-030031 和 5-HT 药效时刻点分别为注射后 2～3.5h（图 5 - 1a）和 0～0.5h（图 5 - 1b）。各化学试剂的有效注射剂量为：HC-030031（2.5mg/mL，40μL/只），10% DMSO（40μL/只），5-HT（25μg/g），海洋动物生理盐水（与 5-HT 相同剂量）。

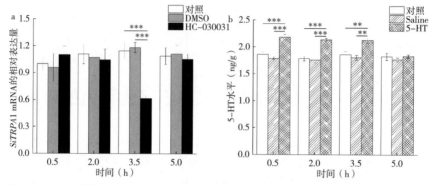

图 5 - 1　中间球海胆注射 HC-030031、5-HT 后的药效时刻点（n＝5，means±SE）
a. 管足中 HC-030031 的药效时刻点　　b. 管足中 5-HT 的药效时刻点
***表示 P ＜0.001，**表示 P ＜0.01

（三）实验设计

本研究设计了一种简单测定中间球海胆食物选择的实验装置。在觅食选择实验装置中，中间球海胆能够在两个食物区域内进行选择，它们分别为大型藻琼脂凝胶区（MZ）和不含海带的琼脂凝胶区（AZ）（图 5 - 2）。MZ 由 200mL 新鲜海水中加入 2g 大型藻粉和 3g 琼脂凝胶粉加热煮沸制成。AZ 由

图 5 - 2　用于分析觅食行为特征的装置

200mL 新鲜海水中加入 3g 琼脂凝胶粉加热煮沸制成。MZ 和 AZ 的两种混合物均用筛绢网（网孔尺寸为 44μm）过滤两次。利用数码相机（HF20，Legria，Canon，日本）分别记录 30min 内每个实验组中间球海胆的觅食行为。随后计算其在 MZ 和 AZ 中的停留时间百分比。使用 ImageJ 软件（1.51n 版）计算每只中间球海胆的运动速度和总运动距离。

为了调查 TRPA1 是否参与调控觅食行为，笔者采用未经处理的中间球海胆进行研究（n＝100）。我们选取在整个实验过程中分别仅停留在 MZ 和 AZ 区域

内的中间球海胆，并比较分析其管足中 *TRPA*1 基因表达情况。随后绘制所有实验海胆的平均空间分布图，计算它们分别在 MZ 和 AZ 的停留时间百分比。

为了进一步了解 TRPA1 在中间球海胆觅食行为中发挥的作用，注射方法如下：HC-030031 组指注射 HC-030031 3.5h 后，TRPA1 受抑制的中间球海胆（n=50）；DMSO 组（溶剂对照组）指注射 10% DMSO 溶液 3.5 h 后的中间球海胆（n=50）；5-HT 组指注射 5-HT 0.5h 后的中间球海胆（n=50）；生理盐水组指的是注射生理盐水 0.5h 后的中间球海胆（n=50）；HC-030031+5-HT 组指的是在实验前注射 HC-030031 3h 后继而注射 5-HT 0.5h 的中间球海胆（n=50）；DMSO+生理盐水组指的是实验前注射 DMSO 3h 后再注射生理盐水 0.5h 的中间球海胆（n=50）。对照组为未经过处理的中间球海胆（n=50）。

（四）运动速度和距离的计算

将 30min 的实验视频每 2s 截取一张图像。使用软件 ImageJ（1.52s 版）将总共 900 个图像组合到一个 stack。利用 ImageJ 中的 Manual Tracking 插件提取中间球海胆的坐标。

每只中间球海胆的移动速度（v）和距离（d）计算方法如下：

$$d_i = \sqrt{[x_i(t) - x_i(t-1)]^2 + [y_i(t) - y_i(t-1)]^2} \times k \tag{5-1}$$

$$l_i = \sqrt{[x_i(t) - x_0]^2 + [y_i(t) - y_0]^2} \times k \tag{5-2}$$

$$v_i = d_i / 2 \tag{5-3}$$

式中，$(x_i(t), y_i(t))$ 是 i 中间球海胆在 t 时刻的坐标，k 是图片的比例尺。

（五）5-HT 水平测量

实验过程中仔细地收集每只中间球海胆的管足组织于独立无菌微量离心管中并进行称重，然后将其切碎成小块，在冰块上使用玻璃匀浆器加入 PBS（0.01mol/L，pH=7.4）进行研磨。PBS 的使用体积取决于组织的重量，1 g 的组织样品适用于 9mL PBS。以 5 000×g 离心 5min，取上清液用于进一步的 5-HT 含量分析。采用 5-羟色胺（5-HT）ELISA 试剂盒（Mlbio，中国）测定 5-HT 含量。5-羟色胺的测定原理、方法和单位定义与试剂盒说明书一致。使用 SpectraMax i3x（Molecular devices，美国）在 450nm 处测量样品吸光度。

（六）总 RNA 提取、cDNA 合成和实时荧光定量 PCR

首先，根据动物组织总 RNA 提取试剂盒（TIANGEN，中国）的说明书，从上述实验获得的所有样本中提取总 RNA。在琼脂糖凝胶上确定提取到的 RNA 的完整性，用微型核酸定量仪（SimpliNano，英国）测定 RNA 的浓度和含量。使用 PrimeScript™ RT 试剂盒（TaKaRa，日本）在 20μL 反应体系中获得 cDNA，包括 1 000ng 总 RNA，4μL 5×PrimeScript™ 缓冲液，1μL

50pmol Oligo dT Primer，1μL 100pmol Random 6mers，和 1μL PrimeScriPt RT 酶混合物 I。PCR 反应条件为：在 37℃ 孵育 15min，然后在 85℃ 孵育 5s 以使酶失活。所有 cDNA 样本均保存在−20℃下，进行实时定量 PCR。

所有实验中 *TRPA1* 基因表达量均采用定量实时 PCR（qRT-PCR）进行分析，该方法使用 Applied Biosystem 7500 实时系统（Applied Biosystem，美国）。根据制造商的说明，反应体积为 20μL，包括 2μL 1∶5 稀释 cDNA 样品、6μL Nuclease-free Water、10μL TB Green Premix Ex Taq Ⅱ、0.4μL ROX Reference Dye Ⅱ（TB Green™ Premix Ex Taq™ Ⅱ，TaKaRa，日本），每种引物 0.4μmol/L（表 5-1）。qRT-PCR 循环方案包括初始变性 95℃ 30s，然后进行 40 个 95℃ 5s，60℃ 32s 循环。在每个 PCR 结束时的解链曲线分析扩增产物以确认扩增特异性。本研究使用 18S *rRNA* 作为参考基因。*TRPA1* 基因的相对表达水平采用比较 Ct 法（$2^{-\triangle\triangle Ct}$法）计算。

表 5-1   PCR 引物

Primers	Sequences（5′—3′）	Purpose
TRPA1-F	GCCACCGCAGTCGTGTGTG	qPCR
TRPA1-R	TGGGCGTGGTCCGATAGTTAGTCTC	qPCR
18S *rRNA*-F	GTTCGAAGGCGATCAGATAC	Reference gene
18S *rRNA*-R	CTGTCAATCCTCACTGTGTC	Reference gene

（七）统计分析

采用 Levene 检验和 Kolmogorov-Smirnov 检验对数据进行方差齐性分析和正态分布分析。使用 R（studio 1.1.463）进行 Wilcoxon 配对秩和检验来比较实验组 MZ 和 AZ 之间的停留时间百分比。采用独立样本 t 检验比较 MZ 和 AZ 组的中间球海胆管足中 *TRPA1* 基因表达量。采用单因素方差分析（ANOVA）方法分析 HC-030031 和 5-HT 的药效时刻点；各注射组在 MZ 停留时间百分比、*TRPA1* 基因表达量和 5-HT 水平。当 ANOVAs 中发现显著差异时，采用 LSD 检验进行两两多重比较。由于数据的非正态分布和/或方差的不齐性，采用 Kruskal-Wallis 单因素方差分析对运动距离和速度进行了分析。当在单因素 Kruskal-Wallis 方差分析中发现显著差异时，使用 Dunn-Bonferroni 事后分析方法进行配对多重比较。所有数据均表示为平均值±标准误差（means±SE）。除用 R（studio1.1.463）比较 MZ 和 AZ 中间球海胆的时间差异外，其余统计分析均采用 SPSS 22.0 统计软件进行。$P < 0.05$ 的概率水平被认为是显著的（符号*表示为 $P < 0.05$，**表示为 $P < 0.01$，***表示为 $P < 0.001$）。

二、结果

（一）TRPA1 参与中间球海胆的觅食行为

中间球海胆对 MZ 表现出显著的偏好（图 5 - 3a，b），且在 MZ 的停留时间百分比 $[(60.79\pm3.47)\%]$ 显著高于 AZ $[(39.21\pm3.47)\%]$（$W=7591$，$P<0.001$）（图 5 - 3c）。结果显示，整个实验期间停留在 MZ 中的中间球海胆的 $TRPA1$ 基因表达量显著高于停留在 AZ 中的海胆（$F=5.021$，$P=0.001$）（图 5 - 3d）。

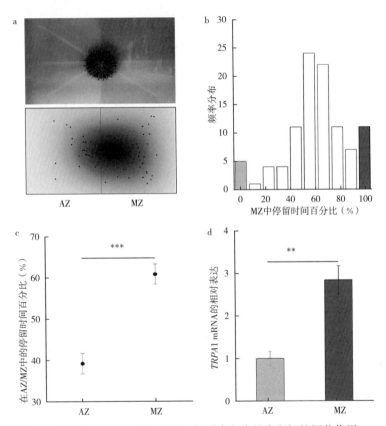

图 5 - 3　TRPA1 对中间球海胆的觅食行为具有积极的调节作用

（a）食物选择测定。中间球海胆起始位于装置中心的位置，食物区为琼脂区（AZ）和海带琼脂区（MZ）。在 30min 的视频中显示中间球海胆的平均空间分布（$n=100$）。（b）MZ 中停留时间百分比的频率分布（$n=100$）。浅灰色柱和深灰色柱分别代表整个实验 30min 内停留在 MZ 或 AZ 内的中间球海胆。（c）AZ/MZ 内停留时间的百分比（$n=100$）。（d）整个实验 30min 内停留在 MZ 或 AZ 内中间球海胆管足中 $TRPA1$ 基因表达量

（二）TRPA1 正向调节中间球海胆的觅食行为

TRPA1 被抑制的中间球海胆（HC-030031 组）显著远离其偏好的海带，而对照组和 DMSO 组的海胆则表现出明显趋向海带的偏好（图 5 - 4 a1～a2，

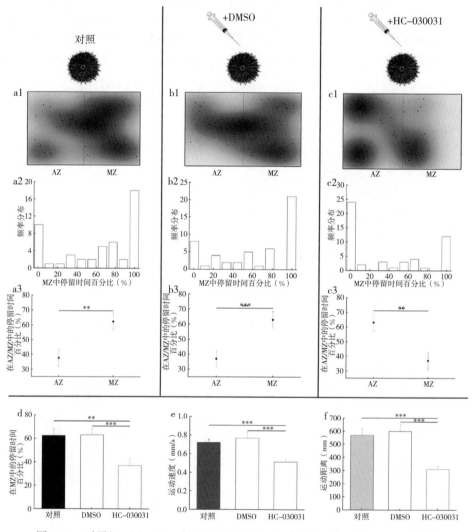

图 5 - 4　对照组、DMSO 组和 HC-030031 组的觅食行为（$n=50$，means±SE）
(a1) 30min 内中间球海胆在 AZ/MZ 中的平均空间分布；(a2) 在 MZ 停留时间百分比的频率分布；(a3) 在 AZ/MZ 停留时间的百分比；(b1) 30min 内中间球海胆在 AZ/MZ 中的平均空间分布；(b2) 在 MZ 停留时间百分比的频率分布；(b3) 在 AZ/MZ 停留时间的百分比；(c1) 30min 内中间球海胆在 AZ/MZ 中的平均空间分布；(c2) 在 MZ 停留时间百分比的频率分布；(c3) 在 AZ/MZ 停留时间的百分比；(d～f) 对照组、DMSO 组和 HC-030031 组在 MZ 中的停留时间百分比、运动速度和运动距离

b1～b2，c1～c2）。除 HC-030031 组外 [$MZ =$ (36.98±5.96)%，$AZ =$ (63.03±5.96)%，$W=873$，$P<0.001$]，对照组 [$MZ =$ (62.38±5.52)%，$AZ =$ (37.62±5.52)%，$W=1655$，$P<0.01$] 和 DMSO 组 [$MZ =$ (63.02±5.47)%，$AZ =$ (36.98±5.4)%，$W=1729$，$P<0.001$] 中间球海胆的 MZ 停留时间百分比显著高于 AZ（图 5-4 a3～c3）。这表明抑制 TRPA1 会影响中间球海胆的食物偏好。

同样，HC-030031 组中间球海胆的 MZ 停留时间百分比显著低于 DMSO 组和对照组（$F=6.906$，$P=0.001$）（图 5-4d）。此外，HC-030031 组中间球海胆的移动速度和移动距离均显著低于 DMSO 组和对照组（Kruskal-Wallis，$H=22.538$，$P<0.001$；$H=37.679$，$P<0.001$）（图 5-4 e～f）。然而，这些性状在 DMSO 组和对照组之间均没有显著差异（$F=6.906$，$P>0.05$，Kruskal-Wallis，$H=22.538$，$P>0.05$；$H=37.679$，$P>0.05$）。

（三）TRPA1 正向调节中间球海胆的觅食行为，但不通过 5-HT

本实验比较了注射 5-HT 的中间球海胆与生理盐水组和对照组的运动状况。三组均表现出相似的食物偏好（图 5-5 a1～a2，b1～b2，c1～c2）并且在 MZ 中的停留时间显著高于 AZ [对照组：$MZ =$ (62.38±5.52)%，$AZ =$ (37.62±5.52)%，$W=1655$，$P<0.01$；生理盐水组：$MZ =$ (59.19±

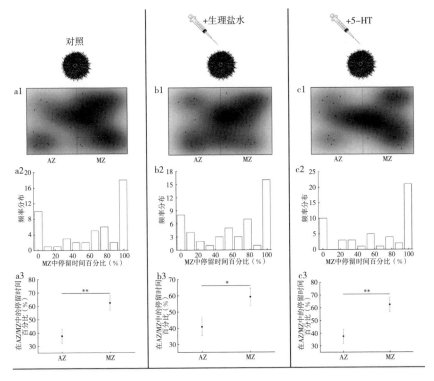

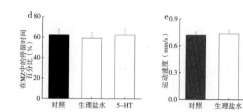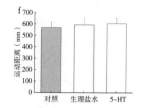

图 5 - 5　对照组、生理盐水组和 5-HT 组中间

球海胆的觅食行为（$n=50$, means±SE）

（a1）30min 内中间球海胆在 AZ/MZ 中的平均空间分布；（a2）在 MZ 停留时间百分比的频率分布；（a3）在 AZ/MZ 停留时间的百分比；（b1）30min 内中间球海胆在 AZ/MZ 中的平均空间分布；（b2）在 MZ 停留时间百分比的频率分布；（b3）在 AZ/MZ 停留时间的百分比；（c1）30min 内中间球海胆在 AZ/MZ 中的平均空间分布；（c2）在 MZ 停留时间百分比的频率分布；（c3）在 AZ/MZ 停留时间的百分比；（d～f）对照组、生理盐水组和 5-HT 组在 MZ 中的停留时间百分比、运动速度和运动距离

5.39）%，$AZ=$（40.81±5.39）%，$W=1595$，$P<0.01$；5-HT 组：$MZ=$（62.42±5.69）%，$AZ=$（37.58±5.69）%，$W=1666$，$P<0.01$]（图 5 - 5 a3～c3）。同样，对照组、生理盐水组和 5-HT 组的中间球海胆在 MZ 停留时间百分比（$F=0.112$，$P>0.05$）、运动距离（Kruskal-Wallis $H=0.051$，$P>0.05$)和运动速度（Kruskal-Wallis $H=0.294$，$P>0.05$）均无显著性差异（图 5 - 5d～f）。

抑制 TRPA1 对管足中的 5-HT 水平无显著影响（$F=1.981$，$P>0.05$）。相应的，注射 5-HT 对管足中 TRPA1 基因表达量无显著影响（$F=1.375$，$P>0.05$）（图 5 - 6 a～b）。两项结果均表明在中间球海胆管足中，TRPA1 与 5-HT 之间没有潜在联系。

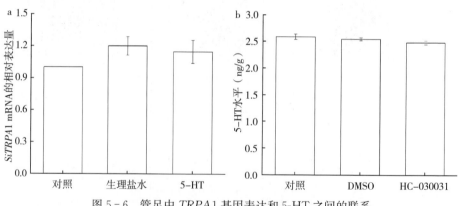

图 5 - 6　管足中 TRPA1 基因表达和 5-HT 之间的联系

HC-030031＋5-HT 组的中间球海胆表现出与 HC-030031 组相似的行为，包括没有被偏好的海带所吸引。而对照组和 DMSO＋生理盐水组的中间球海胆则表现出对海带的偏好（图 5 - 7 a1～a2，b1～b2，c1～c2）。HC-030031＋

5-HT组的中间球海胆在AZ的停留时间显著高于MZ组，这与偏好实验结果一致［$MZ=（37.74\pm6.32）\%$，$AZ=（62.26\pm6.32）\%$，$W=882$，$P<0.01$］，并且对照组和DMSO+生理盐水组在MZ中的停留时间比例显著高于AZ组［$MZ=（62.38\pm5.52）\%$，$AZ=（37.62\pm5.52）\%$，$W=1\,655$，$P<$

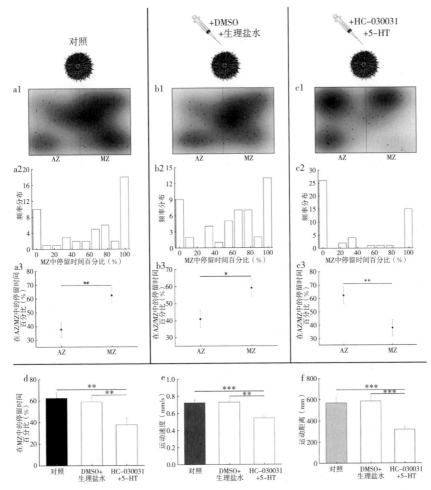

图5-7　对照组、DMSO+生理盐水组和HC-030031+5-HT组的觅食行为
（$n=50$，means±SE）

（a1）30min内中间球海胆在AZ/MZ中的平均空间分布；（a2）在MZ停留时间百分比的
频率分布；（a3）在AZ/MZ停留时间的百分比；（b1）30min内中间球海胆在AZ/MZ中
的平均空间分布；（b2）在MZ停留时间百分比的频率分布；（b3）在AZ/MZ停留时间的
百分比；（c1）30min内中间球海胆在AZ/MZ中的平均空间分布；（c2）在MZ停留时间
百分比的频率分布；（c3）在AZ/MZ停留时间的百分比；（d～f）对照组、DMSO+生理
盐水组和HC-030031+5-HT组MZ停留时间、运动速度和运动距离占MZ的百分比

0.01；$MZ=$（59.08 ± 5.11）$\%$，$AZ=$（40.92 ± 5.11）$\%$，$W=1\ 603.05$，$P<0.05$]（图 5 - 7 a3～c3）。此外与对照组和 DMSO＋生理盐水组相比，HC-030031＋5-HT 组的中间球海胆在 MZ 中的停留时间百分比（$F=5.558$，$P<0.01$）、运动速度（Kruskal-Wallis $H=19.361$，$P<0.001$）、运动距离均显著缩短（Kruskal-Wallis $H=35.959$，$P<0.001$）。这些性状在 DMSO＋生理盐水组与对照组之间均无显著差异（$F=6.906$，$P>0.05$；Kruskal-Wallis $H=19.361$，$P>0.05$，$H=35.959$，$P>0.05$）（图 5 - 7d～f）。

三、讨论

本研究建立了一种觅食选择的分析方法，以探究 TRPA1 调控中间球海胆的觅食行为机制。研究结果表明海带能够吸引中间球海胆。这是一个众所周知的现象，即海胆可以检测到海带，并朝着这个方向移动（Vadas et al.，1986）。为了研究 TRPA1 是否参与调节觅食行为，本实验选取分别在 MZ 和 AZ 停留30min 的中间球海胆，分析并比较其管足中 TRPA1 基因表达情况。研究发现30min 全程被海带吸引的中间球海胆管足中 TRPA1 基因表达量显著高于被琼脂吸引的个体。这一发现首次证明 TRPA1 与中间球海胆的觅食行为成正相关。动物的运动对于调节群落结构的生态过程至关重要，如在破坏性放牧之前形成密集的摄食聚集（Lang and Mann，1976）。为了进一步了解 TRPA1 在中间球海胆觅食行为中发挥何种作用，该实验定量测量了抑制 TRPA1 后该组海胆的运动特征（MZ 和 AZ 停留时间的百分比、运动距离和运动速度）。出乎意料的是，抑制 TRPA1 后，中间球海胆明显远离了它们偏爱的海带，这与对照组和 DMSO 组形成鲜明对比。这表明，抑制 TRPA1 将导致中间球海胆做出相反的食物选择。一旦 TRPA1 被抑制，中间球海胆就不再被海带吸引。TRPA1 和 TRPV1 在有脑组织的动物中具有相反的温度感应作用，因此，TRP 亚家族的另一个成员 TRPV1 可能是一个候选通道。在 TRPA1 抑制后，TRPV1 可能与 TRPA1 发挥相反的作用，从而导致中间球海胆远离海藻凝胶区。同时，实验数据表明管足中 TRPA1 的抑制显著降低了中间球海胆的觅食速度和运动距离，这将降低其觅食成功率。综上所述，TRPA1 对中间球海胆的觅食行为起着积极的调控作用。已有研究发现，TRPA1 有助于大鼠对食物的化学感知并产生主动运动（Yonemitsu et al.，2013）。在食物存在的情况下，果蝇体内 TRPA1 的激活也将显著增加其运动（Doihara et al.，2009）。与之前的研究（Yang et al.，2015；Yonemitsu et al.，2013）相同，本研究结果证实 TRPA1 在有脑组织的动物和不具有脑组织的动物中发挥的觅食作用是高度保守的。

通过进一步将注射 5-HT 的中间球海胆与生理盐水组、对照组的运动状态对比分析发现，5-HT 并没有参与调控觅食行为。接下来通过分别分析外源注射 5-

HT 和 HC-030031（抑制 TRPA1）后的中间球海胆管足中 *TRPA1* 基因表达量以及 5-HT 的水平，以探究管足中的 TRPA1 与 5-HT 是否存在联系。结果均表明中间球海胆管足中 TRPA1 和 5-HT 之间不存在潜在联系。因此，应进一步验证 TRPA1 是否通过 5-HT 调控中间球海胆的觅食行为。通过向中间球海胆围口膜处外源注射 HC-030031，发挥药效后进一步注射 5-HT（HC-030031＋5-HT 组），观察并比较各组的运动状况。正如预期的那样，HC-030031＋5-HT 组的中间球海胆与 HC-030031 组相似，均未被海带吸引，且与对照组和 DMSO＋生理盐水组相比，移动距离较短、移动速度较慢。这些结果表明，5-HT 未能改变 TRPA1 被抑制的中间球海胆所表现出的远离海藻的现象和较弱的觅食能力，并且 5-HT 组呈现的结果和对照组没有显著性差异，这进一步证实了 5-HT 并没有参与调节中间球海胆的觅食行为。与实验结论一致的是，在成年果蝇体内 TRPA1 并非通过 5-HT 对其觅食行为进行调控。综上，实验结果表明 TRPA1 在中间球海胆的觅食行为中起着正向的调节作用，但 5-HT 并不参与该过程。

虽然 TRPA1 不通过 5-HT 调节中间球海胆的觅食行为，但却并没有排除其他神经递质与 TRPA1 的相互作用，或通过其他独立的通路来调节不具有脑组织的动物觅食行为的可能性。鲟胺（Octopamine）是广泛存在于无脊椎动物体内一种重要的生物胺，其化学结构类似于脊椎动物体内的去甲肾上腺素（Roeder，2005），是可能的候选神经递质。已有大量研究报道了它参与调节无脊椎动物的觅食行为（Schulz *et al.*，2003；Alkema *et al.*，2005）。此外，TRPA1 通过鲟胺调节果蝇对食物的反应行为。因此我们推测，TRPA1 可能与鲟胺参与不具有脑组织的动物的觅食行为，而不是 5-HT。此外，TRP 亚家族的另一个成员 TRPV1 被报道与 TRPA1 在神经元中共表达。因此，TRPV1 有可能是在抑制 TRPA1 后的觅食行为过程中与 TRPA1 起相反的作用的候选通道。但该假设还需要开展进一步研究。

第二节　TRPA1 通过 5-HT 调节中间球海胆的摄食行为

尽管海胆的摄食行为对生态系统产生巨大影响，但与其摄食行为相关的分子机制在很大程度上仍是未知的。本研究的主要目的是探讨：①TRPA1 是否通过 5-HT 调节中间球海胆的摄食行为；②TRPA1 是否以相反的分子调控机制对中间球海胆的摄食行为进行调节。

一、材料与方法

（一）海胆
本实验所用中间球海胆［壳径（34.2±0.05）mm；体重（14.6±0.06）g］

购买于当地养殖场，然后将其转移到大连海洋大学农业农村部北方海水增养殖重点实验室，在适宜的条件下饲养。

（二）化学试剂

本研究所使用的化学试剂包含：HC-030031、二甲亚砜（DMSO）、海洋动物生理盐水和5-HT。根据前期实验发现，在中间球海胆口器肌肉组织中HC-030031和5-HT的药效时刻点分别为注射后2～3.5h（图5-8 a）和0～0.5h（图5-8 b）。

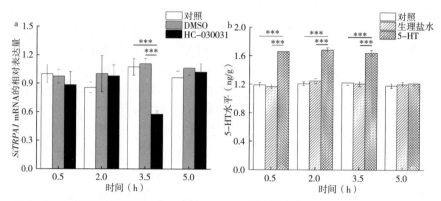

图5-8　中间球海胆注射HC-030031、5-HT后的药效时刻点（$n=5$，means±SE）

a. 口器肌肉组织中HC-030031的药效时刻点　b. 口器肌肉组织中5-HT的药效时刻点

表示$P<0.01$，*表示$P<0.001$

（三）实验设计

根据之前的研究，笔者使用简单的实验装置来测量中间球海胆的口器咬合频率（图5-9），并以咬合频率和48h累积摄食量来作为其摄食行为的评价标准。比较在三种食物条件下：无食物、琼脂凝胶和大型藻琼脂凝胶各组中间球海胆的口器咬合频率。在装置正下方放置摄像机（Legria HF20，Canon，日本）记录10min内各组中间球海胆的口器咬合频率。接着，分别计算各组中间球海胆口器咬合的总频率（$n=5$）。通过计算投喂的石莼与剩余石莼的重量差，得到每组中间球海胆48h累积摄食量（$n=5$）。

首先实验通过分析HC-030031组、DMSO组和对照组，检测TRPA1是否影响摄食行为。然后分析5-HT组、生理盐水组和对照组检测5-HT是否影响摄食行为。通过检测注射HC-030031后中间球海胆口器肌肉组织中5-HT水平和注射5-HT后口器肌肉组织中TRPA1基因表达水平，以研究TRPA1与5-HT之间的潜在联系。最后，通过HC-030031＋5-HT、DMSO＋生理盐水和对照组验证TRPA1是否通过5-HT调节中间球海胆的口器咬合频率和摄食量。

（四）5-HT水平测量

采用ELISA法测定口器中5-HT的含量。采用5-羟色胺（5-HT）ELISA

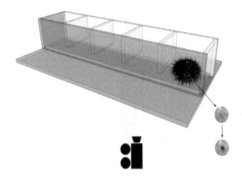

图 5 - 9　用于分析摄食行为特征的装置

试剂盒（Mlbio，中国）按照说明书检测两组组织中的 5-HT 水平。使用 SpectraMax i3x（Molecular devices，美国）分析 5-HT 水平。

（五）总 RNA 提取、cDNA 合成和实时荧光定量 PCR

根据动物组织总 RNA 提取试剂盒（TIANGEN，中国）的说明书，从上述实验获得的口器肌肉组织样本中提取总 RNA。使用 PrimeScript™ RT 试剂盒（TaKaRa，日本）合成 cDNA。使用 Applied Biosystem 7500 实时系统（Applied Biosystem，美国）对 *TRPA1* 基因表达水平进行 qRT-PCR 分析。在每个 PCR 结束时的解链曲线分析扩增产物以确认存在单一 PCR 产物。本研究使用 18S rRNA 作为中间球海胆可靠的参考基因（周遵春等，2008；Han *et al.*，2019）。TRPA1 的相对表达水平采用比较 Ct 法（$2^{-\triangle\triangle Ct}$ 法）计算（Livak and Schmittgen，2001）。

（六）数据分析

分别用 Levene 检验和 Kolmogorov-Smirnov 检验对数据进行方差齐性和正态分布分析。采用独立样本 *t* 检验比较 MZ 和 AZ 食物状态下的中间球海胆口器肌肉组织 *TRPA1* 基因表达量。采用单因素方差分析（ANOVA）方法分析不同实验组中间球海胆的口器咬合频率、摄食、*TRPA1* 基因表达量和 5-HT 含量。当 ANOVA 方差分析中发现显著差异时，采用 LSD 检验进行两两的多重比较。所有数据采用 SPSS 22.0 进行统计分析。

二、结果

（一）TRPA1 通过 5-HT 参与中间球海胆的摄食行为

实验结果表明，摄食量最高的 10 只中间球海胆的平均摄食量（H 组）显著高于摄食量最低的 10 只（L 组）（$P < 0.001$，图 5 - 10 a、b）。H 组中间球海胆口器肌肉组织中 5-HT 的含量显著低于 L 组（图 5 - 10d），这与口器肌肉组织中 *TRPA1* 基因量表达呈现同样的响应规律（图 5 - 10 c）。

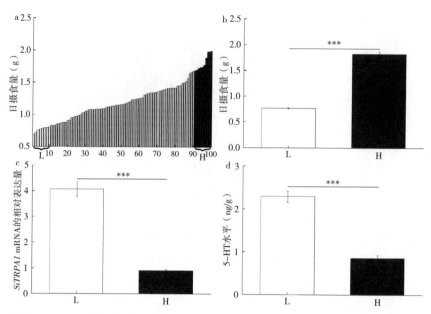

图 5-10 （a）中间球海胆摄食量分析（$n=100$）；（b）L组（摄食量最低）和H组（摄食量最高）中间球海胆的摄食量比较（$n=10$）；（c）L组和H组中间球海胆口器肌肉组织中 TRPA1 基因表达量（$n=10$）；（d）L组和H组中间球海胆口器肌肉组织 5-HT 水平（$n=10$）

*** 表示 $P<0.001$

（二）TRPA1 负向调节中间球海胆的摄食行为

在两种食物条件下（琼脂凝胶和大型藻琼脂凝胶），HC-030031 组中间球海胆的口器咬合频率显著高于 DMSO 组和对照组（$F=14.487$，$P<0.001$；$F=14.720$，$P=0.001$），DMSO 组和对照组中间球海胆的口器咬合频率无显著性差异（$F=14.487$，$P>0.05$；$F=14.720$，$P>0.05$）（图 5-11 a）。而在无食物条件下，HC-030031 组、DMSO 组和对照组中间球海胆的口器咬合频率均无显著性差异（$F=0.197$，$P>0.05$）。HC-030031 组中间球海胆的 48h 累积摄食量显著高于与对照组和 DMSO 组（$F=4.322$，$P<0.05$）（图 5-11 b）。这些结果均表明，抑制 TRPA1 有助于中间球海胆咀嚼和摄食。

（三）5-HT 负向调节中间球海胆的摄食行为

研究发现，在无食物条件下，对照组、生理盐水组和 5-HT 组的口器咬合频率均无显著差异（$F=0.293$，$P>0.05$）。在琼脂凝胶和海带琼脂凝胶两种食物条件下，5-HT 组中间球海胆的口器咬合频率显著低于对照组和生理盐水组（$F=5.557$，$P<0.05$；$F=31.837$，$P<0.001$），并且对照组和生理盐水组之间没有显著差异（$F=5.557$，$P>0.05$；$F=31.837$，$P>0.05$）（图 5-12 a）。5-HT 组中间球海胆的 48h 累积摄食量显著低于对照组

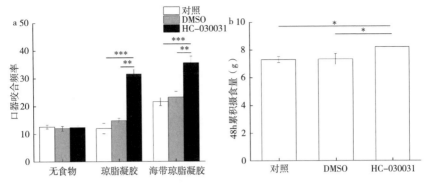

图 5-11 （a）在三种食物条件下（无食物、琼脂凝胶和海带琼脂凝胶）各组
中间球海胆口器咬合频率；（b）三组中间球海胆（对照组、DMSO
组、HC-030031 组）48h 累积摄食量（$n=5$，means±SE）
*表示为 $P<0.05$，**表示 $P<0.01$，***表示 $P<0.001$

和生理盐水组（$F=8.207$，$P<0.05$）（图 5-12 b）。这些结果均表明，5-HT
是中间球海胆咀嚼和摄食所必需的。

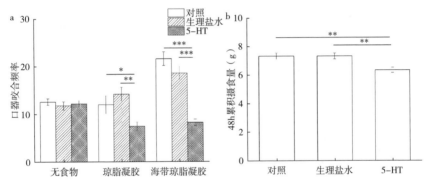

图 5-12 （a）三种食物条件下（无食物、琼脂凝胶和海带琼脂凝胶）各组中
间球海胆口器咬合频率；（b）三组（对照组、生理盐水组和 5-HT
组）中间球海胆 48h 累积摄食量（$n=5$，means±SE）
*表示 $P<0.05$，**表示 $P<0.01$，***表示 $P<0.001$

（四）TRPA1 通过 5-HT 负向调节中间球海胆的摄食行为

结果表明 HC-030031 组口器肌肉组织中 5-HT 水平显著低于对照组和
DMSO 组（$F=256.068$，$P<0.05$）。相应的，与对照组和生理盐水组相比，
注射 5-HT 的中间球海胆口器肌肉组织中 *TRPA1* 基因表达量显著升高（$F=79$，$P<0.05$）（图 5-13）。

此外，本研究发现在三种条件下，HC-030031＋5-HT 组与 DMSO＋生理
盐水组和对照组相比，口器咬合频率没有显著差异（$F=0.729$，$P>0.05$；
$F=0.238$，$P>0.05$；$F=0.824$，$P>0.05$）（图 5-13a）。HC-030031＋5-HT

组中间球海胆的 48h 累积摄食量与对照组和 DMSO＋盐水组相比无显著性差异（$F=0.203$，$P>0.05$）（图 5-13 b）。

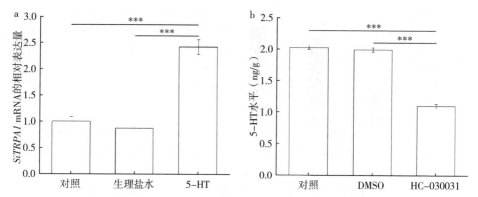

图 5-13　口器肌肉组织中 *TRPA1* 基因表达量与 5-HT 之间的潜在联系。(a) 注射 HC-030031 抑制 TRPA1 后的中间球海胆口器肌肉组织中 5-HT 含量情况 (b) 注射 5-HT 后中间球海胆口器肌肉组织中 *TRPA1* 基因表达情况（$n=5$，means±SE）

*** 表示 $P<0.001$

　　研究发现三种条件下 HC-030031＋5-HT 组的口器咬合频率与对照组和 DMSO＋生理盐水组相比均无显著差异（$F=0.729$，$P<0.05$；$F=0.238$，$P<0.05$；$F=0.824$，$P<0.05$）（图 5-14）。HC-030031＋5-HT 组中间球海胆的 48h 累积摄食量也与对照组和 DMSO＋生理盐水组无显著差异（$F=0.203$，$P<0.05$）（图 5-14b）。

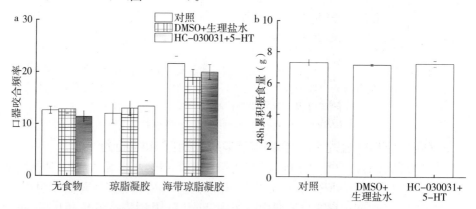

图 5-14　(a) 在三种食物条件下（无食物、琼脂凝胶和海带琼脂凝胶）各组中间球海胆的口器咬合频率；(b) 三组中间球海胆（对照组，DMSO＋生理盐水组和 HC-030 031＋5-HT 组）的 48h 累积摄食量（$n=5$，means±SE）

* 表示 $P<0.05$，**表示 $P<0.01$，***表示 $P<0.001$

三、讨论

海胆口器咬合的一个完整周期是指牙齿从张开到闭合，是摄食行为的重要影响因素（Brothers and McClintock，2014）。这种行为由离散的神经肌肉介导，展示了海胆操纵下颌抓取食物的能力（Brothers and McClintock，2014），影响着海胆后续的摄食行为（Zhao et al.，2018）。摄食量是体现动物摄食能力的另一个重要指标，也是摄食行为的重要考察因素之一。本研究发现，摄食量最高的 10 只中间球海胆口器肌肉组织中 5-HT 的含量显著低于摄食量最低的 10 只，这与口器肌肉组织中 TRPA1 基因表达量呈现同样的规律。该数据表明 TRPA1 很可能通过 5-HT 参与调控中间球海胆的摄食行为。研究进一步发现，抑制 TRPA1 导致中间球海胆口器咬合频率显著升高的现象仅在琼脂凝胶和大型藻琼脂凝胶两种食物状态下存在，在非食物条件下却没有发生显著差异。类似的现象在大鼠上也有报道：TRPA1 无法促进大鼠自发食欲，但易被外界食物的刺激激活（Luo et al.，2016）。这些结果表明，TRPA1 对食物的反应不是简单引起口器肌肉的条件反射，而是在抓取食物和咀嚼过程中进行负向调节。此外，TRPA1 被抑制的中间球海胆其 48h 累积摄食量显著高于对照组和 DMSO 组，这与在有食物的情况下抑制 TRPA1 的中间球海胆的口器咬合频率显著高于其他两组的结论一致。这进一步证明 TRPA1 对摄食行为有负面影响。同时，在具有脑组织的动物（如小鼠、果蝇）中发现，激活 TRPA1 将减少其摄食量（Kim et al.，2013；Du et al.，2015）。结合先前的研究结果，我们进一步加深了理解，即 TRPA1 反向调节摄食行为在动物界进化上是保守的。

随后，实验通过比较注射 5-HT 组、生理盐水组和对照组中间球海胆的口器咬合频率和 48h 累积摄食量，来研究 5-HT 在咀嚼和摄食中发挥的作用。外源注射 5-HT 后中间球海胆表现出显著较低的口器咬合频率，这证实了 5-HT 参与调节其咀嚼食物这一过程。一直以来，5-HT 在不具有脑组织的动物（如线虫）的摄食过程中发挥着重要作用（Song et al.，2012），如 5-HT 使线虫咽肌的收缩松弛周期变长（Niacaris et al.，1986）。这些现象均表明 5-HT 可能通过影响中间球海胆的口器肌肉的活动，削弱了其捕获食物的能力，从而降低了摄食量。而且，实验数据表明，5-HT 对口器咬合频率和摄食量具有持续的负面影响。这和 5-HT 不参与中间球海胆觅食行为不同，5-HT 对中间球海胆的摄食行为至关重要。结合先前的研究：侧脑室内（ICV）的 5-HT 显著减少金鱼的摄食（Pedro et al.，1998），并且 5-HT 对蚂蚁的摄食也产生了负面影响（Falibene et al.，2012）。本研究强调在整个系统发育过程中 5-HT 在厌食功能上是高度保守的。为了进一步研究口器肌肉组织中 TRPA1 和 5-HT 之间的潜在联系，实验测量了抑制 TRPA1 的中间球海胆口器肌肉组织中 5-HT 的水平，以及 5-HT 注射后口器肌肉组织中 *TRPA1* 基因表达量。实验结果证实了在口器肌肉组织中 TRPA1 和 5-HT 之间存在潜在联系。因此，我们推测 TRPA1 通过介导 5-HT 调节中间球海胆的口器咬合频率和摄食量，从而影响其摄食行为（图 5-15）。为了验证猜想，实验测定了注射 HC-030031 后再次注射 5-HT（HC-030031＋5-HT 组）的中间球海胆的口器咬合频率和 48h 累积摄食量。结果表明，5-HT 能消除抑制 TRPA1 后中间球海胆产生的摄食行为变化，即提高其口器咬合频率和摄食量。与实验结论一致的是，激活 TRPA1 可诱导 5-HT 的释放进而调节大鼠摄食。因此，本研究强调 TRPA1 通过 5-HT 介导的摄食调节机制在具有脑组织和不具有脑组织的动物中存在高度保守的特征。

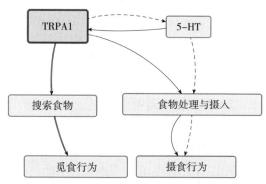

图 5-15　TRPA1 通过 5-HT 调节中间球海胆的觅食行为

粗实线表示 TRPA1 正向调节觅食行为。细实线和虚线表示中间球海胆口器肌肉组织中 TRPA1 和 5-HT 之间的潜在相互调节关系。虚线表示 TRPA1 通过 5-HT 负调控中间球海胆的咀嚼和摄食。细实线表示 5-HT 正向调控口器肌肉组织中 *TRPA1* 基因的表达，进而负向调控中间球海胆的咀嚼和摄食

　　不同于 TRPA1 和 5-HT 在中间球海胆管足中没有潜在联系的现象，在口器肌肉组织中两者之间存在潜在的相互调节的关系。行为实验进一步阐明了 TRPA1 通过 5-HT 负向调节口器咬合频率和摄食量，从而对中间球海胆的摄食行为产生负面影响。上述发现为不具有脑组织的动物通过不同的分子机制独立调节觅食和摄食行为提供了证据。此外，这也强调了不具有脑组织的动物离散的神经系统及其独立的行为调节机制体现出结构和功能具有一致性的特点。

　　虽然 TRPA1 通过 5-HT 调节中间球海胆的摄食行为，但本研究并没有排除其他神经递质与 TRPA1 相互作用，或通过其他独立的通路来调节不具有脑组织的动物摄食行为的可能性。TRP 亚家族的另一成员 TRPV1 是 TRPA1 被

抑制后在咀嚼和摄食中起协同作用的候选通道。研究发现，TRPA1 只存在于
TRPV1 表达神经元中，并不独立活动（Salas et al.，2009；Fischer and
Edwardson，2014），其活性与共同表达 TRPV1 相互作用调节（Bautista et
al.，2006；Akopian et al.，2007）。此外，TRPA1 和 TRPV1 被报道作为多
不饱和脂肪酸（PUFAs）（Motter et al.，2012）的传感器，在哺乳动物的摄
食行为中发挥潜在的调节作用。PUFAs 通过 TRPV 通道（Kahn-Kirby et
al.，2004）在不具有脑组织的动物（线虫）中产生厌恶行为。受上述结论的
启发，研究海带的主要成分 PUFAs 是否激活中间球海胆中的 TRPV1 通道，
从而对摄食行为产生负面影响是具有重要价值的。进一步的实验探究是检验这
一假设的必要条件。

　　海带对海胆的吸引是形成过度放牧"前沿"的前提条件（Mann et al.，
1984；Vadas et al.，1986；Sasaki，2017）。TRPA1 在觅食过程中的积极作
用促使中间球海胆聚集在海藻床的边缘。而 TRPA1 和 5-HT 在咀嚼和摄食中
的负向作用有助于防止中间球海胆过度摄食。最近，Guo 等（2020）发现蝗
虫聚集的分子基础是 Or35 基因产生一种检测信息素 4-vinylanisole（4VA）的
受体。这清楚地表明了设施人工信息素来吸引和消灭蝗虫的重要性。鉴于
TRPA1 调控中间球海胆觅食和摄食行为的复杂性和不确定性，本研究更提倡
寻找一条提高海胆 5-HT 水平的有效途径，以防止海藻床的过度放牧。这将有
助于保护其他海洋生物栖息的海藻床的结构和丰度，促进海洋生态稳定。

第六章 生态适应性

第一节 温度和盐度联合效应对中间球海胆胚胎发育率的影响

海洋生物种群繁衍目前面临着严峻的环境压力。胚胎期作为生命发育的起始阶段，极易受环境因素的影响，温度和盐度则是影响生物生长发育的两大关键要素。为探明中间球海胆早期胚胎率发育对温度和盐度的耐受性及其最适温盐条件，采用中心复合设计（CCD）和响应曲面法（RSM），开展温度（12～26℃）和盐度（22～34）对中间球海胆胚胎发育率的联合效应研究，旨在建立温度和盐度对中间球海胆胚胎受精率、上浮率和变态率的定量关系模型，并通过统计优化方法得到中间球海胆胚胎发育率最佳的温度和盐度组合。

一、材料与方法

（一）海胆

实验选取性腺发育良好的中间球海胆（*S. intermedius*）亲本（5♀和2♂），体重（37.72±3.54）g，壳径（47.74±2.35）mm，壳高（27.34±4.57）mm。

（二）实验设计

采用中心复合设计（CCD）和响应曲面法（RSM），以温度（12～26℃）和盐度（22～34）为因子（参考我国黄海、渤海全年水体温度和盐度的波动范围），受精率、上浮率和变态率为响应值，优化温度和盐度双因子对受精率、上浮率和变态率的影响。实验设置 5 组温度梯度和 5 组盐度梯度，由小到大分别编码为－a、－1、0、1、a，共 13 组（表 6-1）。其中，中心点重复 5 次，每个实验设置三个平行。

表 6-1 实验设计及结果

组别	编码值		实际值		受精率（%）	上浮率（%）	变态率（%）
	温度	盐度	温度	盐度			
1	0	－a	19	22	86.71±2.31	69.37±23.7	25.81±1.32

组别	编码值		实际值		受精率（%）	上浮率（%）	变态率（%）
	温度	盐度	温度	盐度			
2	0	a	19	34	94.34±1.03	89.37±2.17	33.73±2.34
3	0	0	19	28	95.36±3.27	83.45±2.14	31.63±3.45
4	0	0	19	28	93.27±3.59	84.35±2.36	30.34±3.21
5	0	0	19	28	94.38±3.43	80.31±3.37	29.64±2.38
6	0	0	19	28	96.35±3.75	83.31±2.39	30.47±1.35
7	−1	1	14	32	89.81±1.57	81.30±1.31	35.52±1.46
8	−a	0	12	28	83.34±2.01	63.57±3.51	30.57±1.47
9	0	0	19	28	94.15±1.21	79.34±3.42	32.43±1.47
10	−1	−1	14	24	81.13±1.73	72.16±2.43	27.12±2.39
11	1	−1	24	24	87.98±4.23	32.13±3.24	11.57±4.31
12	1	1	24	32	91.15±3.35	36.71±1.79	13.39±1.58
13	a	0	26	28	87.73±2.34	0.00±0.00	0.00±0.00

（三）实验方法

向海胆亲本体腔注射 0.5mol/L KCl 诱导其产卵排精。用盛有过滤海水的塑料瓶收集卵子，培养皿收集精子。将 200 目筛绢网过滤后的卵子放置在 5L 烧杯中，稀释至 1 500 个/mL。实验容器为 5L 玻璃烧杯，其中分别加入 4.5L 过滤后配制好盐度的海水，放置在控温水槽中水浴至实验温度。每个烧杯加入 6 000 枚卵和适量的精子，轻轻搅拌混合均匀，5min 后取样观察，以出现受精膜为受精成功的标志，计算受精率。12h 后，取样计算上浮率。待海胆幼体发育到八腕幼虫后，在烧杯中放入附有底栖硅藻的塑料板，7d 后计算变态率。

海胆幼虫发育至棱柱幼体时开始投喂牟氏角毛藻（*Chaetoceros muelleri*），每天投喂两次，投喂量初始 0.5 万个/mL。随着个体发育至八腕幼虫时，增加至 6 万个/mL，每 2d 换水一次。

（四）数据分析

采用 Design Expert 10.0 软件进行试验模拟与优化，建立以温度和盐度作为自变量，受精率、上浮率和变态率为因变量的二次回归模型，即 $Y = b_0 + b_1 T + b_2 S + b_3 TS + b_4 T^2 + b_5 S^2$。式中，$Y$ 为响应值，包括受精率、上浮率和变态率；T 为温度；S 为盐度；b_0 为回归常数；b_1 和 b_2 分别为温度和盐度的一次效应；b_3 为温度和盐度互作效应；b_4 和 b_5 为温度和盐度的二次效应。

通过 ANOVA 分析，确定回归方程模型的准确性以及各因素的显著性，$P < 0.05$ 为显著差异，$P < 0.01$ 为极显著差异，得出决定系数以检验模型的拟合优度。各项效应采用最小二乘法估计，用 F 统计量进行显著性检验。对

中间球海胆的早期关键阶段胚胎发育率的温度和盐度进行优化，其结果用满意度函数表示。

二、结果

（一）温度和盐度对受精率的影响

温度和盐度对中间球海胆受精率的回归方程为：

$Y = -135.282\,97 + 9.658\,76 \times T + 8.941\,66 \times S - 0.068\,87 \times T \times S - 0.193\,90 \times T^2 - 0.124\,07 \times S^2$

对于该模型的方差分析结果见表6-2。所建立的回归模型极显著（$P < 0.01$），失拟项检验为不显著（$P > 0.05$），表明温度和盐度对中间球海胆受精率所建立的拟合方程有效。同时，该模型方程的决定系数为0.973 6，校正系数为0.954 7，表明该模型可以解释97.36%响应值变化，因此该模型选择恰当。

表6-2　温度和盐度对中间球海胆受精率的回归模型方差分析

来源	平方和	自由度	均方	标准误	F 值	P 值
模型	269.62	5	53.92		51.57	<0.000 1
温度	25.95	1	25.95	0.36	24.82	0.001 6
盐度	63.84	1	63.84	0.37	61.05	0.000 1
温度×盐度	7.59	1	7.59	0.54	7.26	0.030 9
温度^2	157.35	1	157.35	0.39	150.48	<0.000 1
盐度^2	32.96	1	32.96	0.40	31.52	0.000 8
失拟	1.71	3	0.57		0.41	0.756 9
纯误差	5.61	4	1.40			

对受精率模型各项系数显著性差异检验结果表明，温度和盐度的一次效应、二次效应极显著影响（$P < 0.01$）受精率水平；温度和盐度的交互作用显著影响（$P < 0.05$）受精率水平。

回归方程中，一次项系数为正，表明单独增加温度和盐度对受精率均有促进作用。交互项系数为负，表明温度和盐度的交互效应对受精率存在负面作用。温度和盐度的二次项系数为负，说明过高或过低的温度和盐度均不利于海胆受精。同时，温度的一次项系数比盐度的大，表明相比于盐度效应，温度效应对中间球海胆受精率的影响更大。

由图6-1可知，温度和盐度之间存在颉颃作用，低盐会减弱高温对受精率的负面作用，高温会减弱低盐对受精率的负面作用。此外，随着盐度下降，受精率表现出下降趋势；随着温度上升，受精率表现出先上升后下降的趋势。当温度 17.5～21.3℃和盐度 28～32，中间球海胆受精率达到最大值为 95％。

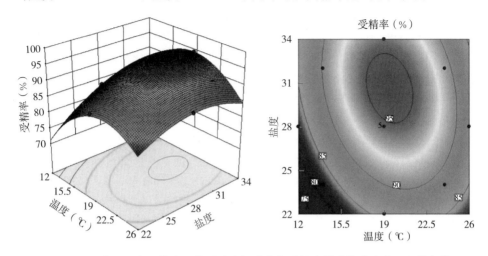

图 6-1 温度和盐度及其交互作用对中间球海胆受精率影响的响应曲面和等高线

（二）温度和盐度对上浮率的影响

温度和盐度对中间球海胆上浮率的回归方程为：

$$Y = -328.175\,24 + 36.148\,75 \times T + 6.467\,16 \times S - 0.057\,50 \times T \times S - 1.024\,26 \times T^2 - 0.072\,99 \times S^2$$

对于该模型方差分析结果见表 6-3。所建立的回归模型极显著（$P <$ 0.01），失拟项检验为不显著（$P > 0.05$），表明温度和盐度对中间球海胆上浮率所建立的拟合方程有效。同时，该模型方程的决定系数为 0.9946，校正系数为 0.9907，表明该模型可以解释 99.46％响应值变化，因此该模型选择恰当。

表 6-3 温度和盐度对中间球海胆上浮率的回归模型方差分析

来源	平方和	自由度	均方	标准误	F 值	P 值
模型	8 472.82	5	1 694.56		256.39	<0.000 1
温度	3 804.21	1	3 804.21	0.90	575.58	<0.000 1
盐度	225.29	1	225.29	0.94	34.09	0.000 6
温度×盐度	5.29	1	5.29	1.35	0.80	0.400 7
温度²	4 390.55	1	4 390.55	0.97	664.30	<0.000 1
盐度²	11.41	1	11.41	1.00	1.73	0.230 3
失拟	27.11	3	9.04		1.89	0.272 9
纯误差	19.16	4	4.79			

对上浮率模型各项系数显著性差异检验结果表明，温度的一次效应及二次效应和盐度的一次效应均极显著影响（$P<0.01$）上浮率水平；盐度的二次效应和温盐的交互作用对上浮率水平影响不显著（$P>0.05$）。

回归方程中，一次项系数为正，表明单独增加温度和盐度对上浮率均有促进作用。交互项系数为负，表明温度和盐度的交互效应对上浮率存在负面作用。温度和盐度的二次项系数为负，说明过高或过低的温度和盐度均不利于中间球海胆胚胎上浮。同时，温度一次项系数大于盐度一次项系数，表明温度效应与盐度效应相比，温度效应对于上浮率的影响更大。

由图 6-2 可知，温度和盐度之间存在颉颃作用，低盐会减弱高温对受精率的负面作用，高温会减弱低盐对受精的负面作用。此外，随着温度的升高，上浮率表现出先上升后下降的趋势；随着盐度的降低，上浮率具有下降的趋势。当温度 16～17℃ 和盐度 30～31，中间球海胆上浮率达到最大值，为 89%。

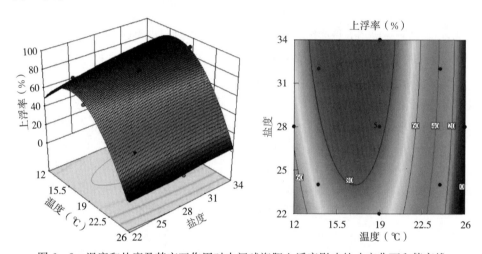

图 6-2　温度和盐度及其交互作用对中间球海胆上浮率影响的响应曲面和等高线

（三）温度和盐度对变态率的影响

温度和盐度对中间球海胆变态率的回归方程为：

$$Y = -139.310\ 94 + 12.593\ 25 \times T + 4.340\ 97 \times S - 0.082\ 25 \times T \times S - 0.324\ 28 \times T^2 - 0.038\ 00 \times S^2$$

对于该模型的方差分析结果见表 6-4。所建立的回归模型极显著（$P<0.01$），失拟项检验为不显著（$P>0.05$），表明温度和盐度对中间球海胆变态率所建立的拟合方程有效。同时，该模型方程的决定系数为 0.992 5，校正系数为 0.987 2，表明该模型可以解释 99.25% 响应值变化，因此该模型选择恰当。

表 6 - 4　温度和盐度对中间球海胆变态率的回归模型方差分析

来源	平方和	自由度	均方	标准误	F 值	P 值
模型	1 328.33	5	265.67		185.87	<0.000 1
温度	817.77	1	817.77	0.42	572.13	<0.000 1
盐度	57.46	1	57.46	0.43	40.20	0.000 4
温度×盐度	10.82	1	10.82	0.63	7.57	0.028 4
温度^2	440.08	1	440.08	0.45	307.89	<0.000 1
盐度^2	3.09	1	3.09	0.47	2.16	0.184 8
失拟	5.05	3	1.68		1.36	0.375 6
纯误差	4.96	4	1.24			

　　对变态率模型各项系数显著性差异检验结果表明，温度和盐度的一次效应、温度的二次效应均极显著性影响（$P<0.01$）变态率水平，温度和盐度的交互效应显著影响（$P<0.05$）变态率水平，盐度的二次效应对变态率水平影响不显著（$P>0.05$）。

　　回归方程中，一次项系数为正，表明单独增加温度和盐度对变态率均有促进作用。交互项系数为负，表明温度和盐度的交互效应对变态率存在负面影响。温度和盐度的二次项系数为负，说明过高或过低的温度和盐度均不利于中间球海胆幼体的变态。温度一次项系数高于盐度一次项系数，表明变态率受温度效应的影响大于盐度效应。

　　由图 6 - 3 可知，随着温度的升高，变态率呈现出先上升后下降的趋势；随着盐度的降低，变态率呈现出下降的趋势。温度和盐度之间存在颉颃作用，低盐会降低高温负面效应，高温会减弱低盐的负面效应。当温度 14 ~16℃ 和盐度 30~31，中间球海胆变态率达到最大值，为 36.5%。

（四）模型优化

　　以中间球海胆受精率、上浮率和变态率为目标，通过中心复合设计和响应曲面法探究温度和盐度联合效应对海胆早期胚胎发育率的影响。本节所建立的模型拟合度较好，通过模型对实验条件进行优化，得到在温度 17.71℃ 和盐度 31.85 时，中间球海胆受精率、上浮率和变态率同时达到相对最大值，分别为 95.04%、90.26% 和 35.32%，满意度为 96.90%。为验证响应曲面优化条件的可靠性，按照所得最优条件（温度为 18℃ 和盐度为 32）开展验证实验。实测中间球海胆受精率、上浮率和变态率结果分别为 100.00%、84.80% 和 31.20%，与理论值吻合程度为 92.29%，表明模型优化条件合理有效。

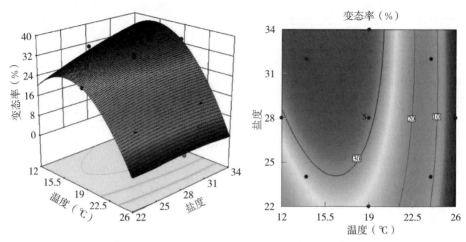

图 6-3 温度和盐度及其交互作用对中间球海胆变态率影响的响应曲面和等高线

三、讨论

温度主要通过减缓或加快孵化酶的反应速率从而影响水产动物受精卵的孵化率和孵化时间（王宏田等，1998）。本节结果显示，中间球海胆（S. intermedius）早期胚胎成活率的最适温度为18℃。当温度超出最适条件，温度的上升会导致其早期胚胎成活率的下降。具体表现为，温度高于19℃时，中间球海胆胚胎成活率开始下降；温度升高到26℃时，中间球海胆幼体全部死亡。水温一定程度的升高会加速胚胎发育新陈代谢速率，缩短孵化时间，提高孵化率；而当温度超过其耐受范围，高温又会抑制胰蛋白酶、乳酸脱氢酶、糖酵解酶等孵化酶的活力，诱导其新陈代谢速度减缓，从而表现出发育延缓，成活率下降（Pardo et al.，2011）。海胆早期发育不同时期对温度的敏感程度不同，不同种类海胆对温度变化均呈现出相似的应对策略，在遇到温度胁迫时，生命发育的最初始阶段受精能够承受更大的温度范围，以保障种群的繁衍。

盐度主要通过调节受精卵卵膜内外渗透压、体内离子平衡、能量消耗等方面，影响水产动物早期胚胎发育速率（吴贤汉等，1998）。本节结果显示，中间球海胆早期胚胎成活率的最适盐度为32，说明其受精卵孵化和幼体存活的适宜盐度较高，这与其喜高盐的生态习性相符。随着盐度的下降，中间球海胆早期胚胎发育存活率也随之下降。已有的研究表明，低盐环境改变了胚胎内渗透压的稳态性，生物体通过增大能量消耗进而调节自身渗透压的平衡，进而导致胚胎发育率下降（黄建盛等，2016）。

水产动物在生长发育过程中，依靠自身特有的调控机制在其生理生化水平上适应环境的变化（Spanopoulos et al.，2005）。本研究着眼于温度与盐度的互作效应，研究结果揭示出温度和盐度对中间球海胆胚胎发育率具有一定的协同效应。同时，低盐减弱高温对中间球海胆胚胎发育的负面影响，高温减弱低盐对受精率的负面作用。此外，从所建立方程回归系数的显著性来看，温度效应对中间球海胆胚胎发育率的影响要大于盐度效应。同时，温度的二次效应均极显著影响中间球海胆胚胎受精率、上浮率和变态率（$P<0.01$），盐度的二次效应极显著影响中间球海胆胚胎受精率（$P<0.01$），说明温度和盐度对海胆早期胚胎孵化存在最优值。因此，可以根据温度和盐度的最优组合，合理控制中间球海胆早期胚胎发育过程水质条件，提高其孵化率。

第二节　中间球海胆胚胎发育进程对温度和盐度适应性的研究

盐度和温度是决定水产动物育苗成败的关键环境因子。海胆受精卵孵化需要适宜的盐度和温度，超出胚胎发育的适宜温度和盐度范围，胚胎发育异常，畸形率升高，幼虫生存活力下降甚至死亡。本节利用中心复合设计（CCD）和响应曲面分析法（RSM），开展不同温度（12～26℃）和盐度（22～34）对中间球胆胚胎发育早期进程的联合效应研究，旨在建立温度和盐度对中间球海胆胚胎发育进程的定量关系模型，并通过统计优化方法得出中间球海胆最佳发育进程的温度和盐度组合。

一、材料方法

（一）实验材料
实验选取生长指标良好且性腺饱满的中间球海胆亲本（5♀和2♂），体重为（37.72±3.54）g，壳径（47.74±2.35）mm，壳高（27.34±4.57）mm。

（二）实验设计
采用中心复合设计（CCD）和曲面响应法（RSM），根据我国黄海、渤海全年水体温度和盐度的波动范围，选取温度12～26℃和盐度22～34，各设置5个水平温盐梯度，由小到大分别编码为－a、－1、0、1、a，共计13组合。其中，中心点重复5次，每个实验3个平行（表6-5）。

实验于自动化控温系统中进行，控温系统温度偏差小于0.5℃。实验容器为5L玻璃烧杯，其中注入相应盐度的海水，并置于相应温度的控温系统中。注射0.5mol/L KCl至性腺成熟亲胆，进行人工催产。将收集到的卵细胞直接加入玻璃烧杯中，再放入精子。卵子密度约为1 500个/mL，精子所加量应满足每个卵子周围有精子10～20个。利用显微镜定期观察受精卵的发育情况，并记录所需时间。

表 6 - 5　实验设计与结果

组别	编码值		实际值		时间（h）					
	温度	盐度	温度（℃）	盐度	2细胞期	8细胞期	16细胞期	囊胚期	上浮期	四腕幼虫期
1	−a	0	12	28	2.56	4.51	5.57	8.25	19.88	61.28
2	−1	−1	14	24	2.29	4.87	5.41	7.16	19.65	62.03
3	−1	1	14	32	1.95	3.55	4.63	6.37	15.77	55.84
4	0	−a	19	22	1.96	3.45	4.05	4.97	15.72	54.01
5	0	0	19	28	1.65	2.65	3.21	4.83	12.69	50.78
6	0	0	19	28	1.49	2.43	3.17	4.35	12.09	49.25
7	0	0	19	28	1.54	2.88	3.45	4.68	11.86	50.07
8	0	0	19	28	1.63	2.31	3.62	4.56	11.55	49.83
9	0	0	19	28	1.75	2.27	3.38	4.71	12.46	49.61
10	0	a	19	34	1.42	2.36	3.74	5.04	12.81	48.04
11	1	−1	24	24	1.83	2.24	4.37	4.96	12.23	52.95
12	1	1	24	32	1.50	2.03	4.08	4.25	11.44	48.16
13	a	0	26	28	1.68	2.54	4.75	5.12	13.56	49.39

注：星号臂值 a=1.414，中心点重复 5 次。

（三）数据分析

采用 Design Expert 10.0 软件进行试验模拟与优化，以温度和盐度为自变量，中间球海胆早期胚胎发育时间为因变量，进行了多元回归拟合，建立二次回归模型，即 $Y=R_0+R_1T+R_2S+R_3TS+R_4T^2+R_5S^2$。式中，$Y$ 为中间球海胆早期发育时间；T 为温度；S 为盐度；R_0 为回归常数；R_1、R_4 分别为温度的一次效应和二次效应；R_3 为温度和盐度交互效应；R_2、R_5 分别为盐度的一次效应和二次效应。

通过响应曲面方差分析确定回归方程模型的准确性。根据各因素的显著性（$P<0.05$ 为显著差异，$P<0.01$ 为极显著差异）、决定系数和相应的拟合度确定最终的模型方程。

二、结果

（一）温度和盐度对中间球海胆 2 细胞期发育时间的影响

温度（T）和盐度（S）对中间球海胆 2 细胞期发育时间的回归方程为：
$Y=9.186\ 30-0.446\ 24T-0.158\ 00S+0.000\ 13TS+0.010\ 23T^2+$

$0.002\,00S^2$

所建立的回归模型极显著（$P<0.01$），失拟项检验为不显著（$P>0.05$），表明温度和盐度对中间球海胆 2 细胞期发育时间所建立的拟合方程有效。其中，回归方程模型的决定系数为 0.957 6，校正系数为 0.927 3，预测系数为 0.873 5，表明该模型可以解释 95.76% 响应值变化，因此该模型选择恰当。

对 2 细胞期模型各项系数显著性差异检验结果表明，温度的一次及二次效应和盐度的一次效应均显著影响（$P<0.05$）2 细胞期的发育时间。盐度的二次效应和温盐的联合效应不显著影响（$P>0.05$）2 细胞期的发育时间（表 6-6）。

表 6-6　温度和盐度对中间球海胆 2 细胞期发育时间的回归模型方差分析

来源	平方和	自由度	均方	F 值	P 值	95% 置信下限	95% 置信上限
模型	1.27	5	0.25	31.59	0.000 1		
A-T	0.58	1	0.58	71.78	$<0.000\,1$	−0.34	−0.19
B-S	0.26	1	0.26	31.93	0.000 8	−0.26	−0.11
AB	2.50E-5	1	2.50E-5	3.10E-3	0.957 2	−0.11	0.11
A^2	0.44	1	0.44	54.24	0.000 2	0.17	0.33
B^2	8.58E-3	1	8.58E-3	1.06	0.336 8	−0.05	0.12
残差	0.06	7	8.07E-3				
失拟	0.02	3	5.21E-3	0.51	0.697 0		
纯误差	0.04	4	0.01				

注：A 表示温度的一次效应；B 表示盐度的一次效应；AB 表示温度盐度的联合效应；A^2 表示温度的二次效应；B^2 表示盐度的二次效应；表格空白处无数据。

回归方程中，一次项系数为负，表明单独增加温度或盐度对 2 细胞期发育时间存在负面效应。交互项系数为正，表明温度和盐度的交互效应有利于缩短 2 细胞期发育时间。温度和盐度的二次项系数为正，说明过高或过低的温度和盐度会使 2 细胞期发育时间延长。同时，温度的一次项系数和二次项系数均比盐度大，表明温度相比与盐度对于 2 细胞期发育时间具有更大的影响。

由图 6-4 可知，随着温度的升高，中间球海胆 2 细胞期的发育时间呈现先缩短后延长的趋势；随着盐度的降低，中间球海胆 2 细胞期的发育时间逐渐延长。当温度 20.85℃和盐度 33.18，海胆胚胎发育到 2 细胞期所需的时间最短，为 1.38 h。

（二）温度、盐度对 8 细胞期发育的影响

温度和盐度对中间球海胆 8 细胞期发育时间的回归方程为：

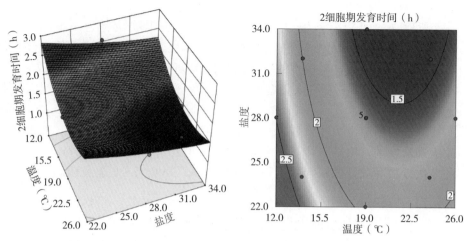

图6-4　温度和盐度及交互作用对中间球海胆2细胞期发育
时间影响的响应曲面和等高线

$$Y = 31.533\ 16 - 1.33\ 937T - 0.952\ 95S + 0.013\ 88TS + 0.002\ 043T^2 + 0.010\ 65S^2$$

所建立的回归模型极显著（$P < 0.01$），失拟项检验为不显著（$P > 0.05$），表明温度和盐度对中间球海胆的8细胞期发育时间所建立的拟合方程有效。其中，回归方程模型的决定系数为0.950 8，校正系数为0.915 6，预测系数为0.806 9，表明该模型可以解释95.08%响应值变化，因此该模型选择恰当。

对8细胞期模型各项系数显著性差异检验结果表明，温度的一次和二次效应、盐度的一次效应显著影响（$P < 0.05$）8细胞期发育时间。盐度的二次效应、温盐度联合效应不显著影响（$P > 0.05$）8细胞期发育时间（表6-7）。

表6-7　温度和盐度对中间球海胆8细胞期发育时间的回归模型方差分析

来源	平方和	自由度	均方	F 值	P 值	95%置信下限	95%置信上限
模型	9.34	5	1.87	27.03	0.000 2		
A-T	6.03	1	6.03	87.14	<0.000 1	-1.08	-0.64
B-S	1.18	1	1.18	17.04	0.004 4	-0.62	-0.17
AB	0.31	1	0.31	4.45	0.072 7	-0.04	0.62
A^2	1.75	1	1.75	25.27	0.001 5	0.27	0.74
B^2	0.24	1	0.24	3.51	0.103 1	-0.05	0.43
残差	0.48	7	0.07				
失拟	0.22	3	0.08	1.14	0.432 8		

来源	平方和	自由度	均方	F 值	P 值	95％置信下限	95％置信上限
纯误差	0.26	4	0.06				

注：A 表示温度的一次效应；B 表示盐度的一次效应；AB 表示温度盐度的联合效应；A^2 表示温度的二次效应；B^2 表示盐度的二次效应；表格空白处无数据。

回归方程中，一次项系数为负，表明单独增加温度和盐度对 8 细胞期发育时间存在负面作用。交互项系数为正，表明温度和盐度的交互效应有利于缩短 8 细胞期发育时间。温度和盐度的二次项系数为正，说明过高或过低的温度和盐度会使 8 细胞期发育时间延长。同时，温度的一次项系数、二次项系数均比盐度的大，表明温度对于 8 细胞期发育时间的影响更大。

由图 6-5 可知，随着温度的升高，中间球海胆 8 细胞期的发育时间先缩短后延长；随着盐度的降低，中间球海胆 8 细胞期的发育时间逐渐延长。温度为 22.58℃，盐度为 30.03 时，发育到 8 细胞期所需的时间最短，为 2.10h。

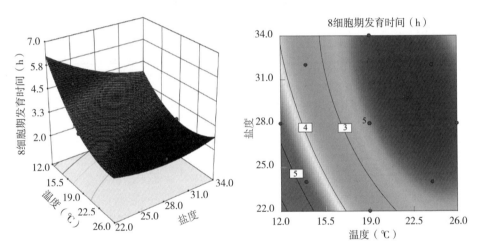

图 6-5　温度和盐度及交互作用对中间球海胆 8 细胞期发育时间影响的响应曲面和等高线

（三）温度和盐度对 16 细胞期发育时间的影响

温度和盐度对中间球海胆 16 细胞期发育时间的回归方程为：

$$Y = 35.370\ 27 - 1.674\ 13T - 1.057\ 79S + 0.006\ 13TS + 0.037\ 72T^2 + 0.016\ 01S^2$$

所建立的回归模型极显著（$P < 0.01$），失拟项检验为不显著（$P > 0.05$），表明温度和盐度对中间球海胆的 16 细胞期发育时间所建立的拟合方程有效。其中，回归方程模型的决定系数为 0.968 9，校正系数为 0.946 7，预测系数为 0.874 2，表明该模型可以解释 96.89％响应值变化，因此该模型选择恰当。

对 16 细胞期模型各项系数显著性差异检验结果表明，温度的一次效应、二次效应和盐度的一次效应、二次效应显著影响（$P<0.05$）16 细胞期的发育时间。温度盐度的联合效应不显著影响（$P>0.05$）16 细胞期的发育时间（表 6-8）。

表 6-8   温度和盐度对中间球海胆 16 细胞期发育时间的回归模型方差分析

来源	平方和	自由度	均方	F 值	P 值	95%置信下限	95%置信上限
模型	7.38	5	1.48	43.62	<0.000 1		
A-T	0.95	1	0.95	27.99	0.001 1	−0.50	−0.19
B-S	0.28	1	0.28	8.20	0.024 2	−0.35	−0.03
AB	0.06	1	0.06	1.77	0.224 5	−0.10	0.36
A^2	5.96	1	5.96	176.09	<0.000 1	0.76	1.09
B^2	0.55	1	0.55	16.22	0.005 0	0.12	0.46
残差	0.24	7	0.03				
失拟	0.10	3	0.03	1.01	0.474 4		
纯误差	0.13	4	0.03				

注：A 表示温度的一次效应；B 表示盐度的一次效应；AB 表示温度盐度的联合效应；A^2 表示温度的二次效应；B^2 表示盐度的二次效应；表格空白处无数据。

回归方程中，一次项系数为负，表明单独增加温度和盐度对 16 细胞期发育时间存在负面作用。交互项系数为正，表明温度和盐度的交互效应有利于缩短 16 细胞期发育时间。温度和盐度的二次项系数为正，说明过高或过低的温度和盐度会使 16 细胞期发育时间延长。同时，温度的一次项系数、二次项系数均比盐度的大，表明温度对于 16 细胞期发育时间的影响更大。

由图 6-6 可知，随着温度的升高，中间球海胆 16 细胞期的发育时间先缩短后延长；随着盐度的降低，中间球海胆 16 细胞期的发育时间逐渐延长。温度为 19.81℃，盐度为 29.25 时，发育到 16 细胞期所需的时间最短，为 3.31h。

（四）温度和盐度对囊胚期发育时间的影响

温度和盐度对中间球海胆囊胚期发育时间的回归方程为：

$$Y=48.575\ 22-3.272\ 61T-0.693\ 38S+0.009\ 50TS+0.075\ 13T^2+0.006\ 83S^2$$

所建立的回归模型极显著（$P<0.01$），失拟项检验为不显著（$P>0.05$），表明温度和盐度对中间球海胆的囊胚期发育时间所建立的拟合方程有效。其中，回归方程模型的决定系数为 0.993 2，校正系数为 0.988 3，预测系数为 0.970 3，表明该模型可以解释 99.32%响应值变化，因此该模型选择恰当。

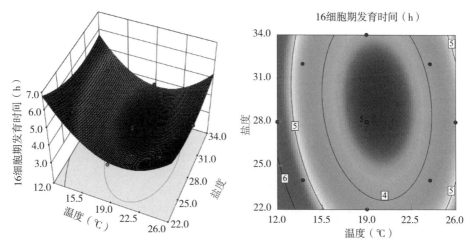

图 6-6 温度和盐度及交互作用对中间球海胆 16 细胞期发育时间影响的响应曲面和等高线

对囊胚期细胞模型各项系数显著性差异检验结果表明，温度的一次、二次效应、盐度的一次效应均显著影响（$P<0.05$）囊胚期的发育时间。盐度二次效应和温盐联合效应不显著影响（$P>0.05$）囊胚期的发育时间（表 6-9）。

表 6-9 温度和盐度对中间球海胆囊胚期发育时间的回归模型方差分析

来源	平方和	自由度	均方	F 值	P 值	95%置信下限	95%置信上限
模型	30.82	5	6.16	203.02	$<0.000\,1$		
A-T	4.56	1	4.56	150.09	$<0.000\,1$	-0.90	-0.61
B-S	2.31	1	2.31	76.04	$<0.000\,1$	-0.70	-0.40
AB	0.14	1	0.14	4.76	0.065\,6	-0.02	0.42
A^2	23.62	1	23.62	777.92	$<0.000\,1$	1.68	2.00
B^2	0.10	1	0.10	3.29	0.112\,5	-0.04	0.28
残差	0.21	7	0.03				
失拟	0.11	3	0.04	1.50	0.343\,5		
纯误差	0.10	4	0.02				

注：A 表示温度的一次效应；B 表示盐度的一次效应；AB 表示温度盐度的联合效应；A^2 表示温度的二次效应；B^2 表示盐度的二次效应；表格空白处无数据。

回归方程中，一次项系数为负，表明单独增加温度和盐度对囊胚期的发育时间存在负面作用。交互项系数为正，表明温度和盐度的交互效应有利于缩短囊胚期的发育时间。温度和盐度的二次项系数为正，说明过高或过低的温度和盐度会使囊胚期的发育时间延长。同时，温度的一次项系数、二次项系数均比盐度的大，表明温度对于囊胚期发育时间的影响更大。

由图 6 - 7 可知，随着温度的升高，中间球海胆囊胚期的发育时间先缩短后延长；随着盐度的降低，中间球海胆囊胚期的发育时间逐渐延长。温度为 19.82℃，盐度为 33.90 时，发育到囊胚期所需的时间最短，为 3.95h。

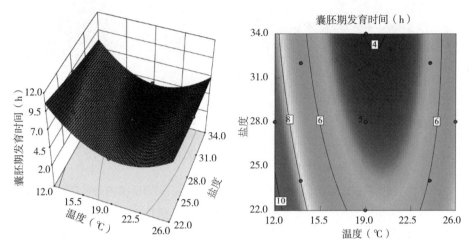

图 6 - 7　温度和盐度及交互作用对中间球海胆囊胚期发育时间影响的响应曲面和等高线

（五）温度和盐度对上浮期发育时间的影响

温度和盐度对中间球海胆上浮期发育时间的回归方程为：

$$Y=121.439\ 81-4.980\ 98T-3.817\ 67S+0.038\ 63TS+0.089\ 22T^2+0.050\ 32S^2$$

所建立的回归模型极显著（$P<0.01$），失拟项检验为不显著（$P>0.05$），表明温度和盐度对中间球海胆的早期胚胎上浮期发育时间所建立的拟合方程有效。其中，回归方程模型的决定系数为 0.968 1，校正系数为 0.945 2，预测系数为 0.823 4，表明该模型可以解释 96.81% 响应值变化，因此该模型选择恰当。

对上浮期模型各项系数显著性差异检验结果表明，温度的一次、二次效应和盐度的一次效应、二次效应均显著影响（$P<0.05$）上浮期的发育时间。温度盐度的联合效应不显著影响（$P>0.05$）上浮期的发育时间（表 6 - 10）。

表 6 - 10　温度和盐度对中间球海胆上浮期发育时间的回归模型方差分析

来源	平方和	自由度	均方	F 值	P 值	95%置信下限	95%置信上限
模型	98.77	5	19.75	42.43	<0.000 1		
A-T	51.34	1	51.34	110.28	<0.000 1	−3.09	−1.95
B-S	9.60	1	9.60	20.63	0.002 7	−1.71	−0.54
AB	2.39	1	2.39	5.13	0.057 9	−0.04	1.66

来源	平方和	自由度	均方	F 值	P 值	95%置信下限	95%置信上限
A^2	33.31	1	33.31	71.56	<0.000 1	1.57	2.80
B^2	5.42	1	5.42	11.65	0.011 2	0.28	1.53
残差	3.26	7	0.47				
失拟	2.43	3	0.81	3.88	0.111 6		
纯误差	0.83	4	0.21				

注：A 表示温度的一次效应；B 表示盐度的一次效应；AB 表示温度盐度的联合效应；A^2 表示温度的二次效应；B^2 表示盐度的二次效应；表格空白处无数据。

回归方程中，一次项系数为负，表明单独增加温度和盐度对上浮期发育时间存在负面作用。交互项系数为正，表明温度和盐度的交互效应有利于缩短上浮期发育时间。温度和盐度的二次项系数为正，说明过高或过低的温度和盐度会使上浮期发育时间延长。同时，温度的一次项系数、二次项系数均比盐度的大，表明温度对于上浮期发育时间的影响更大。

由图 6-8 可知，随着温度的升高，中间球海胆上浮期的发育时间先缩短后延长；随着盐度的降低，中间球海胆上浮期的发育时间逐渐延长。温度为 21.90℃，盐度为 29.58 时，发育到上浮期所需的时间最短，为 11.27h。

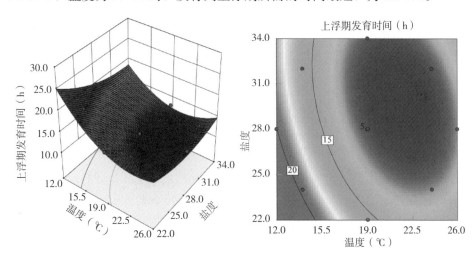

图 6-8 温度和盐度及交互作用对中间球海胆上浮期发育时间影响的响应曲面和等高线

（六）温度和盐度对四腕幼虫期发育时间的影响

温度和盐度对中间球海胆四腕幼虫期发育时间的回归方程为：

$$Y = 167.199\ 64 - 5.750\ 10T - 3.356\ 50S + 0.006\ 50TS + 0.124\ 91T^2 + 0.047\ 72S^2$$

所建立的回归模型极显著（$P<0.01$），失拟项检验为不显著（$P>0.05$），表明温度和盐度对中间球海胆的早期胚胎四腕幼虫期发育时间所建立的拟合方程有效。其中，回归方程模型的决定系数为 0.976 3，校正系数为 0.959 4，预测系数为 0.860 2，表明该模型可以解释 97.63% 响应值变化，因此该模型选择恰当。

对四腕幼虫期模型各项系数显著性差异检验结果表明，温度的一次、二次效应和盐度的一次效应、二次效应均显著影响（$P<0.05$）四腕幼虫期发育时间。温度盐度的联合效应不显著影响（$P>0.05$）四腕幼虫期发育时间（表 6-11）。

表 6-11　温度和盐度对中间球海胆四腕幼虫期发育时间的回归模型方差分析

来源	平方和	自由度	均方	F 值	P 值	95% 置信下限	95% 置信上限
模型	242.62	5	48.52	57.73	<0.000 1		
A-T	133.58	1	133.58	158.93	<0.000 1	−4.83	−3.30
B-S	42.72	1	42.72	50.82	0.000 2	−3.17	−1.59
AB	0.06	1	0.06	0.08	0.784 9	−1.00	1.27
A^2	65.30	1	65.30	77.69	<0.000 1	2.24	3.88
B^2	4.88	1	4.88	5.80	0.046 9	0.016	1.70
残差	5.88	7	0.84				
失拟	4.57	3	1.52	4.63	0.086 3		
纯误差	1.31	4	0.33				

注：A 表示温度的一次效应；B 表示盐度的一次效应；AB 表示温度盐度的联合效应；A^2 表示温度的二次效应；B^2 表示盐度的二次效应；表格空白处无数据。

回归方程中，一次项系数为负，表明单独增加温度和盐度对四腕幼虫期发育时间存在负面作用。交互项系数为正，表明温度和盐度的交互效应有利于缩短四腕幼虫期发育时间。温度和盐度的二次项系数为正，说明过高或过低的温度和盐度会使四腕幼虫期发育时间延长。同时，温度的一次项系数、二次项系数均比盐度的大，表明温度对于四腕幼虫期发育时间的影响更大。

由图 6-9 可知，随着温度的升高，中间球海胆四腕幼虫期的发育时间先缩短后延长；随着盐度的降低，中间球海胆四腕幼虫期的发育时间逐渐延长。温度为 22.02℃，盐度为 33.71 时，发育到四腕幼虫期所需的时间最短，为 46.88h。

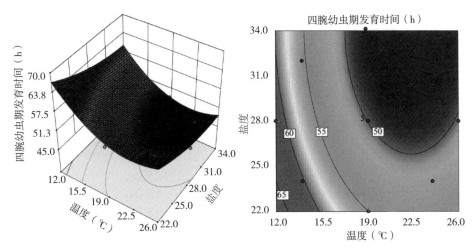

图 6-9　温度和盐度及交互作用对中间球海胆四腕幼虫期发育时间影响的响应曲面和等高线

（七）温度、盐度对海胆胚胎发育进程的优化

本研究所建立的模型方程拟合度较好，通过模型对实验条件进行优化，得出温度 20.47℃ 和盐度 31.46 时，中间球海胆早期胚胎 2 细胞期、4 细胞期、16 细胞期、囊胚期、上浮期、四腕幼虫期发育所需的时间最短，分别为 1.43h、2.17h、3.41h、4.13h、11.44h、47.64h，满意度为 97.00%。为验证响应曲面优化条件的可靠性，按照所得最优条件开展实验验证，实测中间球海胆早期胚胎 2 细胞期、8 细胞期、16 细胞期、囊胚期、上浮期、四腕幼虫期的发育所需时间分别为 1.28h、2.07h、3.31h、4.14h、11.28h、47.31h，与软件优化结果吻合度为 96.75%，表明模型优化条件合理有效。

三、讨论

（一）温度对中间球海胆早期胚胎发育进程的影响

温度对生物早期胚胎发育进程的影响具有显著的环境效应，水生生物主要通过降低新陈代谢及其自身活力过程速率来减缓发育以应对温度胁迫，最终导致早期胚胎发育时间的延长（Virgin *et al.*，2019）。

中间球海胆早期胚胎发育进程与水温存在显著相关性（$P < 0.05$）。其中，温度的一次效应、二次效应与早期胚胎发育进程均具有显著的正相关（$P < 0.05$），且随着温度的升高，海胆早期胚胎发育时间呈现出先缩短后延长的趋势，这一现象同样出现在中国珍珠牡蛎（*Pinctada martensii*）、潮间带螺（*Nassarius festivus*）、欧洲鳗（*Anguilla anguilla*）等水产动物中。已有的研究表明，海洋生物早期胚胎发育时间随着温度的升高呈现出先缩短后延长的现象，是由于水温的升高会加速胚胎发育新陈代谢速率，缩短孵化时

间。同时，当温度超过其耐受范围，高温又会抑制孵化酶（胰蛋白酶、乳酸脱氢酶、糖酵解酶等）的活力，诱导其新陈代谢速度减缓，从而表现出发育延缓的状态（Deepani et al.，2003）。

（二）盐度对中间球海胆早期胚胎发育进程的影响

盐度通过调节生物细胞离子、酶代谢及渗透压等方面，影响生物早期胚胎发育进程。同时，在个体发育期间，不同发育阶段对盐度变化的耐受性也有所不同。因此，深入探究生物生长发育所需的盐度适应范围，有助于提高中间球海胆早期胚胎发育率。已有的研究表明，当盐度高于或低于生物早期胚胎发育的耐受值，会减弱受精卵和幼虫浮力，降低幼虫上浮率。

本节结果显示，盐度的一次效应和二次效应对中间球海胆胚胎发育进程均有显著影响（$P<0.05$），在设置的盐度范围内随着盐度的降低中间球海胆胚胎发育时间逐渐延长。细胞渗透压、水中溶解气体饱和度、有丝分裂过程中与微管相关合成的蛋白质或纺锤体功能改变均会影响卵裂进程，低盐环境下相关生理生化指标改变可能延缓中间球海胆胚胎发育进程。盐度会影响胚胎的渗透平衡，当超过胚胎的耐受性会导致脱水、萎缩、卵黄囊变小、胚胎发育停滞或胚胎发育时间延长等负面影响。此外，在低渗环境下缺少 Na^+ 而使有丝分裂促进因子（MPF）激活量减少或生物在低盐环境中代谢成本增加和 Na^+/K^+ ATP 酶活性减弱，均可导致生物发育停滞（Cinti et al.，2004）。

（三）温度和盐度对中间球海胆早期胚胎发育进程的联合效应

中间球海胆是生活在寒温带、狭盐性的棘皮动物，受精卵孵化过程对水环境中盐度和温度具有较高要求。本节结果中温度的一次项系数和二次系数均比盐度大，表明温度相比于盐度对海胆早期胚胎发育进程的影响更为显著（$P<0.05$），该结果清晰地呈现在响应曲面轮廓图中，表现为等高线沿水平轴（温度）比沿垂直轴（盐度）窄，温度比盐度对其生物生长发育的影响更为重要。高温条件下生物体内多种酶活性减弱甚至丧失，各项生理活动减慢，因而生物通过改变自身的代谢状况以及消耗更多的能量来适应外界环境的变化（Tettelbach et al.，1981）。生物体暴露于各种温度下，它们可能具有更高的适应和调节代谢稳态的能力。此外，温度和盐度的交互作用对中间球海胆早期胚胎发育进程影响不显著（$P>0.05$）。这意味着温度和盐度分别独立作用于中间球海胆早期胚胎发育进程，而并不具有协同或颉颃作用。在实际生产实践中早期胚胎发育的最适温度和盐度应作为首要考虑因素，而温度和盐度的联合效应作为次要因素。

第三节　不同温度条件下中间球海胆生长预测模型构建

由于全球气候变暖的影响，水产动物的生存受到了严峻的环境压力。温度是水产动物生长发育的重要环境因子，超出机体适宜的温度会导致发育迟缓甚至死亡。为探明温度对中间球海胆生长的影响，本节利用多项式拟合和响应曲面法开展不同温度（10～26℃）下不同壳径（2cm，4cm，6cm）中间球海胆生长特征研究，旨在建立不同温度下中间球海胆生长预测模型，并通过统计优化方法得到不同壳径中间球海胆生长的最适温度和极限温度。

一、材料与方法

（一）海胆

本节所用中间球海胆于 2020 年 8 月采自大连市旅顺口区龙王塘海域，暂养 15d 后进行实验。

（二）实验设计

实验设置五个温度（10℃、14℃、18℃、22℃、26℃），三种不同壳径（2cm、4cm、6cm）中间球海胆处理组，每组放置中间球海胆 120 只。此外，预实验结果表明，26℃条件下，壳径 6cm 的中间球海胆生存时间不能超过 7d，因此本实验额外增加一个 24℃下 6cm 中间球海胆处理组。故设置处理组共 16 个，且每组均设置 3 个平行。

以温度（10℃、14℃、18℃、22℃、26℃）和三种壳径（2cm、4cm、6cm）为因子，增重率为响应值，建立温度影响下中间球海胆生长预测模型。

（三）实验方法

养殖实验在控温循环水槽中进行，使用沙滤罐过滤的海水，盐度为 30～31。每 2d 投喂一次石莼，同时吸取水槽底部粪便，换水 1/5，以确保温度波动在 0.2℃之内。实验进行 5 周，每周称量一次海胆体重，计算平均增重率（WGR）。

$$WGR = (W_t - W_0) / W_0 \times 100\%$$

式中，W_0 为初始体重（g）；W_t 为实验后体重（g）。

（四）数据处理

模型构建数据基于不同温度下不同壳径中间球海胆的增重率，使用 SPSS 22.0 统计软件进行显著性分析，利用 Origin 2016 软件建立二次曲线回归模型，采用 Design expert 10.0 建立软件响应曲面图。通过校正系数来分析模型可信度。

二、结果

（一）不同温度下不同壳径中间球海胆体重生长情况

不同温度不同壳径中间球海胆体重增长数据，如表 6 - 12 所示。在水温 10～26℃条件下，壳径 2cm、4cm 和 6cm 中间球海胆均在 14℃时生长最快。不同壳径海胆在 26℃时，体重均出现负增长。值得注意的是，壳径 6cm 海胆从 22℃开始体重出现负增长，在 26℃仅能存活 7d。

表 6 - 12　不同温度下不同壳径中间球海胆体重生长情况（g）

壳径（cm）	天数（d）	温度（℃）					
		10	14	18	22	24	26
2	0	2.59±0.14	2.38±0.51	2.73±0.67	2.48±0.31	/	2.84±0.37
	7	2.67±0.23	2.51±0.52	2.88±0.69	2.58±0.19	/	2.81±0.26
	14	2.78±0.17	2.65±0.51	3.03±024	2.68±0.26	/	2.76±0.47
	21	2.88±0.21	2.80±0.58	3.19±0.36	2.78±0.65	/	2.73±0.46
	28	2.98±0.31	2.96±0.31	3.36±0.39	2.88±0.31	/	2.68±0.41
	35	3.09±0.41	3.12±0.23	3.53±0.51	3.01±0.67	/	/
4	0	14.51±0.84	14.91±0.72	14.11±0.82	13.94±1.03	/	14.61±0.42
	7	14.91±0.91	15.62±0.63	14.63±0.95	14.24±0.81	/	14.37±0.49
	14	15.32±0.87	16.36±0.71	15.17±1.17	14.55±0.93	/	14.14±0.36
	21	15.74±0.81	17.14±0.85	15.73±1.06	14.86±0.96	/	13.91±0.34
	28	16.17±0.83	17.95±0.96	16.31±1.02	15.18±1.03	/	/
	35	16.61±0.87	18.81±1.07	16.91±1.24	15.51±1.64	/	/
6	0	60.12±2.13	61.12±1.57	61.52±1.97	59.63±2.51	61.59±1.13	62.12±2.34
	7	60.91±2.11	62.32±1.31	61.94±1.95	59.31±2.64	61.02±1.91	60.01±1.31
	14	61.71±1.91	63.55±1.20	62.29±1.84	58.99±2.31	60.47±1.65	/
	21	62.53±1.83	64.80±1.34	62.69±1.56	58.66±2.10	59.92±1.24	/
	28	63.36±1.51	66.08±1.68	63.08±1.68	58.35±2.03	59.37±1.36	/
	35	64.19±1.89	67.38±2.13	63.48±2.31	58.03±2.31	58.83±2.19	/

（二）不同温度对壳径 2cm 中间球海胆生长的影响

通过二次回归方程拟合温度对壳径 2cm 中间球海胆的曲线见图 6 - 10，得出模型方程为：$Y=-0.074\,4X^2+2.391\,5X-13.136\,2$。式中，$Y$ 为因变量增重率（%），X 为温度（℃）。

该模型的决定系数为 0.979 9，说明该模型可以较好地预测 2cm 中间球海胆在不同温度下的生长情况。从图 6-10 可知模型曲线为抛物线状，显示出壳径 2cm 中间球海胆存在最适生长温度。模型计算结果显示，壳径 2cm 的中间球海胆最适生长温度为 16.1℃，生长极限温度为 25.1℃。从图 6-11 可知，10℃组中间球海胆增重率显著（$P<0.05$）低于 14℃和 18℃组增重率；22℃组中间球海胆增重率极显著（$P<0.01$）低于 14℃和 18℃组；26℃组中间球海胆各周体重增重率和其他温度处理组出现极显著差异（$P<0.01$）。中间球海胆体重在 26℃组出现负增长，在实验第 4 周出现死亡，且第 5 周死亡率达 100%。

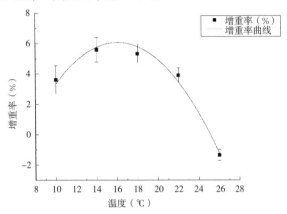

图 6-10　壳径 2cm 中间球海胆增重率拟合曲线

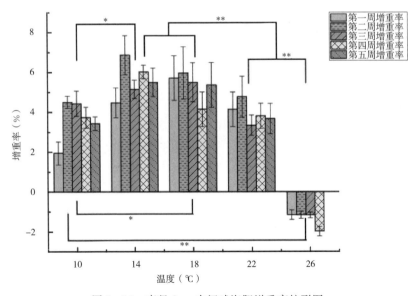

图 6-11　壳径 2cm 中间球海胆增重率柱形图

*代表组间有显著性差异（$P<0.05$）；**代表组间有极显著性差异（$P<0.01$）。下图同

（三）不同温度对壳径4cm中间球海胆生长的影响

通过二次回归方程拟合温度对壳径4cm中间球海胆的曲线见图6-12，得出模型方程为$Y=-0.054\ 2\ X^2+1.671\ 9\ X-8.418\ 2$。式中，$Y$为因变量增重率（%），$X$为温度（℃）。

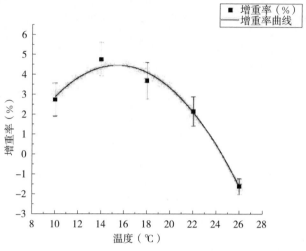

图6-12　壳径4cm中间球海胆增重率拟合曲线

该模型的决定系数为0.979 8，说明该模型可以较为准确地预测壳径4cm中间球海胆受温度影响的生长情况。从图6-13可知构建的模型曲线为抛物线状，表明壳径4cm中间球海胆存在最适温度。模型计算结果表明，壳径为4cm的中间球海胆最适生长温度为15.4℃，生长极限温度为24.5℃。从图6-12可以得出，14℃组海胆增重率极显著（$P<0.01$）高于10℃和22℃组；18℃组增重率显著（$P<0.05$）高于22℃组；26℃组中间球海胆的各周体重增重率与其他温度出现极显著差异（$P<0.01$）。26℃组中间球海胆体重呈现负增长，海胆在第3周出现死亡，第4周死亡率为100%。

（四）不同温度对壳径6cm中间球海胆生长的影响

通过二次回归方程拟合温度对壳径6cm中间球海胆的曲线如图6-14，得出模型方程为：$Y=-0.032\ 4\ X^2+0.880\ 1\ X-4.204\ 1$。式中，$Y$为因变量增重率（%），$X$为温度（℃）。

该模型的决定系数为0.958 0，说明该模型可以较为准确地预测壳径6cm中间球海胆受温度影响的生长情况。从图6-15可知，与壳径2cm和4cm组中间球海胆相比，壳径6cm组中间球海胆更适应低温环境。模型计算结果显示，壳径6cm的中间球海胆最适生长温度为13.6℃，生长极限温度为21.0℃。从图6-15可以得出，22℃、24℃、26℃组中间球海胆体重呈现负增

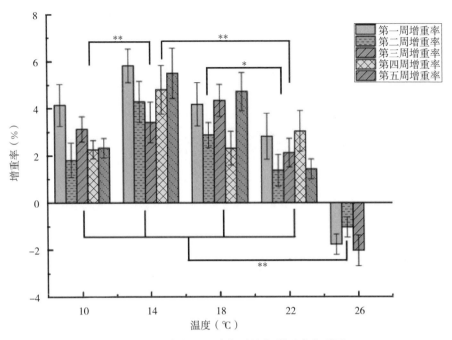

图 6-13 壳径 4cm 中间球海胆增重率柱形图

长。其中，24℃组中间球海胆在第 2 周开始出现死亡，到 5 周死亡率为 10%；26℃组中间球海胆在第 1 周出现死亡，第 7 天死亡率达 100%。比较不同温度处理下中间球海胆增重情况，各温度处理组中间球海胆增重率均出现极显著差异（$P<0.01$）。

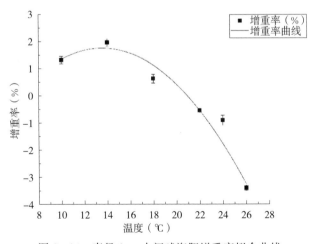

图 6-14 壳径 6cm 中间球海胆增重率拟合曲线

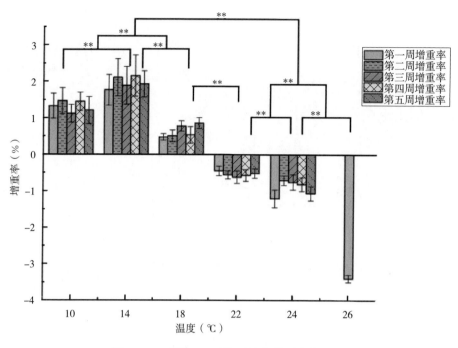

图 6-15 壳径 6cm 中间球海胆增重率柱形图

（五）温度和壳径对中间球海胆生长的影响

利用响应曲面法，构建不同温度下不同壳径中间球海胆增重率的模型方程为：$WGR = -6.117\ 5 + 0.217\ 7 \times D + 1.536\ 2 \times T + 0.005\ 4 \times DT - 0.141\ 4 \times D^2 - 0.051\ 1 \times T^2$。式中，$D$ 为中间球海胆壳径（cm）；T 为养殖水体温度（℃）。

对于该模型的方差分析结果见表 6-13。所建立的回归模型极显著（$P < 0.01$），表明温度和规格对中间球海胆增重率所建立的拟合方程有效。同时，该模型方程的 R^2 为 0.936 9，表明该模型可以解释 93.69％响应值变化，因此该模型选择恰当。

表 6-13　温度和壳径对中间球海胆增重率的回归模型方差分析

来源	平方和	自由度	标准误差	F 值	P 值
模型	106.17	5			<0.000 1
温度	40.09	1	0.24	85.93	<0.000 1
壳径	20.68	1	0.21	61.47	<0.000 1
温度×壳径	0.041	1	0.29	0.088	0.773 1

来源	平方和	自由度	标准误差	F 值	P 值
温度²	28.09	1	0.42	60.20	<0.000 1
壳径²	1.09	1	0.37	2.34	0.157 0

对生长预测模型各项系数显著性差异检验结果表明，温度和壳径均极显著（$P<0.01$）影响中间球海胆的增重率。其中，温度的一次项系数大于壳径的一次项系数，表明相比于壳径，温度对中间球海胆的生长影响更大。

从图 6-16 可知，随着中间球海胆壳径的变化，海胆最适生长温度与耐受极限温度也随之变化。具体表现为，随着中间球海胆壳径的增加，耐受高温的能力不断下降，最适生长温度也不断降低。2cm 壳径中间球海胆可耐受 25℃的高温条件，而壳径 4cm 和 6cm 的海胆耐受温度分别降至 24.5℃和 21.0℃。

从图 6-17 可知，不同壳径中间球海胆生长受温度的影响规律基本一致，均存在最适生长温度和耐受极限温度。中间球海胆增重率随着温度的升高而上升，超过最适温度后，海胆增重率下降，当水温超出海胆耐热极限后，中间球海胆体重减轻直至死亡。

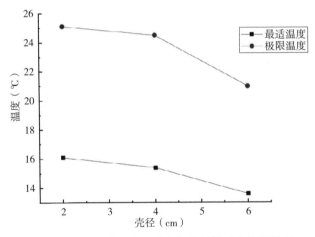

图 6-16　不同壳径中间球海胆生长最适和极限温度

（六）模型验证

以中间球海胆增重率为目标，通过多项式拟合和响应曲面法构建不同温度下不同壳径中间球海胆生长预测模型。本节所建立的模型拟合度较好，通过响应曲面模型对实验条件进行优化，查明壳径 2cm、4cm、6cm 的中间球海胆最适生长温度下的最大增重率分别为 5.47%、4.36%和 2.14%。为验证模型的

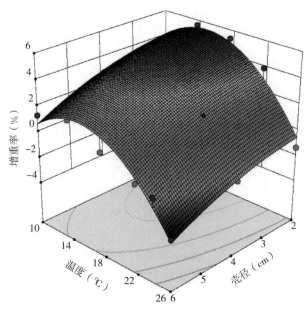

图 6-17　温度和壳径对中间球海胆生长的响应曲面

可靠性，按照所得最优条件，用 300 只中间球海胆开展验证实验。实测中间球海胆增重率为 5.73％、4.04％ 和 1.87％，与理论值吻合程度为 91.99％，表明模型合理有效。

三、讨论

（一）中间球海胆生长最适温度与极限温度

温度作为主要的环境因子，通过调节机体能量代谢进而影响海洋生物生长发育。本研究结果显示，中间球海胆生长与养殖水温之间存在着显著的相关性。中间球海胆增重率随温度的升高逐渐增加；最适水温下，中间球海胆生长增重最快；超过最适温度，随着温度的升高增重率逐渐下降；当温度高于海胆耐受极限温度后，体重则出现负增长。在温度影响中间球海胆摄食的研究中发现，随着温度升高摄食率逐步加大，超过适宜水温后摄食率降低，温度达到耐热极限后，中间球海胆几乎不摄食，摄食率随温度的变化趋势与生长随温度的变化趋势一致（常亚青等，1999）。有研究表明，温度影响中间球海胆的耗氧率和排氨率，在温度 15～25℃ 的范围内，海胆耗氧率和排氨率随温度的升高而增加（赵艳等，1998）。在马粪海胆（*Hemicentrotus pulcherrimus*）的研究中发现，温度显著影响（$P < 0.05$）马粪海胆摄食率，排氨率随着水温的升高呈现先增大后减小的趋势，在 15.6℃ 时马粪海胆排氨率最大（时嘉赓等，2020）。

本研究发现，中间球海胆不同发育阶段耐受的温度也有所不同，在其他海洋生物研究中也有相似的发现。中间球海胆壳径越大，其生长的最适温度和耐受极限温度越低。其中，壳径 2cm 中间球海胆最适生长温度为 16.1℃，壳径 4cm 和 6cm 的中间球海胆最适生长温度分别降至 15.2℃和 13.6℃；壳径 2cm 中间球海胆耐受极限高温 25.1℃高于壳径 4cm 和 6cm 中间球海胆生长的极限高温 24.5℃和 21.0℃。壳径 4cm 和 6cm 为性成熟的中间球海胆，当生物性成熟后，由于高温引起的生物有氧代谢能力减弱，用于生产配子的额外能量消耗导致耐热性降低（Collin *et al.*，2016），预计这会导致生物耐受性的下降。此外，高温影响性激素的生产和释放直接损害性腺的发育，因此体型越大的海胆对高温的耐受性越低。

（二）不同温度下中间球海胆生长预测模型

利用统计学方法分析环境因子对生物的影响并建立预测模型，不仅可以解析生物的生长规律，还可以预测环境因子变化对生物生长的影响。以往关于环境因素影响海洋生物生长的研究中，大多仅对实验结果进行简单的显著性统计分析，鲜有开展相关模型构建及预测工作。本节基于不同温度下不同壳径中间球海胆生长监测数据，利用多项式拟合和响应曲面法，建立不同温度条件下中间球海胆生长预测模型，查明不同壳径中间球海胆最适生长温度和极限温度，有助于深入研究温度与中间球海胆生长的相关性。

本研究所设置的五个温度梯度，基本覆盖了中间球海胆养殖水温的波动范围。选取三种壳径中间球海胆，分别代表了稚胆、成胆和种胆三种不同的生长阶段。在水温与鱼类生长相关性研究中，大部分模型可以用二次曲线或其他多元回归方程来表示（宋超等，2014）。在本节中，中间球海胆生长对不同温度的响应均可用二次回归曲线进行拟合。笔者建立的不同温度对三种壳径中间球海胆生长预测模型，以及温度和壳径对中间球海胆增重率预测模型，R^2 分别为 0.979 9、0.987 8、0.958 0 和 0.936 9，构建模型 R^2 均大于 0.936 9，表明模型有效性在 93.69％以上。中间球海胆在海区养殖环境条件复杂，实验室养殖数据构建模型一般有较大局限性，通过验证实验，实际增重率与理论增重率吻合度也高于 91.99％。本模型能较好预测工厂化养殖中间球海胆生长对温度的适应趋势，可为中间球海胆工厂化养殖提供一定的理论依据。

下篇

海胆行为在水产养殖上的应用

XIAPIAN

HAIDAN XINGWEI ZAI SHUICHAN

YANGZHI SHANG DE YINGYONG

第七章 摄食行为在海胆养殖上的应用

第一节 投喂方式对中间球海胆摄食、生长和性腺发育的影响

我们假设日间和夜间两种不同的摄食方式会影响中间球海胆的食物消耗、生长和性腺生成。进行了以下六项研究来验证：①中间球海胆的食物消耗在日间和夜间摄食方式之间是否有显著差异；②连续和间歇投喂方式是否显著影响中间球海胆的摄食量，以及中间球海胆的日摄食量是否依赖于个体大小；③与连续喂养相比，昼夜间歇性喂养是否显著影响中间球海胆的生长；④与连续喂养方式相比，昼夜间歇期喂养方式是否显著影响中间球海胆的性腺产量；⑤昼间和夜间摄食条件下，中间球海胆的性腺湿重和性腺指数是否存在显著差异；⑥昼夜间歇投喂方式是否适合于中间球海胆的养殖。

一、材料和方法

（一）海胆

海胆由种胆混交产生，在自然光周期下，以 $5 \times 10^3 \, g/m^3$ 的密度在大连海洋大学农业农村部北方海水增养殖重点实验室进行 16 个月的实验室培养，随机选 540 只海胆个体。用数字卡尺测量了海胆的测试直径，并将海胆分为三个不同的大小等级（mean±SE）：尺寸等级 1（S1），（30.13±0.08）mm；尺寸等级 2（S2），（23.44±0.07）mm；尺寸等级 3（S3），（14.84±0.06）mm。

我们将 540 只个体放入 36 个笼子中（每个笼子 15 只）。笼子的尺寸是 30cm（长）×20cm（宽）×40cm（高）。对于 4 种喂养方案和 3 种尺寸都设置了 3 个笼子（每个包含 15 个海胆个体）。它们随机分布在几个水箱里。虽然没有使用独立的水源，但独立的笼子和相对较低的密度使得海胆之间没有相互作用。各体型组间的直径和体重均无显著差异（$P > 0.05$）。所有个体均在中

国大连海洋大学农业农村部北方海水增养殖重点实验室自然光周期下进行室内培养，实验期为 12 周，培养条件为海水温度（9～12℃）、盐度（30～31）和 pH（7.9～8.1）。

（二）养殖方式

使用了 4 种喂食方案：白天投喂（日间）或晚上投喂（夜间），连续喂食和间歇喂食。在连续喂食方案中，海胆被喂食过量的海带，但每天都更换喂养组海胆的食物。在夜间的饲养方案中，在傍晚时将海带放入笼子中，黎明时取出；在日间饲养方案中，在黎明时将海带放入笼中，在傍晚时取出。在每日间歇方案中，海胆每隔 1d 喂食。在喂食和更换食物时，尽量减少对海胆的干扰和伤害。

（三）摄食量

在每个喂食方案中提供已知重量的海带。在喂食期结束时，将未食用的海带取出，重新称重以计算消耗的海带量。

（四）生长

每周用电子秤称重海胆。

（五）性腺湿重和性腺指数

在研究结束时，随机收集每组中每种尺寸的 15 只海胆（每笼 5 只），取出生殖腺并称重。性腺指数（GI）计算见公式：

$$GI = W_g / W_w \times 100\% \qquad (7-1)$$

式中，W_g 表示性腺湿重，W_w 表示湿重。

（六）统计分析

所有变量都是使用 Excel for Windows XP 计算的。原始数据显示正态分布和方差齐性。用 SPSS 16.0 统计软件进行单向重复测量 ANOVA，以检测不同大小海胆在不同摄食方式下食物消耗和生长的差异。采用单因素方差分析检测日摄食量、性腺湿重和性腺指数。然后进行邓肯多重比较。$P < 0.05$ 的概率被认为具有统计学意义。

二、结果

在实验期间，3 种尺寸海胆的每日食物消耗量不规则（图 7-1～图 7-3）。投喂方式显著影响了大、小体型海胆的摄食量。然而，在中等大小的海胆中，不同的摄食方式并没有显著的差异。平均每日食物消耗的统计分析显示了类似的结论（图 7-4）。在大尺寸海胆中，连续喂食的海胆消耗的食物显著多于白天或隔天喂食的海胆，但没有显著多于晚上喂食的海胆。小海胆在连续摄食模式下消耗的食物明显多于其他摄食模式。所有体型海胆在白天或晚上进食的食物量没有显著差异。

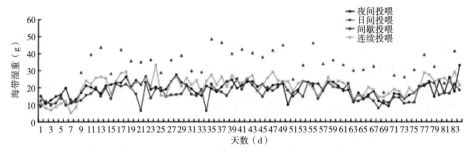

图 7-1 不同摄食状态下大型海胆平均日摄食量

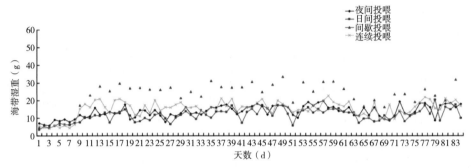

图 7-2 不同摄食状态下中型海胆平均日摄食量

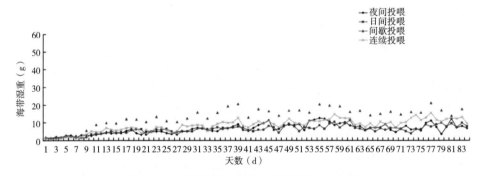

图 7-3 不同摄食状态下小型海胆平均日摄量

海胆在 4 种摄食方式下的生长（湿重）如图 7-5 所示。单因素方差分析显示，在所有体型海胆的喂养方案之间没有显著差异（$P>0.05$）。

在大型和小型海胆中，连续喂食的海胆生殖腺湿重显著高于间歇喂食的海胆（$P<0.05$，图 7-6）。然而，中等体型的海胆性腺湿重无显著差异（$P>0.05$）。在所有体型海胆中，性腺湿重在夜间和日间的摄食方式之间没有显著差异（$P>0.05$）。在大型和小型海胆中，连续投喂的海胆的性腺指数高于间歇投喂的海胆（$P<0.05$，图 7-7）。然而，在中等体型海胆中，连续投喂的海胆的

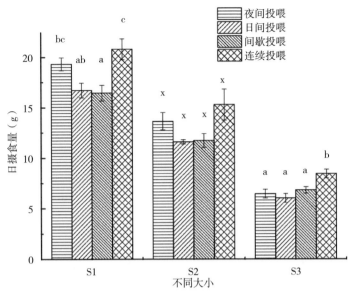

图 7-4　不同摄食状态下不同大小海胆的平均日摄食量

根据邓肯多重比较，在每个大小类别中，不同的字母表示显著差异

性腺指数与间歇性投喂的海胆无显著差异（$P > 0.05$）。在所有大小级别的海胆中，性腺指数在夜间和白天的摄食方式之间没有显著差异（$P > 0.05$）。

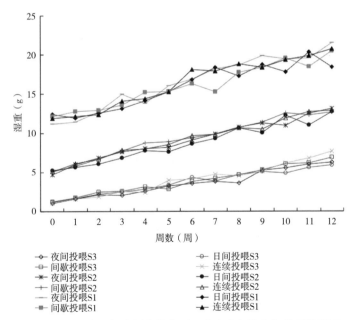

图 7-5　连续和间歇摄食状态下三种大小规格海胆的平均湿重

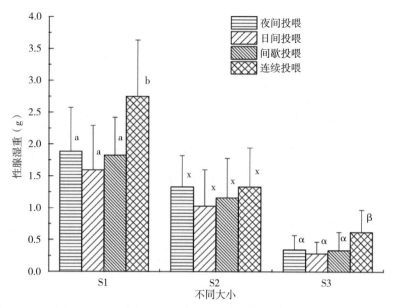

图 7-6　连续和间歇摄食状态下三种大小海胆性腺湿重状态（mean±SD，$n=15$）
根据邓肯多重比较，在每个大小类别中，不同的字母表示显著差异

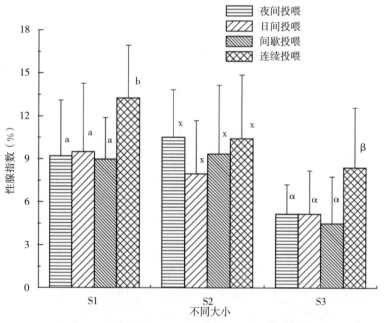

图 7-7　连续和间歇投喂方式下三种大小海胆的性腺指数（mean±SD，$n=15$）
在每个大小类别中，根据邓肯多重比较，不同的字母表示显著差异

三、讨论

由于夜间活动频繁和负趋光性的摄食行为，中间球海胆被认为在夜间有更高的食物消耗量（Fuji，1967；Chang et al.，2004），然而，尚不清楚更多的夜间进食是否有利于其生长和性腺发育。缺乏关于摄食、摄食量、生长和性腺表现的信息极大地限制了我们对海胆摄食行为的了解，从而阻碍了海胆养殖业的发展。据我们所知，本研究首次报道了日间和夜间喂养制度对养殖中间球海胆摄食、生长和性腺性能的影响。Fuji（1967）研究发现，海胆在光照 1d 后，在晚上更活跃地进食。在本研究中，与我们的预期相反，在实验室培养条件下，我们没有发现夜间和白天的摄食方式对中间球海胆的摄食、生长和性腺发育产生显著影响。这些结果表明，至少在实验室条件下，中间球海胆不存在昼夜节律，这在一定程度上打破了我们以前认为中间球海胆是夜间活动的海洋生物的想法（Fuji，1967）。本研究的结果与 Lawrence and Hughes-Games（1972）和 Vaitilingon 等人（2003）的观点相一致，他们通过分别测量冠海胆（*Diadema antillarum*）和白棘三列海胆（*Tripneustes gratillacc*）的肠道，记录了推测的夜间进食节律与活动的关系。这些观察表明海胆在白天和晚上都能活动。Fuji（1967）观测只持续了 2d，没有直接指出海胆的近期状况。非常明亮的光线和光线强度的突然变化可能会抑制进食。对海胆昼夜节律的不同观察结论是因为海胆能够学会将光与捕食联系起来。因为了解到了这种光与捕食的潜在联系，夜间和白天的摄食方式可能会对野生海胆产生影响。这将丰富我们对海胆摄食的理解，并为中间球海胆的养殖提供直接应用参考。

在对紫海胆（*P. lividus*）的研究中，McCarron 等人（2009）指出，即使在食物持续可得、环境条件不变的情况下，海胆也不一定会持续摄食。然而，在目前的研究中，我们发现大海胆和小海胆在连续摄食模式中的摄食量明显高于间歇摄食模式。这与 Lawrence 等（2003）的研究相一致。这表明，当食物总是可获得时，中间球海胆会连续进食。这增加了我们对中间球海胆摄食习性的了解，并强调了底播中间球海胆导致大型藻类栖息地退化和荒漠化的潜在风险。

在本研究中，每日食物消耗量在 12 周的实验期内不规则波动。这些结果表明中间球海胆的摄食行为不依赖于大小和摄食方式。补偿性生长是指动物在食物限制后恢复到完全定量时生长率的增加（Weatherley and Gill，1981；McCarron et al.，2009）。这种现象在不同食物限制时期的海洋生物中经常出现（Dobson and Holmes，1984；Quinton and Blake，1990；Jobling and Koskela，1996；LaMontagne et al.，2003；Tian and Qin，2003；Känkänen and Pirhonen，2009；Stefansson *et al.*，2009）。然而，补偿性生长及其在水产养殖中的潜在应用尚未在商业养殖海胆中进行研究。由于喂食间隔很短，在本研究中没有观察到补偿性生长。这可能是由于实验的持续时间有限和食物限制的时间很短。

在目前的研究中，我们发现连续和间歇喂养的海胆湿重没有显著差异。然而，McCarron 等人（2009）研究发现，在紫海胆中，每周间歇投喂不会显著影响大型海胆的体重，但会显著影响小型和中型个体的体重。这种分歧可能是由于不同的饲养间隔和物种造成的。在本研究中，间歇投喂显著影响海胆的性腺发育。连续投喂的大、小型海胆性腺湿重或性腺指数显著大于间歇投喂的海胆。然而，在不同的投喂方式下，海胆的体重并没有显著的差异。这与前一种观点一致，即食物可获得性频率的降低导致更大比例的食物用于维持，而更少的食物用于性腺生产（Lawrence *et al.*，2003）。目前对中间球海胆的研究支持 McCarron 等（2009）的研究结论。这种间歇进食方式降低了海胆生殖腺的产量。然而，在连续投喂和间歇投喂的海胆之间，性腺湿重和性腺指数没有显著差异。这是一个非常奇怪的结果。McCarron 等（2009）也发现了类似的现象。在他们的研究中，性腺湿重和指数在连续和间歇喂养的中等大小海胆之间没有显著差异，连续喂养的海胆比间歇喂养的海胆略高。然而，McCarron 等（2009）并没有对这种奇怪的现象提供任何解释。我们也无法解释它。因此，有必要进行进一步的研究，以提供更多的信息来证实或否定 McCarron 等（2009）和本研究发现的奇怪现象。我们知道，目前的研究只涉及实验室条件下的海胆。没有证据表明实验室培养的海胆是否有天生的夜间行为。因此，应该对野生采集的海胆进行进一步的研究，以便与目前的研究进行比较，从而更好地了解海胆的摄食行为。

第二节　马尾藻和海带对中间球海胆夏季存活、生长和抗逆性的影响

投喂马尾藻的中间球海胆性腺产量显著低于投喂海带的海胆，而低性腺产量通常导致较低的性腺配子形成（常亚青等，2004）。因此，笔者推测马尾藻或许能防止海胆性早熟，进而提高其能量储备。本研究主要探究：①与投喂海带相比，马尾藻能否降低中间球海胆的死亡率和患病率；②与投喂海带相比，马尾藻能否延缓中间球海胆性腺的发育；③马尾藻和海带能否提高中间球海胆在不利水温的抗逆性。

一、材料和方法

（一）海胆

2019 年 7 月 9 日，随机挑选 300 只实验用健康中间球海胆（壳径约为 3cm）从大连黄泥川养殖场运往大连海洋大学农业农村部北方海水增养殖重点实验室。海胆被暂养在带有循环系统的玻璃水箱（长×宽×高：180cm×100cm×80cm）中，曝气并投喂海带一周，使其适应实验室环境。每天测量水质参数和水温，暂养期间水温为（23.55±0.07）℃，盐度为 33.76±0.04。实验前均饥饿一周使其营养水平趋于一致，并在实验开始前评估其初始壳径和体重（$n=20$）。

（二）营养成分分析

使用凯氏定氮法（陈智慧等，2008）、粗纤维酸碱消煮法（程竟竟，2016）、索尔提取法（张江荣等，2012）及灼烧重量法（程竟竟，2016）分别测定藻类中粗蛋白、粗纤维、粗脂肪和总灰分的含量（$n=3$）。

（三）实验设计一

海胆足量投喂干马尾藻（实验组）和干海带（对照组）约 9 周（2019 年 7 月 23 日至 2019 年 9 月 25 日）。根据实验设计，每组随机选择 100 只健康海胆，放入装有循环系统的水槽（长×宽×高：150cm×100cm×60cm）单独的圆柱形笼子中（长×宽×高：10cm×10cm×20cm；网眼尺寸为 1.5cm）。患病海胆及时从水槽中移除以避免潜在的疾病传播。水温为自然水温，试验期间变化范围为 21.3~25.6℃。每周测量水质，盐度为 31.69~32.13。每天更换一半新鲜海水。

（四）生存

海胆黑嘴病表现为其围口膜变黑（图 7 - 8a）并伴随吸附及摄食能力的下降（李太武等，2000）。患有红斑病的海胆体壁出现红色、紫色或黑色斑点，棘刺掉落（Wang et al.，2013）（图 7 - 8b），斑点扩大引起体壁溃烂最终导致海胆死亡（Zhang et al.，2019）。未表现出患病症状的海胆如图 7 - 8c 所示。实验期间及时记录存活和患病海胆数量。

（五）摄食量

实验期间连续 6d 测定海胆摄食量（2019 年 8 月 7—12 日）。记录总投喂食物量和总残饵重量后，从中取部分样品在 80℃下烘干 4d，再次称重获取干重（$n=5$）（Zhang et al.，2017）。摄食量的计算公式如下（Zhao et al.，2016）：

$$F = (W_1 - W_1 \times \frac{B_s - B_u}{B_s}) - (W_2 - W_2 \times \frac{C_s - C_u}{C_s}) \quad (7 - 2)$$

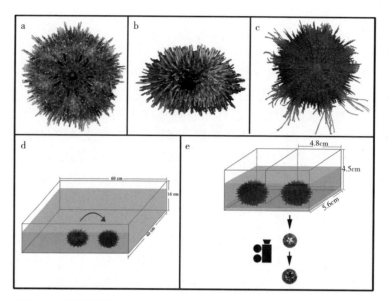

图 7-8　海胆黑嘴病（a），红斑病（b），未患病的外部表现（c），评
估海胆翻正行为（d）和口器咬合行为（e）的实验装置

式中，F 表示干食物消耗量（g），W_1 表示总投喂食物湿重（g），W_2 表示
总残饵湿重（g），B_s 表示投喂样品湿重（g），B_u 表示投喂样品干重（g），
C_s 表示残饵样品湿重（g），C_u 表示残饵样品干重（g）。

（六）生长

实验结束后使用游标卡尺（Mahr Co.，Ruhr，Germany）测量壳径和口
器长；电子天平（JJ1000，G & G Co.，USA）测量口器重、体重和肠重。

特定生长率（SGR）的计算公式如下：

$$SGR = \frac{\ln P_2 - \ln P_1}{D} \times 100\%　　　　　（7-3）$$

式中，SGR 表示特定生长率，P_2 表示末体重，P_1 表示初始体重，D 表示
实验时间。

（七）性腺产量

实验结束后评估两组海胆的性腺重量（$n=6$）。性腺指数根据下列公式计算：

$$GI = \frac{GW}{BW} \times 100\%　　　　　（7-4）$$

式中，GI 表示性腺指数，GW 表示性腺重，BW 表示体重。

（八）性腺发育

取每组海胆性腺保存在 Bouin 溶液中（苦味酸饱和液：甲醛：冰醋酸＝15：
5：1）48 h（$n=6$）。采用标准切片技术（包括包埋、脱水、切片、染色等）

制作性腺切片（Johnstone et al., 2019）。按照生殖细胞和营养吞噬细胞所占比例的情况将性腺发育分为六个阶段：第Ⅰ期，恢复期；第Ⅱ期，生长期；第Ⅲ期，部分成熟期；第Ⅳ期，成熟期；第Ⅴ期，部分排放期；第Ⅵ期，排放期（Byrne，1990；Laegdsgaard et al., 1991；King et al., 1994）。

（九）实验设计二

实验Ⅱ共持续四周（2019年9月25日到10月23日）。实验Ⅰ结束后，从两组中随机选择80只健康海胆放入控温水槽（长×宽×高：77.5cm×47.0cm×37.5cm）单独的塑料笼中（长×宽×高：5cm×10cm×10cm）曝气。将水温维持在23.5℃两周（实验Ⅰ的平均水温），投喂实验Ⅰ使用的食物。暂养期间盐度为32.44～32.64。每天更换一半新鲜海水。

随后，为了研究两种藻类对海胆在水温缓升时的抗逆情况，每组挑选40只海胆放入控温水槽中单独的塑料笼中，曝气处理。根据2017年和2018年黑石礁海域夏季的水温记录（图7-9），将实验水温逐渐以每天0.5℃的速率从23.5℃上升到26.5℃，并维持在26.5℃一周。升温结束后评估海胆翻正、管足伸出和口器咬合行为。

类似地，为了评估两种藻类能否提高海胆在水温骤变情况下的抗逆性，各组随机挑选40只海胆放置在控温水槽单独塑料笼中，曝气处理，水温设置在23.5℃。另一个控温水槽将水温设置为15℃。为了模拟夏季大连海洋岛近岸海域水温变化情况，将海胆直接从23.5℃放入到15℃，并在15℃中维持1h，随后又快速放回23.5℃中并维持1h。如此循环4个周期后，观察海胆翻正、管足伸出和口器咬合行为。

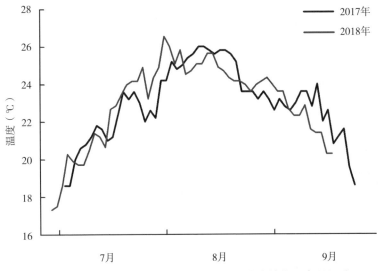

图7-9　2017年和2018年夏季大连黑石礁海域的日水温记录

（十）翻正行为

海胆被口面朝上放置在水槽的底部（长×宽×高：60cm×40cm×16cm，图7-8d）。翻正响应时间指的是海胆纠正自己姿势变为口面朝下所耗费的时间。记录海胆10min内翻正响应时间（Chi *et al.*，2020）。若海胆未能在10min矫正自身的姿势，则翻正时间被记录为600s（*n*=15）。

（十一）管足伸出行为

海胆放入盛有新鲜海水的水槽（长×宽×高：12cm×10cm×10cm）中约5min（尤凯等，2003）（*n*=15）。由一个熟悉管足伸出行为的五人团队对海胆管足伸出情况进行客观评估。评估管足伸出方法在尤凯等（尤凯等，2003）的实验基础上略作了修改，根据管足伸出的数量和长度，分为以下等级：1级，极度异常（管足不伸出）；2级，严重异常（伸出的管足数量极低，长度极短）；3级，中度异常（伸出的管足数量少，长度短）；4级，轻度异常（伸出的管足数量和长度均略有减少）；5级，正常（伸出的管足数量和长度正常）。

（十二）口器咬合行为

一个具有多个隔间（长×宽×高：4.8cm×5.6cm×4.5cm），底部有食物膜的装置被用来评估口器咬合行为（Ding *et al.*，2020）。为了避免海胆对食物的偏好性带来的潜在影响，食物膜采用第三方食物（约2.5g琼脂和50mL海水混合）。使用数码相机（Canon Co.，Shenzhen，China）记录5min内海胆口器咬合的次数（在水温缓升情况下，马尾藻组 *n*=7，海带组 *n*=10；在水温骤变情况下，两组 *n*=10；图7-8e）。

（十三）统计分析

采用Kolmogorov-Smirnov test和Levene test方法检验数据的正态分布和方差齐性。两组海胆存活和患病情况的差异采用Fisher's exact test比较。摄食量采用单向单因素重复度量分析。Kruskal-Wallis test分析不同温度变化下两组海胆翻正和管足伸出行为，以及在温度骤变下口器咬合行为的差异。独立样本 t 检验比较海胆初始和实验结束时的状况。直径、湿重、特定生长率、口器长、口器湿重、肠道湿重、性腺指数和温度缓升情况的口器咬合行为均采用独立样本 t 检验进行比较。使用SPSS 19.0统计软件完成上述数据分析。$P<0.05$ 被认为差异显著。

二、结果

（一）营养成分分析

马尾藻中的粗蛋白含量 [（186.33±2.66）g/kg] 和粗脂肪含量 [（10.00±4.36）g/kg] 与干海带中的粗蛋白含量 [（210.50±6.15）g/kg，$t=1.240$，$P=0.283$] 和粗脂肪含量 [（6.00±2.83）g/kg，$t=1.315$，$P=0.259$] 无

显著差异。马尾藻中粗纤维素的含量［（46.67±6.80）g/kg］和灰分含量［（13.94±4.02）g/kg］显著高于海带中粗纤维素含量［（31.50±9.19）g/kg，$t=2.910$，$P=0.044$］和灰分含量［（1.95±0.39）g/kg，$t=5.128$，$P=0.007$］。

（二）生存

食物未显著影响中间球海胆死亡率（$\chi^2=0.116$，$P=1.000$，表7-1）。投喂马尾藻的中间球海胆比投喂海带的中间球海胆患病率更低（$\chi^2=4.421$，$P=0.036$，表7-1）。

表7-1 中间球海胆在不同投饲处理组夏季生存统计分析情况

项目	马尾藻	海带	χ^2	P
存活数（只）	96	95		
			0.116	1.000
死亡数（只）	4	5		
患病数（只）	8	18		
			4.421	0.036
未患病数（只）	92	82		

注：$P<0.05$ 为差异显著。

（三）摄食量

中间球海胆摄食马尾藻量［（1.12±0.29）g/（只·d）］显著多于摄食海带量［（0.14±0.08）g/（只·d），$P<0.001$，图7-10］。

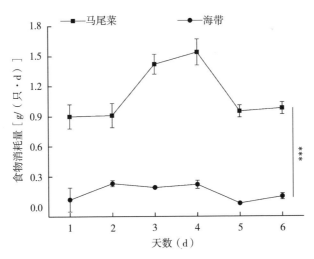

图7-10 中间球海胆连续6d的食物消耗量（平均值±标准差，$n=5$）
***表示 $P<0.001$

（四）体尺生长

与初始体尺相比，两组壳径均显著增加（马尾藻组：$t=4.272$，$P<0.001$；海带组：$t=5.791$，$P<0.001$），然而体重却无显著增长（马尾藻组：$t=1.784$，$P=0.081$；海带组：$t=1.002$，$P=0.321$）。

9周后，投喂马尾藻的中间球海胆的壳径和体重 [壳径（30.09±2.93）mm；体重（9.86±2.34）g] 与海带组海胆壳径 [（30.19±1.87）mm，$t=0.162$，$P=0.872$] 和体重无显著差异 [（9.21±1.48）g，$t=1.237$，$P=0.223$]。

（五）特定生长率

两组之间的特定生长率（SGR）无明显差异 [马尾藻组（0.188±0.189），海带组（0.080±0.192）；$t=0.891$，$P=0.399$]。

（六）肠道生长

两组之间肠重差异不显著 [马尾藻组（0.19±0.05）g，海带组（0.13±0.05）g；$t=1.900$，$P=0.087$]。

（七）口器生长

马尾藻组口器长 [（7.88±0.74）mm] 和重量 [（0.46±0.05）g] 与海带组的口器长 [（7.97±0.34）mm，$t=0.275$，$P=0.789$] 和口器重 [（0.40±0.06）g，$t=2.036$，$P=0.069$] 无显著差异。

（八）性腺生长

与初始组相比，两组之间性腺重（马尾藻组：$t=0.197$，$P=0.846$；海带组：$t=0.491$，$P=0.631$）和性腺指数（马尾藻组：$t=0.281$，$P=0.783$；海带组：$t=0.435$，$P=0.670$）均无显著差异。

实验结束后，两组之间性腺湿重 [马尾藻组（0.58±0.45）g，海带组（0.63±0.35）g；$t=0.195$，$P=0.850$] 和性腺指数 [马尾藻组（5.83±1.90）%，海带组（7.17±1.40）%；$t=0.564$，$P=0.585$] 也无显著差异。

（九）性腺发育

9周后投喂马尾藻的中间球海胆性腺均进入生长期（第Ⅱ期）。然而海带组中间球海胆中83.33%的个体性腺已进入部分成熟期（第Ⅲ期），只有16.67%海胆进入生长期（第Ⅱ期）。

投喂马尾藻海胆的性腺中，初级卵母细胞只附着在卵巢的滤泡壁上（图7-11a），且精子只出现在睾丸的滤泡壁（图7-11b）。而海带组海胆性腺卵母细胞脱离细胞壁，逐渐取代滤泡腔内丰富的营养吞噬细胞（图7-11c）。同时，长度约为2 μm的嗜碱性精子群出现在滤泡壁和睾丸滤泡腔中（图7-11d）。

（十）温度缓升对抗逆性的影响

在温度缓升情况下，两组海胆的翻正时间 [马尾藻组（89.3±57.6）s，

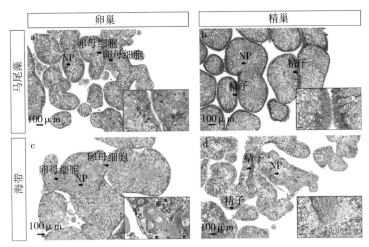

图 7 - 11　不同投饲处理 9 周后，中间球海胆卵巢（a、c）和精巢（b、d）情况

海带组（74.9±48.5）s，Kruskal-Wallis $H=1.182$，$P=0.277$，图 7 - 12a]和管足延伸率未发现显著差异[马尾藻组（3.32±0.93），海带组（3.55±0.90），Kruskal-Wallis $H=3.814$，$P=0.051$，图 7 - 12b]。然而马尾藻组海胆口器咬合频率 [（4.40±0.95）次/min] 显著高于投喂海带组 [（2.49±1.39）次/min，$t=3.343$，$P=0.003$，图 7 - 12c]。

(十一) 温度骤变对抗逆性的影响

投喂马尾藻的中间球海胆的翻正响应时间 [（78.9±49.9）s] 显著高于海带组 [（38.6±11.6）s，Kruskal-Wallis $H=17.149$，$P<0.001$，图 7 - 12d]。海带组管足延伸率（3.96±1.05）和口器咬合频率 [（4.04±1.87）次/min] 显著高于马尾藻组 [管组延伸率（2.94±1.27），Kruskal-Wallis $H=33.872$，$P<0.001$，图 7 - 12e；口器咬合频率（2.44±1.94）次/min，Kruskal-Wallis $H=6.281$，$P=0.012$，图 7 - 12f]。

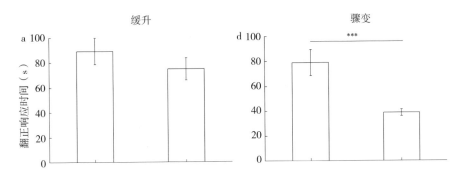

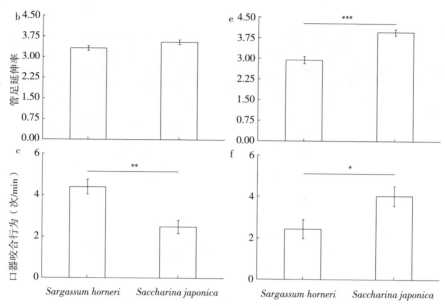

图 7-12　在不同水温环境下两组海胆的翻正响应时间（平均值±标准差，$n=15$；
　　　　a，d），管足延伸率（平均值±标准差，$n=15$；b，e）和口器咬合行为
　　　　（平均值±标准差，在水温缓升情况下，实验组 $n=7$ 和对照组 $n=10$；
　　　　c）；在水温骤变情况下两组（$n=10$；f）
　　　　"*""**""***"分别表示 $P<0.05$ 和 $P<0.01$ 和 $P<0.001$

三、讨论

细菌性疾病，如黑嘴病和红斑病的发生，极大降低了中间球海胆的生产效率（常亚青等，2004；Lawrence et al.，2019；Zhang et al.，2019）。本节发现与海带组相比，投喂马尾藻的中间球海胆患病率更低。马尾藻中富含多糖等成分（Wen et al.，2016），而致病细菌的细胞壁也含有多糖，这可能刺激了中间球海胆的先天免疫系统（Uribe et al.，2011；Skjermo et al.，1995；Cheng et al.，2007），提高了其免疫力从而降低患病率。这表明投喂马尾藻可能是预防中间球海胆夏季发病的有效途径之一。

在筏式养殖生产中，海胆从受精卵发育到可出售的成体（壳径大于5cm）不可避免地须度过至少一个夏季（Lawrence et al.，2019；Zhang et al.，2027）。在小海胆阶段，重要的是体尺的生长，而不是性腺的过早发育（Lawrence，1975）。性早熟会极大消耗储存的能量，使海胆生长缓慢（Hu et al.，2020；Hammer et al.，2004）甚至死亡。本研究表明，投喂马尾藻的中间球海胆比海带组性腺发育更为缓慢。饮食蛋白被认为是影响海胆性腺发育的

直接原因（Hu et al.，2020；Kelly et al.，1998），然而两种藻类中粗蛋白浓度并无显著差异。这表明海胆的性腺发育可能存在其他的营养因素调控。综上所述，本研究表明马尾藻能有效避免中间球海胆性腺早熟，利于其能量的储蓄。

此外，筏式养殖的中间球海胆需要在夏季有更强的抗逆性。由神经肌肉系统的协调所产生的行为活动（De and Lawrence，1982；Kleitman，1941），与海胆的适应度有极大的关联（Ling and Johnson，2012）。水温显著影响着神经肌肉活动。例如，紫球海胆在水温升高情况下吸附力下降（Percy，1974）。本节首次发现不同种类的藻类对于海胆在逐渐升高和剧烈变化情况下的水温下的行为表现有着不同的影响。具体来说，在水温逐渐升高的环境下，马尾藻组比海带组海胆的口器咬合行为更好。口器咬合行为代表了海胆使用口器捕获和咀嚼食物的能力（Ding et al.，2020），通常被作为评价其摄食能力的指标。一致的，投喂马尾藻的中间球海胆比投喂海带摄食量更高。本研究说明马尾藻能提高中间球海胆对高温的耐受性。而相比之下，在水温骤变情况下投喂海带的中间球海胆的翻正行为、管足伸出行为、口器咬合行为均比投喂马尾藻组表现更好。这些结果清楚表明，在夏季冷水团区域筏式养殖的海胆更适合投喂海带，因为这能降低温度骤变对海胆造成的不利影响。这可能是由于海带能降低生物体的自由基水平（Sprygin et al.，2013），改善组织缺氧，进而改善海胆的神经肌肉活动。

第三节　不同食源对中间球海胆宿主代谢特征的影响

代谢物是生物体进行消化吸收、生长发育及免疫调节等活动所产生的物质，对养殖生物生理和病理状态变化具有重要意义。为了更加深入地了解不同食源中间球海胆宿主代谢和代谢途径的变化，本研究通过非靶向代谢组学对不同食源中间球海胆肠壁组织进行分析，深入挖掘差异代谢物及差异代谢通路，并结合生物信息学分析确定了差异显著代谢物参与的代谢通路，研究结果可为中间球海胆的健康增养殖提供一定的理论参考。

一、材料与方法

（一）实验材料

本研究实验对象为辽宁省大连市旅顺口区养殖场的中间球海胆，经过冰盒运输，被送到大连海洋大学农业农村部北方海水增养殖重点实验室。在实验前暂养7d，水温为（15.0±1.0）℃，每2d投喂一次海带并换水清底，确保其适应实验环境。

（二）实验设计

选择壳径为 2.6 ～ 3.1cm 的中间球海胆作为实验对象，设置海带组（HC组）、卷心菜组（CC 组）和贻贝组（EC 组），每组分别放置中间球海胆 24 只，设置 3 个平行，在 15.0℃控温条件下实验进行 42d。2d 换水一次并吸取水槽底部粪便和残饵，实验期间未出现海胆死亡现象。

（三）样品采集

在无菌环境下，用灭菌解剖剪剪开海胆体壁，取出肠道，用无菌水冲洗干净肠壁组织，将采集到的肠壁组织置于 1.5mL 无菌离心管中，取 100mg 液氮研磨，加入 80％甲醇水溶液并涡旋震荡，将样品离心，收集上清，稀释至 53％甲醇含量，再次离心后，将上清收集并接入 LC-MS/MS 分析。

（四）不同食源中间球海胆 LC-MS/MS 检测

1. 色谱条件

色谱柱：Hypesil Gold Column（C18）；柱温：40℃；流速：0.2mL/min；正模式：流动相 A 为 0.1％甲酸；流动相 B 为甲醇；负模式：流动相 A 为 5mmol/L醋酸铵，pH9.0；流动相 B 为甲醇（表 7-2）。

表 7-2 色谱梯度洗脱程序

时间（s）	A（%）	B（%）
0	98	2
1.5	98	2
12	0	100
14	0	100
14.1	98	2
17.0	98	2

2. 质谱条件

将扫描范围设置为：m/z100-1500；ESI 源的设置包括：Spray Voltage 3.2kV；Sheath gas flow rate 40arb；Aux Gasflow rate 10arb；Capillary Temp 320℃；Polarity positive，negative；MS/MS 二级扫描为 data-dependent scans。

3. 样品质控

为了评价代谢组学分析过程中系统的稳定性，实验中通常制备若干质控样品（Quality Control，QC）。QC 样品由所有检测样品混合而成，主要作用是定量检测分析方法的稳定性和准确性以及样品制备的可重复性。在仪器分析过程中，通常是每 8～10 个样品插入一个 QC 样品，以跟踪同一样品在不同时间点测量结果的变化情况。

（五）数据处理

将原始数据导入代谢组学处理软件 Progenesis QI，使用 CD3.1 软件处理下机的 raw 原始数据，对每个代谢物进行筛选和定量，预测分子式并与数据库比对，最终得到代谢物的鉴定和定量结果。使用 PCA 和 PLS-DA 进行可视化，得到每个代谢物的 *VIP* 值，然后注释这些代谢物。使用 *VIP* 值>1，$P<$ 0.05 且 $FC \geqslant 2$ 或 $FC \leqslant 0.5$ 来筛选差异代谢物。数据处理基于 Linux 操作系统和 R、Python 软件。利用 KEGG 数据库进行差异代谢物鉴定及相关代谢通路分析。此外，应用 MBRole（http://csbg.cnb.csic.es/mbrole/）对具有显著变化的代谢物进行了 KEGG 富集分析。我们取 $P<0.05$ 作为阈值，满足这一条件的通路被定义为差异显著富集通路。用 Spearman 相关系数分析差异代谢物的含量与肠道菌群丰度之间的关系。使用 R 包 ggplot2 进行火山图和气泡图绘制。

二、结果

（一）主成分分析

为了探究不同食源中间球海胆代谢物差异，采用主成分分析方法进行分析。如图 7-13 所示，在正离子模式下，PC1 的得分为 45.69%，PC2 的得分为 34.84%；在负离子模式下，PC1 的得分为 46.58%，PC2 的得分为 40.44%。相同组样本汇聚在一起，不同组间则分散在各个象限，说明样本有较好的重复性，且组间存在显著差异（$P<0.05$）。

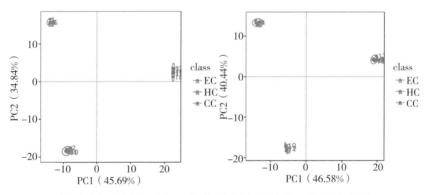

图 7-13　正离子（左）、负离子（右）所有样本的 PCA 分析

（二）偏最小二乘法判别分析

本研究进一步对不同食源中间球海胆肠道菌群代谢物构建 PLS-DA 模型，可以更好地区分组间差异，提高模型的有效性和解析能力。PLS-DA 分析显

示，在正、负离子模式下，两组样本代谢谱分离度较高。

对 PLS-DA 得分图进行置换检验，防止模型过度拟合。当 R^2 和 Q^2 越接近 1，且 $R^2Y > Q^2Y$，表明模型越稳定可靠，适合后续的数据分析（图 7 - 14）。图中在正、负离子模式下，各组样本点可以完全区分开，三种饵料间的代谢物存在差异，表明不同食源处理后中间球海胆物质代谢情况发生了明显的改变。

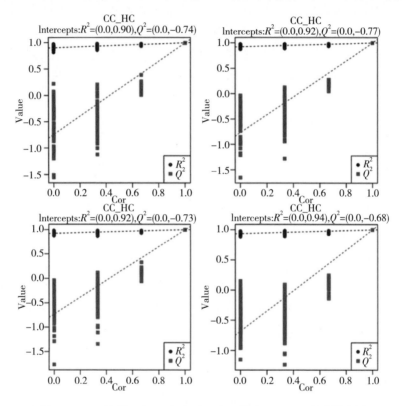

图 7 - 14　正离子（左）、负离子（右）模式 PLS-DA 得分散点图

（三）不同食源中间球海胆差异代谢物筛选

对采集的多维数据进行差异代谢物（DMs）的筛选及后续分析（表 7 - 3），通过火山图的形式对差异代谢物进行可视化（图 7 - 15），本研究采用各比较组 Top10 差异代谢物进行展示。结合 PLS-DA 模型中变量的 VIP 值（设置 VIP 值 > 1），删除两组间没有显著性差异（$P > 0.05$）的变量，寻找差异代谢物。

卷心菜组与海带组相比，卷心菜组差异代谢物主要为 N6，N6，N6-Trimethyl-L-lysine、Prolylleucine、Coniine、S-Adenosylmethionine、Phosphocholine、Valeryl fentanyl-d5、Adenosine triphosphate（ATP）、9-HpOTrE、2-Hydroxymyristic acid、8-Hydroxyguanosine 等（表 7 - 4）。

贻贝组与海带组相比，贻贝组差异代谢物具体表现为 Phenylacetylglycine、L-Threonine、Proline、L-Pyroglutamic acid、Vitamin A、D-（一）-Glutamine、L-Aspartic acid、L-Glutamic acid、Fumaric acid、Docosatrienoic acid 等（表 7-5）。其中，富集最为显著的分类分别是有机酸及其衍生物、脂质及类脂质分子、有机氧化物和有机氮化合物等。

表 7-3　差异代谢物的统计

分组	差异显著	上调	下调
卷心菜组与海带组 _ pos	296	129	167
贻贝组与海带组 _ pos	253	114	139
卷心菜组与海带组 _ neg	207	80	127
贻贝组与海带组 _ neg	203	123	80

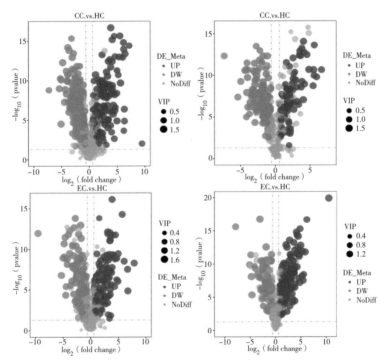

图 7-15　正离子模式（左）、负离子（右）模式差异代谢物火山图

表 7-4　正、负离子模式下卷心菜组与海带组 Top10 差异代谢物

序号	代谢物名称	质荷比	保留时间	Up/Down
1	N6，N6，N6-Trimethyl-L-lysine	189.159 6	1.285	down（pos）

序号	代谢物名称	质荷比	保留时间	Up/Down
2	Prolylleucine	229.154 1	1.855	up（pos）
3	Phosphocholine	184.073 1	14.236	down（pos）
4	Coniine	128.143 1	1.193	up（pos）
5	N6-Succinyl Adenosine	384.114 4	6.498	down（pos）
6	S-Adenosylmethionine	399.143 7	1.326	up（pos）
7	DL-Arginine	175.118 7	1.308	up（pos）
8	Prostaglandin H1	337.236 6	13.531	down（pos）
9	LPC 15：1	480.307 5	14.154	up（pos）
10	Valeryl fentanyl-d5	370.294 1	13.02	up（pos）
11	Adenosine triphosphate（ATP）	505.988 5	1.365	up（neg）
12	9-HpOTrE	309.206 7	12.738	down（neg）
13	2-Hydroxymyristic acid	243.196 4	12.552	down（neg）
14	8-Hydroxyguanosine	298.078 6	8.526	down（neg）
15	13，14-Dihydro prostaglandin E1	355.249 1	12.881	down（neg）
16	5-Hydroxytryptophan	219.077 1	5.463	down（neg）
17	Salvinorin B	389.164 1	9.878	down（neg）
18	acetyl phosphate	138.98	1.246	up（neg）
19	Eicosapentaenoic acid	301.217 5	14.184	down（neg）
20	D-Sedoheptulose 7-phosphate	289.033	1.236	up（neg）

表 7-5　正、负离子模式下贻贝组与海带组 Top10 差异代谢物

序号	代谢物名称	质荷比	保留时间	Up/Down
1	Phenylacetylglycine	194.0808	8.215	up（pos）
2	L-Threonine	120.0655	1.348	down（pos）
3	Proline	116.0706	1.392	down（pos）
4	L-Pyroglutamic acid	130.0499	1.34	down（pos）
5	Vitamin A	287.2365	14.873	down（pos）
6	Adenosine	268.1037	2.706	down（pos）
7	2-piperidinobenzoic acid	206.1171	9.533	up（pos）
8	Biotin	245.0916	10.975	down（pos）
9	Xanthurenic acid	206.0442	7.303	up（pos）

序号	代谢物名称	质荷比	保留时间	Up/Down
10	Argininosuccinic acid	291.1291	1.346	down（pos）
11	D-（—）- Glutamine	145.062	1.323	down（neg）
12	L-Aspartic acid	132.0303	1.264	down（neg）
13	L-Glutamic acid	146.0461	1.266	down（neg）
14	Fumaric acid	115.0036	1.24	down（neg）
15	Docosatrienoic acid	333.2799	15.019	up（neg）
16	D-Saccharic acid	191.0197	1.257	up（neg）
17	3-Phosphoglyceric acid	184.9855	1.191	up（neg）
18	Pentadecanoic acid	241.2173	14.414	up（neg）
19	Arachidonic acid	303.2331	14.436	down（neg）
20	Homocysteic acid	182.0128	1.398	down（neg）

（四）不同食源中间球海胆代谢通路富集分析

将鉴定到的代谢物进行功能和分类注释，如图 7-16，在正离子模式中，有 86.67% 的代谢物聚类在新陈代谢通路中，其中 23.08% 的代谢物聚类在氨基酸代谢中，9.47% 的代谢物聚类在辅助因子和维生素代谢中。负离子模式中，92.67% 的代谢物聚类在新陈代谢通路，其中 18.32% 的代谢物聚类在氨基酸代谢中，12.38% 的代谢物聚类在碳水化合物代谢中，9.41% 的代谢物聚类在脂质代谢中。这些结果表明了不同食源对中间球海胆肠道菌群代谢产生了显著影响，尤其是在菌群的新陈代谢通路中。

得到差异代谢物后，对差异代谢物进行注释。为了探索不同食源中间球海胆肠道菌群潜在代谢途径，本研究基于 KEGG 数据库对差异代谢物进行通路富集分析，进一步发现代谢物的功能表达存在差异，结果如图 7-17 所示。结果表明，多数差异代谢物富集到了氨基酸生物合成，花生四烯酸代谢，磷酸戊糖途径代谢，甘氨酸、丝氨酸和苏氨酸代谢，精氨酸生物合成，氨酰 tRNA 生物合成，2-氧羧酸代谢，精氨酸和脯氨酸代谢，乙醛酸和二羧酸代谢等通路中（$P>0.05$）。

其中，卷心菜组与海带组相比，卷心菜组中有 4 种差异代谢物参与磷酸戊糖途径（Pentose phosphate pathway）存在显著差异（$P<0.05$），差异代谢物 Gluconolactone、D-Erythrose 4-phosphate、D-Ribulose 5-phosphate、D-Sedoheptulose 7-phosphate 均表现为上调趋势。

贻贝组与海带组相比，贻贝组中有 6 种差异代谢物参与精氨酸生物合成（Arginine biosynthesis）途径存在显著差异（$P<0.05$），其富集的差异代谢物 N-Acetylornithine、Citrulline 显著上调，而 L-Glutamine、Fumaric acid、

L-Glutamic acid、L-Aspartic acid 显著下调（表 7 - 6）。

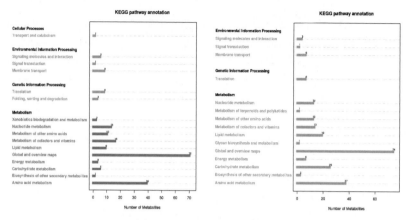

图 7 - 16　KEGG 通路注释

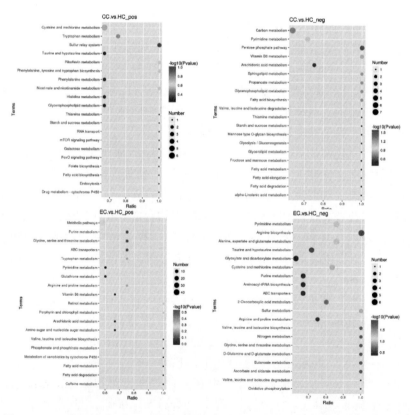

图 7 - 17　正离子模式（左）、负离子模式（右）差异代谢物的代谢通路富集分析

表7-6　差异显著富集的代谢通路内代谢物调节情况

代谢通路	分组	代谢物
Pentose phosphate pathway	卷心菜组与海带组	Gluconolactone（↑）、D-Erythrose 4-phosphate（↑）、D-Ribulose 5-phosphate（↑）、D-Sedoheptulose 7-phosphate（↑）
Arginine biosynthesis	贻贝组与海带组	N-Acetylornithine（↑）、Citrulline（↑）、L-Glutamine（↓）、Fumaric acid（↓）、L-Glutamic acid（↓）、L-Aspartic acid（↓）

三、讨论

肠道是生物体内重要的器官之一，参与生物体内营养物质的合成代谢，还能够调节免疫系统反应。为了研究不同食源对中间球海胆肠道菌群代谢功能的影响，本研究采用液相色谱-质谱联用的方法对不同食源的中间球海胆肠壁组织代谢产物变化进行了全面解析。研究结果表明，不同食源的中间球海胆肠道代谢通路表现出不同的代谢表型模式。

本研究通过对卷心菜组与海带组代谢通路富集可知，磷酸戊糖途径具有显著差异性，其中D-葡萄糖4-磷酸（D-Erythrose 4-phosphate）、D-核酮糖5-磷酸（D-Ribulose 5-phosphate）等作为核心代谢物在卷心菜组显著富集，均同时表现为上调。中间球海胆在生长过程中对碳水化合物、蛋白质和脂类物质需求各不相同，这些营养物质对于养殖生物生长发育起着重要作用。磷酸戊糖途径是生物体中普遍存在的一条糖分解代谢途径，同时还可为芳香族氨基酸合成提供赤藓糖（Erythritol）（李斌，2006）。有研究发现，赤藓糖醇通过三种新的异构酶转化为 D-Erythrose 4-phosphate 参与磷酸戊糖途径，并且 D-Erythrose 4-phosphate 也参与碳水化合物代谢途径（Barbier et al.，2014）；D-Ribulose 5-phosphate 作为磷酸戊糖途径中的中间体和产物，经过氧化阶段以及异构化成为核糖-5-磷酸（Ribose 5-phosphate），D-Ribulose 5-phosphate 可能对 Ribose 5-phosphate 异构酶缺乏的病理生理学有影响。结果表明，中间球海胆以卷心菜为食物来源时，其对糖类的消化代谢显著提升，从而促进其健康生长发育。

氨基酸是机体必需的营养物质，可维持正常生理功能，其分解代谢最终会转变为糖和脂肪，进入三羧酸循环，释放出能量，可以满足机体需要，促进生长。肠道中氨基酸的种类、结构和数量可以影响肠道健康和微生物组成，水解消化释放的肽和糖肽为肠道微生物提供代谢底物，并调节肠道细胞以及微生物群落的状况和活性。本研究中，贻贝组与海带组相比，精氨酸生物合成（Arginine biosynthesis）途径存在显著差异。其中L-谷氨酰胺（L-Glutamine）

和 L-谷氨酸（L-Glutamic acid）等作为核心代谢物显著富集，且均表现为下调模式。精氨酸（Arginin）是生物体内的一种半必需碱性氨基酸，在代谢过程中起着非常重要的作用。精氨酸生物合成途径一共有两条，其中一条途径就是谷氨酸合成途径。利用膳食补充 L-Glutamine 调节小鼠肠道微生物群落和激活其先天免疫的研究发现，补充 L-Glutamine 有利于改善肠道细菌群落，并通过 NF-κB、MAPK 和 PI3K-Akt 信号通路激活小肠的天然免疫（Ren *et al.*，2014）。L-Glutamine 不仅是一种氮源，同时也能提供碳源。它可以通过糖异生作用被转化为葡萄糖，从而提供能量，参与消化道黏膜黏蛋白的合成，维持肠道黏膜上皮的完整性，还具有重要的免疫调节作用。此外，谷氨酰胺还能参与合成谷胱甘肽，提高机体的抗氧化能力。总的来说，L-Glutamine 在代谢中扮演着非常重要的角色，在促进蛋白质代谢、改善机体代谢和氮平衡等方面都有积极的作用，能够提高机体免疫力和抗氧化能力（高小琴，2012）。L-Glutamic可以参与脑内蛋白质和糖的代谢，能以带电荷的侧链基团螯合金属离子，具有抗氧化活性（Chen *et al.*，1996）。在饵料贻贝的影响下，中间球海胆肠道代谢物的精氨酸生物合成途径下调，其营养物质消化吸收、新陈代谢方面可能受到一定程度的影响。

本研究发现食性变化时中间球海胆肠道代谢谱发生显著改变，由此可见不同的食源对中间球海胆肠道菌群代谢产物具有一定影响，对其生长发育也产生重要作用，本研究结果为不同食源中间球海胆的代谢特性提供了新的认识。

第四节　不同食源对中间球海胆肠道菌群结构和功能的影响

肠道菌群是动物机体的重要组成部分，对于宿主的生长发育和健康状态具有非常重要的作用。为了解不同食源下中间球海胆肠道微生态特征，本研究基于 16S rRNA 测序技术，开展不同食源中间球海胆肠道菌群结构和功能特征研究，解析肠道菌群中的优势菌群与差异菌群，筛选肠道核心优势菌群并探究其对机体的作用，以期为中间球海胆健康增养殖提供一定的理论参考。

一、材料与方法

（一）实验设计

选择壳径为 2.6 ~ 3.1cm 的中间球海胆作为实验对象，设置海带组（HC组）、卷心菜组（CC 组）和贻贝组（EC 组），每组分别放置中间球海胆 24 只，每个处理组均设 3 个平行，在 15.0℃控温条件下实验进行 42d。每 2d 换水一次并吸取水槽底部粪便和残饵，实验期间未出现海胆死亡现象。

（二）样品采集

在无菌环境下，取不同食源投喂 42d 后的中间球海胆样品，用灭菌解剖剪剪开其体壁，取出肠道，用无菌水冲洗干净肠壁组织，将采集到的肠壁组织置于 1.5mL 无菌离心管中。为了保证实验结果的准确性和可靠性，在取样后，将中间球海胆组织样品迅速置于液氮中进行冷冻，随后将速冻的中间球海胆样品于 −80℃ 超低温冰箱冷冻保存，用于 16S rRNA 测序。

（三）DNA 提取，PCR 扩增与测序

采用 HiPure Soil DNA 试剂盒，分别提取不同食物来源中间球海胆肠壁组织细菌总 DNA。为了保证提取的 DNA 质量合格，采用超微量分光光度计和琼脂糖凝胶电泳技术检测其浓度和纯度。

将上述提取的样本总 DNA，以细菌 16S rRNA 基因 V3～V4 片段的扩增引物 341F（5′-CCTACGGGNGGCWGCAG-3′）和 806R（5′-GGACTACHV-GGGTATCTAAT-3′）进行 PCR 扩增，基于 Novaseq 6000 的 PE250 模式 pooling 上机进行高通量测序。

（四）数据处理

运用 Trimmomatic（Version 0.35）软件，对原始序列进行扫描去杂，截掉质量低于 20 的序列，并去除长度小于 50bp 的序列；利用 QIIME 中的 Split（Version 1.8.0）软件，去除单碱基重复大于 8 与长度小于 200bp 的序列，质控后用 UCHIME（Version 2.4.2）软件检验，去除嵌合体序列得到有效数据。采用 Usearch 软件将所得到的全部有效序列进行距离矩阵处理，默认在 97% 水平下进行 OTUs 操作分类单元聚类。使用 PICRUSt 软件，预测已知微生物基因功能。

（五）数据分析

使用 VennDiagram 软件，绘制 Venn 图。使用 Mothur 软件包分析菌群多样性。基于加权的 Unifrac 距离算法分析样本间的相似性。采用 RDPclassifier 软件进行物种分类，并统计样品的菌群相对丰度。基于 T-test 统计方法，对样本进行差异显著性分析（以 $P<0.05$ 为差异显著）。

二、结果

（一）高通量测序结果分析

通过 16S rRNA 测序技术，对不同食源中间球海胆肠道菌群进行测序。本次测序共得到 113298～128303 条有效序列，且有效序列百分比达到了 91.96% 以上，覆盖率为 99.79%，表明测序结果合格，可以真实反映样本信息（表 7-7）。在 97% 的相似度水平下，聚类共获得 548～793 个 OTUs。其中，海带组特有 OTUs 数目为 249 个，卷心菜组特有 OTUs 数目为 307 个，

贻贝组特有 OTUs 数目为 242 个，三组共有 OTUs 数目 290 个。

表 7-7 高通量测序结果

样品	原始读数（条）	有效序列（条）	有效序列百分比（%）	OTU 数目（个）	覆盖率（%）
HC42-1	131 824	121 222	91.96	640	99.79
HC42-2	131 044	122 262	93.30	793	99.82
HC42-3	137 537	128 303	93.29	671	99.81
CC42-1	124 894	115 608	92.56	584	99.83
CC42-2	130 911	121 132	92.53	756	99.83
CC42-3	123 688	114 388	92.50	548	99.82
EC42-1	122 795	113 298	92.27	690	99.81
EC42-2	131 399	120 931	92.03	746	99.80
EC42-3	123 366	115 414	93.55	689	99.80

（二）菌群多样性

1. Alpha 多样性分析

Alpha 多样性是衡量微生物群落多样性和丰度的指标，具体包括 ACE 指数、Chao1 指数、Shannon 指数和 Simpson 指数。其中，ACE 指数和 Chao1 指数通常用于评价微生物群落的丰度，数值越大，说明群落中的物种数量越丰富。而 Shannon 指数和 Simpson 指数则用来测量微生物群落的多样性，数值越大，说明群落中物种多样性越高。如图 7-18 所示，贻贝组菌群丰度和多样性显著高于海带组和卷心菜组。具体表现为，贻贝组的菌群丰度和多样性最高，卷心菜组菌群丰度和多样性最低，海带组介于贻贝组和卷心菜组之间。

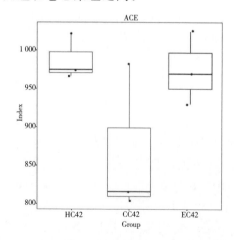
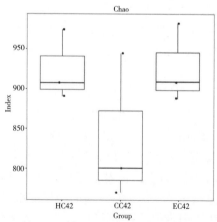

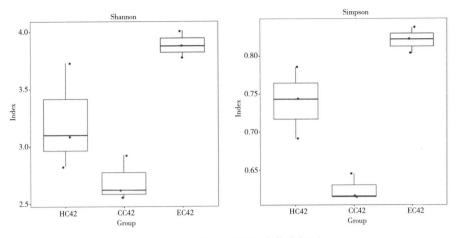

图 7-18 Alpha 多样性指数分析图

2. Beta 多样性分析

在 OTU 水平上，基于加权 Weighted Unifrac 距离对 9 个样本进行主坐标分析（如图 7-19）。PCoA1＝83.53%，PCoA2＝9.25%，合计总贡献率为 92.78%。样本距离越接近，表示物种组成结构越相似，不同组别样品分散于不同象限，表明样品组间菌群结构具有显著性差异（P＜0.05）。

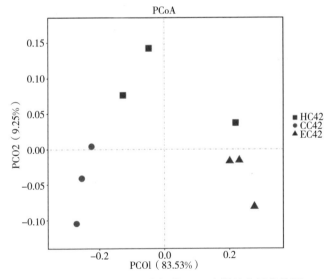

图 7-19 基于 PCoA 分析的 Beta 多样性分析指数图

（三）不同食源中间球海胆优势菌群结构特征分析

在门水平上，海带组、卷心菜组和贻贝组的主要优势菌门基本一致，三组优势菌门均为 Epsilonbacteraeota（43.38%、61.07%、28.64%）、变形菌门 Proteobacteria（35.76%、20.37%、45.51%）、拟杆菌门 Bacteroidetes（13.07%、14.18%、16.62%）和厚壁菌门 Firmicutes（3.41%、1.67%、3.62%）。此外，除未知门外还检测到 Lentisphaerae、螺旋体门（Spirochaetes）、Patescibacteria、放线菌门（Actinobacteria）、蓝菌门（Cyanobacteria）、疣微菌门（Verrucomicrobia）（图7-20）。

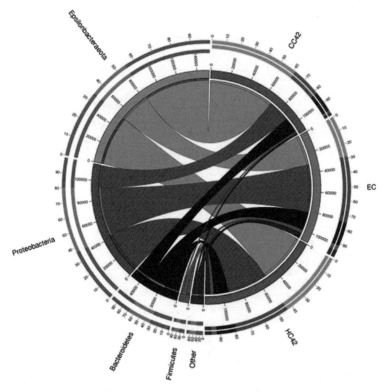

图7-20　门水平菌群相对丰度圈图

在属水平上，弓形杆菌属（Arcobacter）为海带组第一优势菌属，贻贝组次优势菌属，相对丰度为42.13%、22.76%；Sulfurimonas 为卷心菜组第一优势菌属，相对丰度占比为59.07%；罗尔斯通菌属（Ralstonia）为贻贝组第一优势菌属（33.40%），同时其也是 HC 组和 CC 组的第二优势菌属，相对丰度分别为26.71%、12.11%。此外，除未知属外还检测到沉积物杆状菌属（Sediminibacterium）、Bradyrhizobium、Brevundimonas、Mesorhizobium、弧菌属（Vibrio）、Roseimarinus、大肠杆菌志贺菌属（Escherichia-Shigella）（图7-21）。

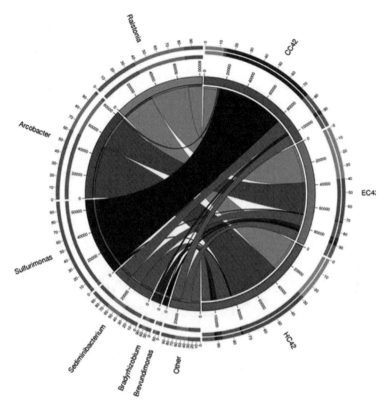

图 7-21　属水平菌群相对丰度圈图

（四）不同食源中间球海胆差异菌群结构特征分析

利用 LEfSe 分析，解析不同食物来源中间球海胆肠道特异性菌群，见图 7-22。在门水平上，海带组无特异性菌门，卷心菜组特异性菌门为 Epsilonbacteraeota，贻贝组特异性菌门主要隶属于螺旋体门（Spirochaetes）、Patescibacteria 和 Kiritimatiellaeota。

在属水平上，海带组特异性菌属为弓形杆菌属（Arcobacter）、短乳杆菌属（Lactobacillus-brevis）、Spirochaeta-2、瘤胃球菌属（Ruminiclostridium）、Lgnatzschineria、Blautia；卷心菜组特异菌属隶属于 Sulfurimonas、Hymenobacter、Roseimarinus、Lutibacter；贻贝组特异性菌属主要为葡萄糖杆菌属（Gluconobacter）、脱硫菌属（Desulfotalea）、Endozoicomonadaceae、马赛菌属（Massilia）、Qipengyuania、Draconibacterium、嗜冷杆菌属（Psychrilyobacter）。结果显示，不同食源对中间球海胆肠道菌群结构具有一定影响，存在显著性差异（$P<0.05$）。

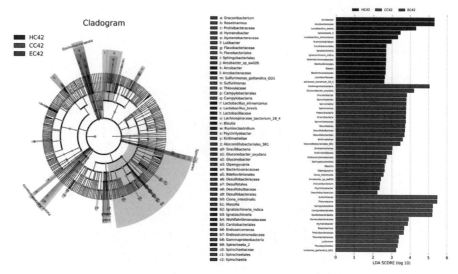

图 7 - 22　中间球海胆肠道差异菌群 LEfSe 分析

（五）不同食源中间球海胆肠道菌群功能注释分析

基于 KEGG 代谢通路数据库可知（图 7 - 23），海带组、卷心菜组、贻贝组三组一共注释到 275 条三级代谢通路，共聚集到 37 条二级代谢通路，6 条一级代谢通路中。其中，海带组和卷心菜组之间没有注释到差异显著的二级代谢通路（$P>0.05$）；海带组和贻贝组注释到 11 条差异显著的二级代谢通路（$P<0.05$），海带组肠道菌群中的氨基酸代谢（Amino acid metabolism）、其他次生代谢产物的生物合成（Biosynthesis of other secondary metabolites）和碳水化合物代谢（Carbohydrate metabolism）等代谢通路显著上调；而剩余的能量代谢（Energy metabolism）、辅助因子和维生素代谢（Metabolism of cofactors and vitamins）、信号转导（Signal transduction）和细胞运动（Cell motility）等通路在贻贝组中更占优势（$P<0.05$）。

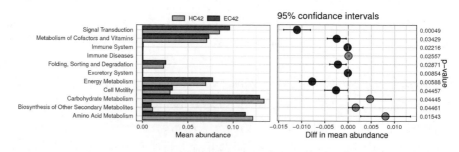

图 7 - 23　中间球海胆肠道菌群功能差异二级代谢通路分析

三、讨论

动物肠道微生态系统是动物肠道内微生物与生境彼此相互作用的统一整体，肠道微生态处于健康平衡稳定的状态对动物机体生长具有重要作用，只有微生态系统处于良好的平衡状态，肠道内微生物群才能更好发挥作用（Robinson et al.，1997）。本研究 Alpha 分析表明，投喂中间球海胆以贻贝，可以显著提高肠道菌群丰度和多样性，这可能与贻贝含有丰富的营养成分和生物活性物质有关。因此，可以推测，由于贻贝的食物来源广泛，中间球海胆摄食贻贝后，其肠道菌群丰度和多样性显著升高。

摄食贻贝组中间球海胆的肠道菌群丰度发生了显著变化，尤其是变形菌门的丰度发生了明显的变化。推测由于贻贝是一种滤食类生物，是中间球海胆的肉食性饵料，含有丰富的蛋白质、氨基酸和必需脂肪酸等，中间球海胆摄食贻贝可以通过消化吸收贻贝中的营养物质和能量来满足自身生长和发育的需求，同时还有助于增强免疫力。贻贝组中间球海胆肠道特异性菌属则主要以 *Gluconobacter*、*Desulfotalea* 和 *Massilia* 为代表。*Gluconobacter* 隶属于变形菌门下的 α-变形菌纲，是一种化能异养菌，可以氧化乙醇形成乙酸，使用膜结合脱氢酶通过替代途径氧化各种糖和多元醇。*Desulfotalea* 隶属于变形菌门 δ-变形菌纲，呈球状，是一种海洋硫酸盐降解变形菌，作为永久寒冷海洋沉积物中微生物群落中的重要成员，能够不完全氧化多种碳水化合物和醇，可以通过促进碳和硫循环而在能量循环中发挥重要作用（Rabus et al.，2004）。*Massilia* 隶属于变形菌门 γ-变形菌纲，菌株分布广、适应能力强，具有参与碳氮循环、分泌生长素和酶、降解多环芳烃等作用，在产酶和次生代谢产物方面表现出潜在的应用价值。本研究中，*Gluconobacter*、*Desulfotalea* 和 *Massilia* 作为贻贝组特异性菌属存在于中间球海胆肠道中，可以促进肠道菌群中能量循环，对中间球海胆机体的健康具有重要作用。

卷心菜组中间球海胆肠道特异性菌属以 *Lutibacter* 和 *Sulfurimonas* 为主。有研究表明，*Lutibacter* 是一种含有胡萝卜素的细菌，而胡萝卜素是一种强效的抗氧化剂（Choi et al.，2013）。该属中（*Lutibacter flavus* sp.）参与类胡萝卜素合成，类胡萝卜素具有较强的抗氧化功能，可以避免主要卵黄蛋白过氧化，进而增加其在海胆性腺中的累积量。*Sulfurimonas* 隶属于变形菌门 α-变形菌纲，有研究发现，它在硫循环中具有重要作用（Rosenberg et al.，2014）。本研究中，*Lutibacter* 和 *Sulfurimonas* 作为卷心菜组中的特异性菌属，促进了肠道中营养物质的消化吸收，对中间球海胆生长具有重要意义。

基于 KEGG 代谢通路注释可知，海带组中间球海胆肠道菌群碳水化合物代谢和氨基酸代谢等代谢通路显著上调。该通路的上调可能与中间球海胆肠道内检测到较高丰度的拟杆菌门、厚壁菌门和 Epsilonbacteraeota 细菌相关。拟杆菌门作为微生物群落中最大的革兰氏阴性菌之一，具有水解淀粉和几丁质的能力，参与糖类的氧化还原反应，与蛋白质代谢、氨基酸代谢及脂肪代谢等生物学过程有关，还能在发酵糖类的同时有效分解纤维细胞壁的多糖，从而帮助宿主降解糖类、蛋白质和大量宿主本身难以消化的植物多糖等物质，为宿主提供能量，促进生长（Gibiino *et al.*，2018）。厚壁菌门是主要的纤维素分解菌，高纤维有利于厚壁菌门的积累，该菌在碳水化合物的营养代谢过程中发挥着重要的作用，具有多种与淀粉降解酶有关的基因，有助于宿主对营养物质的消化吸收，能够将纤维素降解为挥发性脂肪酸供宿主利用。Epsilonbacteraeota 实际上是 ε-变形菌纲，隶属于变形菌门，在 2017 年被重新划分为新门 Epsilonbacteraeota，是一种嗜热的化能自养菌，可以从环境中吸收铵氮，从环境中的硝酸盐和亚硝酸盐中产生氮。但是 Epsilonbacteraeota 在中间球海胆肠道中所起的作用还不明确，需要在未来进一步探索研究。海带中含有丰富的多糖，卷心菜中含有丰富的优质纤维素，拟杆菌门和厚壁菌门为海带和卷心菜的消化与吸收提供了重要的保障。

第八章 聚集行为在海胆养殖上的应用

第一节 多层养殖下隔离对中间球海胆在高温下存活、摄食和生长的影响

如何提高筏式养殖海胆夏季生长速度并避免疾病蔓延成为产业的关键问题。本节基于对海胆聚集行为的理解，旨在探索一种有利于筏式养殖海胆夏季生存和生长的有效方法。需回答：①多层养殖是否能改善中间球海胆生存、摄食和生长；②在多层次培养中消除个体之间交互作用是否能进一步改善海胆上述重要的经济性状。

一、材料和方法

（一）海胆与实验设计

2020 年 7 月 23 日，从大连市长海县海域选购 700 只中间球海胆［壳径（31.9±0.4）mm］运往大连海洋大学农业农村部北方海水增养殖重点实验室。在曝气的水槽中（长×宽×高：150cm×100cm×60cm）暂养 7d，以适应实验环境。投喂足量海带，每天更换一半新鲜海水。水温和盐度分别为（22.6±0.2）℃和（30.7±0.1）。

饲养空间定义为养殖体积与海胆数量的比值（cm^3/只）。为了模拟当前海胆筏式养殖的设施，24 只健康海胆放置在未分层的带有孔洞的塑料装置中（长×宽×高：24.5cm×16.8cm×6cm）作为 A 组（对照组，初始饲养空间：102.9cm^3/只，图 8-1a）。为了评估多层养殖是否能促进海胆存活、摄食和生长，24 只健康海胆被平均放入分为三层的笼子里，作为 B 组（每层 8 只海胆，每层体积为长×宽×高：24.5cm×16.8cm×6cm，初始饲养空间：308.7cm^3/只，图 8-1b）。为了检验多层养殖中隔离是否有助于进一步改善上述海胆重要经济性状，将 24 只健康海胆平均放入分为三层，每层有 8 个隔间的设施中作为 C 组（每层体积为长×宽×高：8.3cm×5.9cm×6cm，初始饲养空间：297.36cm^3/只，图 8-1c）。

每个实验组各设有 8 个重复。所有装置均放置在曝气的大水槽中（长×宽×高：150cm×100cm×60cm），浸没于水下 30cm 处。为方便实验管理，这些装置均易于拆卸和安装。

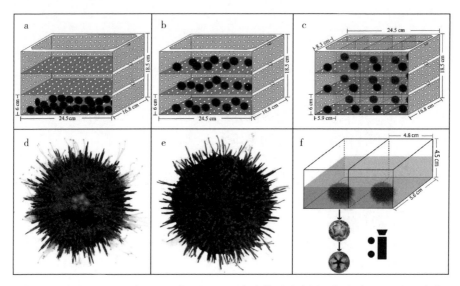

图 8-1　A 组（a）、B 组（b）和 C 组（c）实验装置示意图，红斑病（d）和无病表现（e）海胆的外观图，（f）口器咬合行为实验示意图

实验期约为 7 周（从 2020 年 7 月 31 日至 2020 年 9 月 20 日）。定期收集新鲜海带足量投喂海胆。每天清除残饵、粪便及死亡的海胆。每天更换一半新鲜海水。实验水温为夏季自然水温变化，即 22.2～24.5℃。海水盐度为 29.3±0.6。

为切实做到随机抽样，从实验装置中取出海胆并放置在 24 个列有数字标签的塑料盒中（数字从 1 号到 24 号，长×宽×高：6cm×6cm×4cm）。根据分析软件 R studio（1.1.463）随机生成的数字对应选择海胆。如果该数字对应空白、死亡或患病海胆，则重新取样。

（二）死亡率和患病率

红斑病是中间球海胆在养殖中最为常见的疾病之一（Zhang *et al.*，2019）。表现为体壁带有红色、紫色或黑色病变的斑点（图 8-1d）（Zhang *et al.*，2019）。健康海胆的外表如图 8-1e 所示。实验过程中每天移除海胆尸体。每周记录各实验组存活和患病海胆的数量（*n*=8）。

（三）摄食量

每周在固定的一天测定各组海胆的摄食量（*n*=8）。去除投饵和残饵表面的水分后，用电子天平（G & G Co.，San Diego，USA）记录其重量。投饵和残饵在 80℃烘箱 （Yiheng Co.，Shanghai，China）中烘干 4d 后，测定其重量。

摄食量根据下列公式计算：

$$F = \frac{A_0 \times \dfrac{A_1}{A_2} - B_0 \times \dfrac{B_1}{B_2}}{N} \qquad (8-1)$$

式中，F 表示每只海胆日摄入量 [g/（只·d）]，A_0 表示总投喂量（g），B_0 表示总残饵重（g），A_1 表示投喂样品干重（g），A_2 表示投喂样品湿重（g），B_1 表示残饵样品干重（g），B_2 表示残饵样品湿重（g），N 表示海胆数量。

（四）生长

每周记录海胆壳径和体重。在第 4 周（2020 年 8 月 29 日）和第 7 周（2020 年 9 月 20 日）记录口器长、口器重和肠重。每个平行组中的三个个体数据的平均数作为该组的一个有效数据（$n=8$）。

（五）口器咬合行为

口器咬合行为是指海胆牙齿开合的行为（Brothers *et al.*，2015）。本实验根据 Ding 等（2020）的方法，在实验第 4 周和第 7 周，使用一个具有多个隔间（长×宽×高：4.8cm×5.6cm×4.5cm）、底部铺设有食物膜（含 3g 琼脂和 2g 海带粉）的简单装置对其进行测量（图 8-1f）。使用数码相机（Canon Co.，Shenzhen，China）记录海胆 5min 内的口器咬合频率。每个平行组中的五只个体的数值平均数作为该组的一个有效数据（$n=8$）。

（六）5-HT 浓度

在第 4 周和第 7 周收集各组海胆口器肌肉，测量其中 5-HT 含量。每个平行组中的三个个体 5-HT 的平均数作为该组的一个有效数据（$n=8$）。采用 ELISA 试剂盒测量 5-HT 的浓度（南京建成生物工程研究所）。计算公式如下：

$$Y = \frac{1}{(a + bX^c)} \qquad (8-2)$$

式中，Y 表示 5-HT 浓度（mg/mL），X 表示样本的吸光度值，$a = 0.000\,27$，$b = 0.120\,86$，$c = 1.368\,06$。

（七）肠蛋白酶活性

肠蛋白酶对于海胆消化富含蛋白质的藻类很重要（安琪和曾晓起，2009）。采用肠蛋白酶试剂盒（南京建成生物工程研究所）分析海胆肠道内肠蛋白酶活性。每个平行组中的三个个体的肠蛋白酶活性平均数作为该组的一个有效数据（$n=8$）。测定过程主要包括酶促和显色反应。肠蛋白酶活力单位定义为 U/

mg，其计算公式如下：

$$P = \frac{M_0 - M_1}{M_2 - M_3} \times \frac{S_0}{S_1} \times \frac{V_1 \times V_2}{V_3} \qquad (8-3)$$

式中，P 表示肠蛋白酶活性（U/mg），M_0 表示样本的吸光度值，M_1 表示对照组吸光度值，M_2 表示标准吸光度值，M_3 表示黑管吸光度值，S_0 表示标准浓度（50μg/mL），S_1 表示反应时间（10min），V_1 表示反应溶液的总体积（0.64mL），V_2 表示样品的蛋白浓度（0.004mL），V_3 表示样品体积（mg/mL）。

（八）肠道形态学检查

海胆在第 4 周和第 7 周解剖后，将肠道组织样本固定在 Bouin 溶液中，参考 Zhan 等的方法对肠道进行逐级脱水、包埋、切片、染色和观察等操作（$n=24$）。

（九）数据分析

采用 Kolmogorov-Smirnov 检测分析数据的正态分布情况，Levene 检测判断数据的方差齐性。单因素方差分析用于分析死亡率（第 3～7 周），患病率（第 3、6、7 周），摄食量（第 2、5、7 周），壳径（第 1～6 周），体重（第 1、4、5、7 周），5-HT 浓度，肠蛋白酶活性，口器长，口器重和肠重。Duncan 多重比较用于事后检验。Kruskal-Wallis H 用于比较死亡率（第 1、2 周），患病率（第 1、2、4、5 周），摄食量（第 1、3、4、6 周），壳径（第 7 周），体重（第 2、3、6 周）和口器咬合行为。使用 SPSS 19.0 统计软件进行数据分析。$P < 0.05$ 被认为存在显著差异。

二、结果

（一）死亡率、患病率和饲养空间

除第 1 周和第 2 周之外（$P < 0.05$），A 组和 B 组之间死亡率无显著差异（$P > 0.05$）（图 8-2a）。C 组死亡率在第 1～4 周均显著低于 B 组（$P < 0.05$），但在第 5～7 周并无明显差异（$P > 0.05$）（图 8-2a）。A 组的患病率在第 5～7 周明显高于 B 组（$P < 0.05$），但在第 1～4 周无显著差别（$P > 0.05$）（图 8-2b）。在第 1～4 周，B 组患病率明显高于 C 组（$P < 0.05$），但在第 5～7 周却差异不显著（$P > 0.05$）（图 8-2b）。随着死亡率的增加，A 组和 B 组的饲养空间也增加［第 4 周：A 组为（139.3±26.0）cm³/只，B 组为（402.9±70.2）cm³/只；第 7 周：A 组（262.2±137.5）cm³/只，B 组（608.8±217.8）cm³/只］。C 组的饲养空间维持在 297.4cm³/只（图 8-2c）。

（二）摄食量

除第 6 周外，A 组和 B 组之间摄食量无显著差异（$P > 0.05$）。C 组摄食

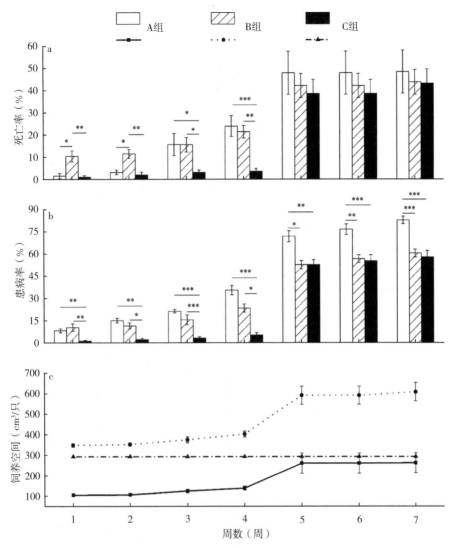

图 8-2　各组海胆死亡率（a）和患病率（b）和饲养空间（c）（平均值±标准差，$n=8$）
不同"＊"号数量表示差异显著（$P<0.05$）

量在第 2、4、5 周显著大于 B 组（$P<0.05$）（图 8-3）。

（三）体尺生长

在第 3、4 和 6 周，A 组与 B 组海胆壳径存在显著差异（$P<0.05$）。在第 3~7 周，C 组的壳径明显大于 B 组（$P<0.05$）（图 8-4a）。B 组海胆体重在第 2、5、7 周明显高于 A 组（$P<0.05$）。C 组体重在第 4、5、7 周显著高于 B 组（图 8-4b）。

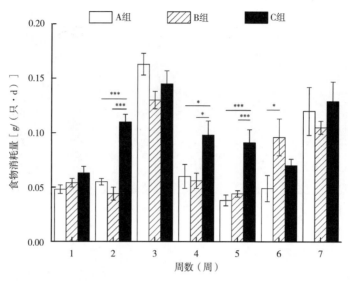

图 8-3　各组海胆摄食量情况（平均值±标准差，$n=8$）

不同"*"号数量表示差异显著（$P<0.05$）

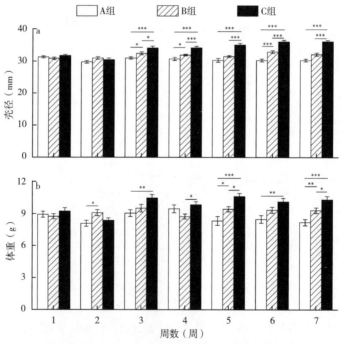

图 8-4　各组海胆壳径（a）和体重情况（b）（平均值±标准差，$n=8$）

不同"*"号数量表示差异显著（$P<0.05$）

(四) 口器长、口器重和肠重

第4周各组之间口器长和口器重不存在显著差异（口器长：$P>0.05$，图 8-5a）（口器重：$P>0.05$，图 8-5b）。然而在第 7 周，B 组口器长显著大于 A 组和 C 组（$P<0.05$）（图 8-5a）。

在第 4 周和第 7 周，A 组和 B 组之间的肠重存在显著差异（$P<0.05$），但 B 组和 C 组之间无显著差异（$P>0.05$）（图 8-5c）。

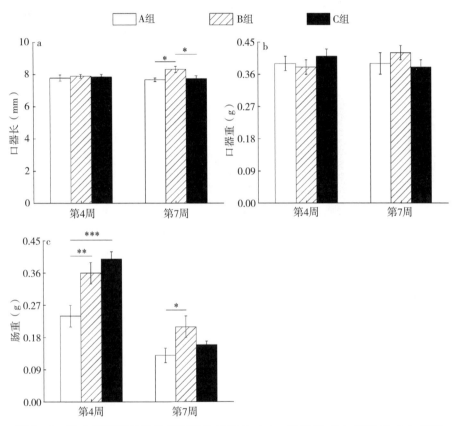

图 8-5　第 4 周和第 7 周各组海胆的口器长（a）、口器重（b）和肠重（c）情况
（平均值±标准差，$n=8$）
不同"*"号数量表示差异显著（$P<0.05$）

(五) 口器咬合行为

第 4 周 A 组与 C 组间口器咬合行为差异显著（$P>0.05$）。在第 7 周，与 B 组相比，C 组口器咬合行为显著较好（$P<0.05$），A 组显著较差（$P<0.05$）（图 8-6a）。

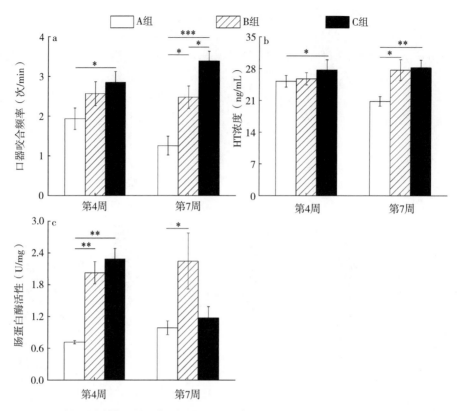

图 8-6　第 4 周和第 7 周内各组海胆口器咬合行为（a）、5-HT 的浓度（b）和肠蛋
白酶的活性（c）情况（平均值±标准差，$n=8$）

不同"＊"号数量表示差异显著（$P<0.05$）

（六）5-羟色胺浓度

第 4 周中，A 组和 C 组间 5-HT 浓度存在显著差异（$P>0.05$）（图 8-6b）。然而第 7 周 B 组 5-HT 浓度显著高于 A 组（$P<0.05$）（图 8-6b）。

（七）肠蛋白酶活性

B 组肠蛋白酶活性在第 4 周和第 7 周均显著高于 A 组（$P<0.05$）（图 8-6c）。

（八）肠形态观察

肠道组织学观测显示，在第 4 周时 A 组肠道皱襞存在明显空腔，内部组织疏散（图 8-7a）。虽然第 7 周肠道内部空心化情况有所改善，但其皱襞萎缩变形仍较为严重（图 8-7d）。B 组肠道在第 4 周组织空化和环状皱襞萎缩较少（图 8-7b），细胞尺寸在第 7 周明显增大（图 8-7e）。C 组肠道皱襞排列紧密，组织学上几乎无组织空化（图 8-7c，f）。

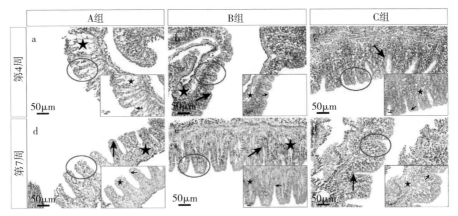

图 8-7 第 4 周和第 7 周各组海胆肠道组织观察

箭头代表环状皱襞，五角星代表中空的内部结构

三、讨论

（一）多层养殖促进海胆的生长和摄食

优化海胆生长速度缩短其上市时间对于提高海胆养殖经济效益至关重要。高温对海胆的生存存在负面影响，我们对如何能在夏季高温期促进海胆生长知之甚少（Spirlet *et al.*，2015；Daggett *et al.*，2005；Kennedy *et al.*，2007）。本节发现多层养殖的海胆比对照组的体尺更大（Agatsuma，2013；Lawrence *et al.*，2019；Zhao *et al.*，2016），这为海胆的多层养殖提供了实验上的可行性。多层养殖也在皱纹盘鲍的培育上取得了巨大的成功，其养殖生物量是传统方法的 6～9 倍（吴垠等，2012）。这种类似的结果可能是由于海胆和鲍具有相似的活动范围、饵料和能量代谢能力（Fleming，1995；Bautista-Teruel *et al.*，2017）。食物的利用与海胆的生长密切相关（Lawrence *et al.*，2019；Azad *et al.*，2011；Watts *et al.*，2011）。本节发现在第 7 周，多层养殖海胆的口器长明显优于对照组。口器（又称亚里士多德提灯）作为海胆灵活的摄食器官，对摄食具有重要意义（Hagen，2008），可能是由于较大的口器更有利于其摄食（Mos *et al.*，2015）。本节进一步发现在第 7 周，多层养殖海胆的口器咬合行为显著优于对照组。口器咬合行为是亚里士多德提灯执行的最重要的行为，被广泛用于评价海胆的摄食能力（Ding，2020）。这些结果表明，多层养殖能提高海胆的摄食能力。

评估肠道的形态和肠蛋白酶的活性很重要，因为食物消化是海胆利用食物关键的一环。肠道组织学图像显示，对照组皱襞空洞化，内部组织结构疏松，而多层养殖的海胆肠道组织空洞化较少。多层养殖的海胆肠蛋白酶活性也显著高于对照组。这些结果表明，海胆肠道的形态与结构与其对食物的消化和吸收效率存在密切关系。许多水生物种例如银鲳幼鱼（彭士明等，2013）和海胆（左然涛等，2016）的肠道肠蛋白酶活性与其养殖环境有关。富含蛋白质的藻类，如海带（Hu et al.，2017）和裙带菜（Dong et al.，2017）是养殖中间球海胆的常用饲料。而多层养殖能够显著避免肠道组织学的负面变化并提高肠蛋白酶活性，进而使海胆更好利用这些食物。

本节进一步研究发现在第7周，多层养殖下消除个体相互作用的海胆比那些未隔离的海胆展现出更好的体尺生长及口器咬合行为。相似的，隔离有利于许多物种的运动和摄食行为，如果蝇（Drosophila）（Bentzu et al.，2021）、大鼠（Danusa et al.，2018）、蝗虫（Schistocerca gregaria）（Gillett，1975）。上述结果表明消除个体间相互作用可能会进一步改善海胆的摄食行为，从而促进其生长。值得一提的是，多层养殖中消除个体相互作用并没有引起摄食量、肠蛋白酶活性和肠道重量的显著增加。这可能是因为在大规模死亡后，海胆的饲养空间增加改善了这些指标，从而掩盖了实验因素的影响。多层养殖隔离（C组）和对照组（A组）相比，海胆口器肌肉中5-羟色胺的浓度和口器咬合行为之间的变化趋势非常一致。这与Anstey等（2009）的研究结果一致，其发现长期独居的蝗虫比群居的蝗虫体内5-羟色胺浓度更高。5-羟色胺作为一种神经递质（Hitoshi et al.，2018），在蜗牛（Lymnaea stagnalis）等生物体的摄食行为中扮演着重要作用（Kawai et al.，2011；Dyakonova et al.，2015；Yamagishi et al.，2015）。大量文献表明，5-羟色胺参与了许多物种在相互作用后行为（如攻击、地位和求偶）的改变（Kravitz and Huber，2003；Hofmann and Stevenson，2000）。多层养殖中隔离的海胆更少受到来自同类的干扰，从而产生了更多的5-羟色胺促进摄食行为，进而加快生长。

（二）多层养殖降低了海胆的患病率

本研究发现在第4周取样后，各组海胆均出现了大量死亡和患病，这与实验期间大连筏式养殖海域海胆出现超高死亡率（超过95%）一致。这说明在夏季筏式养殖中，频繁的管理和维护可能会对海胆的存活产生负面影响。在第4周，多层养殖组（B组）的患病率明显低于对照组（A组），表明多层养殖可降低海胆在中长期养殖过程中的患病率。与对照组（A组）相比，多层养殖下隔离（C组）显著降低了海胆在每一周的患病率，暗示消除海胆个体之间的相互作用是减少疾病传播的有效途径。海胆红斑病通常在高温（>20℃）期暴发，病原体主要为弧菌属（Vibrio）、气单胞菌属（Aeromonas）和屈挠杆菌属（Flexibacter）等条件性致病菌（Tajima，1997；Gizzi，2020）。生物尸体为病原菌提供了营养来源，促进其大量繁殖（Jatinder et al.，2013；Yamagishi et al.，2015）。本节结果与Stroeymeyt等（2018）的观点一致，其发现蚂蚁（Lasius niger）社会中为了减少疾病的传播，会将潜在的疾病携带者（如觅食者）和高价值个体（如蚁王）之间隔离。第4周后，C组和B组之间患病率无显著差异。可能是由于B组饲养空间的增加掩盖了两组之间潜在的差距。例如，第7周时，B组饲养空间［（608.8±217.8）cm³/只］几乎是A组［（262.2±137.5）cm³/只］的三倍。因此，隔离（C组）或增加饲养空间（B组）可有效避免或减少非健康和健康海胆之间的接触，从而减少疾病的传播。不幸的是，两种多层养殖方法均未能显著降低死亡率。探索一种有效的方法来避免夏季的大规模死亡是海胆筏式养殖产业的当务之急。

第二节　多层养殖下隔离避免中间球海胆性早熟、提高耐热性并缓解疾病蔓延

拥挤胁迫可能是引起养殖生物性早熟并因此降低其抗逆性的原因。多层养殖能保证在高生物量养殖的情况下降低每层养殖密度（吴垠等，2012），这或许是解决这一矛盾的重要方法。然而该方法是否能够在高温下避免养殖性早熟，进而提高抗逆性并不清楚。本节探究：①拥挤胁迫是否导致海胆的性早熟；②性早熟是否引起海胆的抗逆性下降；③多层养殖能否避免海胆性早熟并提高其抗逆性；④多层养殖下隔离是否有助于推迟海胆性腺发育、减少疾病蔓延并增强抗逆性。

一、材料和方法

（一）海胆

2020年7月27日从大连市长海县某养殖场随机挑选500只中间球海胆运往大连海洋大学农业农村部北方海水增养殖重点实验室。随后放置在曝气的水槽中（长×宽×高：150cm×100cm×60cm）1周，投喂海带以使其适应实验环境。暂养期间海水温度为（22.10±0.30）℃，盐度为（30.08±0.42）。初始壳径、体重和性腺重分别为（30.81±0.48）mm，（8.11±0.28）g和（0.31±0.05）g。

（二）实验设计

三个不同的装置和饲养方式为本实验提供变量。将18只海胆放置在装置的底部作为对照组（长×宽×高：18.2cm×16.8cm×6cm）（M组，图8-8a），以模拟筏式养殖生产密度。为了研究多层养殖能否避免海胆性腺早熟并提高海胆的抗逆性，将18只海胆平均放在分为三层的实验装置中（每层6只海胆，每层长×宽×高：18.2cm×16.8cm×6cm）（N组，图8-8b）。为调查多层养殖下隔离是否能进一步提升海胆上述性状，18只海胆单独放在分为三层、每层设有6个尺寸相同的间隔中（隔间长×宽×高：8.4cm×5.9cm×

6cm）（P 组，图 8-8c）。每实验组设置 8 组平行。所有装置均放置在曝气的水槽中（长×宽×高：150cm×100cm×60cm）7 周（2020 年 8 月 4 日至 2020 年 9 月 26 日），足量投喂海带。装置便于拆卸，每天清理粪便、残饵和海胆尸体。实验期间盐度为 29.37～31.08（YSI Incorporated，OH，USA）。水温为夏季自然温度以模拟夏季筏式养殖期间水温变化，范围在 22.10～25.4℃。

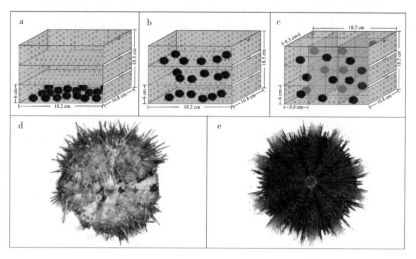

图 8-8　用于对照组（a），分层养殖组（b），分层养殖隔离组（c）的实验
　　　　设施；患红斑病（d）和未患病的海胆（e）示意图

为保证随机取样，实验装置中海胆放在设有编号（从 1 至 18）的塑料盒中（行×列＝6×3）（长×宽×高：39.0cm×19.5cm×6.5cm），注入新鲜海水。通过统计软件 R studio（1.1.463）随机生成的 18 以内数字对应选取海胆。当数字对应空白、患病或死亡海胆则重新取样。

（三）性腺产量

每个平行组随机选取 3 只海胆解剖，测量其性腺重。将 3 只个体性腺重的平均值视为该组的一个有效数值（$n=8$）。性腺指数按照下列公式计算：

$$GI = \frac{G}{B} \times 100\%\qquad\qquad(8-4)$$

式中，GI 表示性腺指数，G 表示性腺重量（g），B 表示湿体重量（g）。

（四）耐热性

临界耐热温度（CT_{max}）指的是生物失去肌肉协调能力并无法逃离不利环境情况时的温度，常用于表示海洋生物的耐热性（Gunderson and Stillman.，2015；Morley *et al.*，2019）。本实验在 Hernández 等（2004）方法的基础上进行改进。从每个平行组中随机挑选三只海胆放入曝气的控温水槽（长×宽×高：77.5cm×47.0cm×37.5cm）的三个单独塑料笼中（长×宽×高：6cm×6cm×

10cm，孔径 0.5cm）。水温从 23.75℃（养殖实验时的平均温度）以每 1h 1℃ 的速度逐渐升高。海胆在受到刺激（使用镊子轻轻敲击 3s）无反应时（即海胆死亡）的温度记为 CT_{max}。3 只个体的平均值作为该平行组的一个有效数值（$n=8$）。实验结束后解剖海胆，制作性腺石蜡切片，评估性腺发育是否与 CT_{max} 存在关系。

（五）性腺发育

每组随机选取 6 只海胆的性腺保存在伯恩溶液中 72h。参照 Johnstone 等（2019）方法采用标准组织学技术制作石蜡制片。性腺发育分期由配子或营养性吞噬细胞的生长来判断。第Ⅰ期：恢复期；第Ⅱ期：生长期；第Ⅲ期：部分成熟期；第Ⅳ期：成熟期；第Ⅴ期：部分排放期；第Ⅵ期：排放期（King *et al.*，1994）。

（六）攻毒实验

收集各组剩余的健康海胆个体放置在原先的实验装置中（$n=3$）。与此同时收集实验室中死于红斑病的海胆作为毒源。随体挑选 3 只海胆尸体随机替换各组 3 只健康的海胆，使红斑病在这些健康的海胆中传播。红斑病是海胆养殖中最为常见的致命性疾病，表现为体壁出现红色、黑色或者紫色斑点（图 8 - 8d）（Zhang *et al.*，2019）。健康海胆如图 8 - 8e 所示。24h 后记录各组海胆的死亡率和患病率。

（七）统计分析

采用 Kolmogorov-Smirnov 检测分析数据的正态分布情况，Levene 检测判断数据的方差齐性。单因素 ANOVA 分析攻毒实验后各组海胆的死亡率。邓肯多重比较用于事后检验。Kruskal-Wallis *H* 法用于比较性腺重、性腺指数、CT_{max} 和攻毒实验后的患病率的差异。Wilcoxon rank sum 多重比较用于非参事后检验。使用数据包"npar comp"分析两组之后性腺发育差异。通过 Spearman 相关分析确定 CT_{max} 与性腺发育的相关性。所有数据分析均在 R studio（1.1.463）统计软件上进行。$P<0.05$ 表示差异显著。

二、结果

（一）性腺产量

M 组和 N 组性腺重量分别为（0.47±0.37）g 和（0.43±0.28）g，性腺指数分别为（6.37±5.22）% 和（4.32±3.27）%。两组性腺重量和性腺指数无显著差异（性腺重量：Kruskal-Wallis *H* = 0.316，$P=0.854$；性腺指数：Kruskal-Wallis *H* = 2.543，$P=0.280$）。

（二）性腺发育

M 组和 N 组性腺发育无显著差别（Kruskal-Wallis *H* = 0.196，$P=$

0.988，表8-1）。M组的海胆分别有20％（9/45）和26.67％（12/45）的性腺发育至第Ⅴ期和第Ⅵ期。N组海胆56.25％（27/48）性腺发育至第Ⅴ期。

表8-1　实验结束后处在各性腺发育分期的海胆数量

组别	各发育时期海胆数量（只）						统计结果	
	Ⅰ	Ⅱ	Ⅲ	Ⅳ	Ⅴ	Ⅵ	Kruskal-Wallis H	P 值
M	23	0	1	0	9	12		
N	17	1	0	0	27	3		
P	33	3	0	3	8	0		
M-N							0.196	0.988
N-P							3.937	<0.001
M-P							2.688	0.019

注：M、N和P分别表示对照组、分层养殖组、分层养殖隔离组。M-N、N-P和M-P分别表示对照组与分层养殖组、分层养殖组与分层养殖隔离组、对照组与分层养殖隔离组相比。

在第Ⅴ期中，嗜碱性的精子团和卵细胞分别出现在精巢和卵巢中（图8-9i，j）。由于生殖的排放，精巢和卵巢腔中均出现空腔（图8-9i，j）。第Ⅵ期海胆精巢（图8-9k）和卵巢（图8-9l）空腔进一步扩大。

P组海胆的性腺发育显著慢于N组（Kruskal-Wallis $H=3.937$，$P<0.001$，表8-1），其中N组70.21％（33/47）海胆仅发育至第Ⅰ期。在这一期中，初级精原细胞和次级卵母细胞分别出现在精巢和卵巢细胞壁上（图8-9a，b）。营养吞噬细胞充满了精巢腔和卵巢腔（图8-9a，b）。

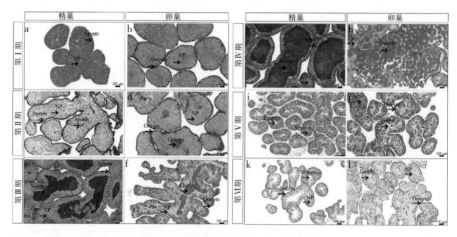

图8-9　海胆各期性腺发育示意图

（三）耐热性

M组和N组的CT_{max}无显著差别［M组（33.22±0.11）℃，N组（33.25±0.09）℃；Kruskal-Wallis $H=0.225$，$P=1.000$，图8-10］。但P组CT_{max}显

著高于 N 组 ［P 组 （35.52±0.19)℃；Kruskal-Wallis $H=6.171$，$P <$ 0.001，图 8-10]。CT_{max}与性腺发育期呈现显著负相关趋势 ($r=-0.582$，$P=0.001$)。

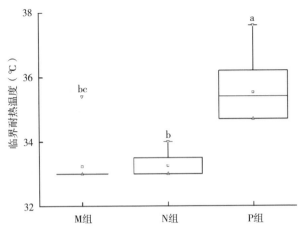

图 8-10 实验结束后各组海胆耐热性 (CT_{max})

不同字母表示差异显著

(四) 攻毒实验

在攻毒实验后，M 组死亡率 ［（60.00±10.18)%］ 显著高于 N 组 ［（23.33±9.55)%］，但在患病率上无显著差异 ［M 组 （97.78±2.22)%，N 组 （66.67±15.20)%；死亡率 $F=12.946$，$P=0.009$；患病率 Kruskal-Wallis $H=1.667$，$P=1.000$，图 8-11]。P 组的死亡率 ［（0.00±0)%］ 和患病率 ［(6.67±4.22)%］ 均显著低于 N 组 （死亡率 $F=12.946$，$P=0.033$；患病率 Kruskal-Wallis $H=6.667$，$P=0.023$，图 8-11)。

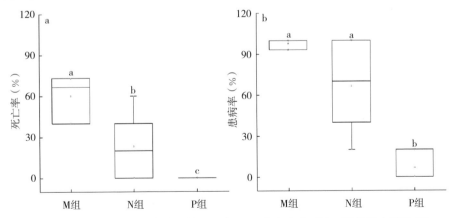

图 8-11 各组海胆攻毒实验后的死亡率 (a) 和患病率 (b)（平均值±标准差）

不同字母表示差异显著

三、讨论

（一）拥挤胁迫诱导海胆性早熟，进而降低其抗逆性

变温物种的耐热性对其在高温下的生存很重要（Morley et al.，2019）。饮食干预降低了澳大利亚绿唇鲍（Haliotis laevigata）在高水温中的养殖死亡率（Stone et al.，2014），但对于海洋生物如何调节自身抗逆性（尤其是耐热性）仍不清楚。本研究发现 CT_{max} 与海胆性腺发育呈显著负相关趋势（即性腺发育速度越快，CT_{max} 值越低），这表明性早熟会导致耐热性下降。笔者先前发现性腺发育不良的中间球海胆在高温下表现出明显更好的摄食行为，这也印证了本节的发现（Hu et al.，2020）。太平洋牡蛎在高水温中会分配储存的能量以增强其抗逆性以维持生存（Hamede et al.，2009）。因此，尽管本研究没有对能量预算进行评估，可推测是由于海胆性腺的过度发育（特别是配子形成）消耗了大量储存的能量，从而导致其抗逆性降低。性早熟严重影响了水产养殖业的发展（Erik，2020）。这导致牡蛎（鲍林琪等，2001）免疫机能受到抑制，进而引起其在夏季的大量死亡（Li et al.，2009；Samain et al.，2009）。因此，揭示养殖生物性早熟原因并避免这一问题对水产养殖业很重要。

对养殖海胆来说，在幼年期应以体尺生长而不是性腺发育为主（Zhang et al.，2017）。本节发现未进行多层养殖（对照组）和多层养殖未隔离的海胆过度发育配子并导致性早熟，虽然性腺重和性腺指数无显著差异。这一结果解释了孔泳滔等（2002）发现夏季筏式养殖海胆解剖后出现产卵现象。本节最新发现表明，尽管饲养密度较低（如 6 只海胆：1 834.56cm³），性腺发育速度仍然可能随着拥挤胁迫增加而加速，而不仅限于被光照（Kelly et al.，1998；Kelly，2001）和水温（James and Heath.，2008；Johnstone，2019）所调控。类似的实验发现，各组间的摄食量差异不显著（Hu et al.，2021）。这表明摄食量对两组海胆的性腺发育调节只发挥有限的作用。海洋生物在不同的环境中进化出不同的繁殖策略（Andrews and Harris，1986；Reznick et al.，2002）。受高度胁迫生物与未受胁迫的生物相比，为繁殖活动分配了更多的能量（Gadgil and Solbrig，1972）。拥挤应激已经充分证明食物和空间的竞争对海胆生存造成不利影响（Richardson et al.，2011），或者通过排泄物积累间接影响（Siikavuopio and James，2011）。海胆之间的相互作用也显著降低了其运动速度和运动线性，增加了运动方向随机性（Sun et al.，2011）。为应对拥挤应激，海胆可能将营养能量优先分配给性腺的发育，从而导致海胆的性早熟。这些结果表明，避免拥挤应激是提高筏式养殖生物存活率的重要途径。

（二）隔离减缓海胆性腺发育，提高抗逆性并降低疾病蔓延

高密度养殖极大地提高了水产集约化养殖的生产效率，因为其能在生产大

量产品的同时节约人力物力（Alberto *et al.*，2012；Mos *et al.*，2015；Ruocco *et al.*，2018）。然而许多研究建议应降低养殖密度以平衡经济效益和动物福利上的矛盾。例如，Qi 等（2016）建议水产养殖户应该低密度养殖海胆（15 只海胆：24 000cm³）。这在商业上是不可接受的，且本节已证实在极低的密度下（6 只海胆：1 834.56cm³）养殖仍不能抑制海胆性腺发育。本节首次发现与多层养殖中未分离的海胆相比，隔离显著抑制了海胆性腺发育，这表明该方法能够在保证高生物量养殖的前提下，有效避免海胆出现性早熟。这一发现得到了 Warren-Myers 等（2020）的支持，其发现隔离能够缓解海胆性腺指数的降低。由于卵泡肥大等原因，性腺指数高意味着性腺配子发育较少（Ruocco *et al.*，2018）。这些结果表明，多层养殖下隔离是一种简单而有效避免拥挤胁迫的方法，而不是非得以降低养殖密度为代价。这对目前传统筏式养殖管理的观点提出了挑战。

此外，养殖生物经常暴露于局部或全球范围内胁迫中（Apraiz，2006；Lesser，2006），尤其是夏季的高温胁迫（Zhao *et al.*，2016）。然而不幸的是，20 世纪地球的平均温度上升了 0.6℃，而这种升温仍将继续（Root *et al.*，2003；Uthicke *et al.*，2014）。人们担心大部分的水生生物可能无法快速适应温度的升高而无法正常生存（Root *et al.*，2003）。本节发现在多层养殖中隔离提高了海胆的 CT_{max}，并有效提高其耐热性。水生生物耐热性与其对氧气的利用能力有关（Pörtner，2002）。生物组织对氧气供需失衡影响了其高级功能的发挥（Pörtner and Knust，2007）。生物体可通过系统功能调整能力来适应高温（Pörtner and Knust，2007）。因此，很可能是因为性腺发育不良的个体允许更多的能量用于调节氧气供应，从而有助于提高其抗逆性。此外，基因改良（如选择育种）也使海洋生物能更好适应变化的环境（Wang *et al.*，2013）。本节开发出一种能提高筏式养殖生物耐热性的新技术，有助于养殖生物更好地适应高温。

随着集约化养殖的快速发展，疾病防控对保证生产效率极其重要（Cabello，2006）。为保证产量，抗生素被广泛用于预防细菌性疾病，特别是在不发达国家（Le *et al.*，2005）。然而，这却导致了耐药菌（Miranda and Zemelman，2002）和药物残留（Angulo *et al.*，2005）等问题。开发一种绿色有效的方法来控制疾病蔓延是全球水产养殖业共同奋斗的目标，但目前知之甚少。本节在多层养殖中发现，隔离的海胆比未隔离的海胆在攻毒实验后死亡率和患病率更低，这有利于海胆在夏季生存。动物尸体可作为促进致病菌大量繁殖的营养来源（Thompson *et al.*，2015）。因此，隔离可能有效地阻止了健康海胆与患病或死亡海胆之间的相互作用，从而降低了疾病蔓延的程度（Lloyd-Smith *et al.*，2005；Volz *et al.*，2011）。

上述结果表明，水产养殖中疾病防治的关键是消除养殖生物体间的相互作用。本研究强调了隔离在水产养殖疾病防控中的重要性，为夏季筏式养殖管理提供了宝贵的信息。

第三节　一种降低中间球海胆疾病蔓延并提高抗逆性的装置

降低海胆疾病蔓延、增强抗逆性对提高海胆夏季筏式养殖的生产效率至关重要。本节设计了一种可有效将海胆与藻类、海胆与海胆分离的养殖装置以实现上述目标。笔者在实验室进行了时长 6 周的模拟海胆夏季筏式养殖的实验，调查与常用海胆养殖装置相比：①新装置是否能降低海胆在高温条件下的患病率和死亡率；②新装置能否提高海胆在高温条件下的抗逆性；③该新装置在海胆的筏式养殖中应用潜力如何。

一、材料与方法

（一）海胆

2021 年 4 月 3 日，从长海县某养殖基地随机挑选 500 只健康中间球海胆（壳径约 20mm），运往到大连海洋大学农业农村部北方海水增养殖重点实验室。暂养海胆于曝气的控温水槽（长×宽×高：775mm×470mm×375mm）中，并足量投喂海带。水温从 9℃（环境温度）以每天 1℃ 速率加热到 23℃（实验温度），并在 23℃ 维持 1 周使其适应实验环境后开始实验。每天更换一半的海水。盐度（31.02±0.19）无较大变化（YSI Incorporated，OH，USA）。

（二）装置设计

装置设计如图 8-12c 所示。该新装置是在常用的海胆养殖装置基础上改进而来，设有 6 个独立的养殖室（3）（图 8-12c）。装置由 PVC 制作，设有若干 6mm 网孔。每间养殖室（3）分为三层（8），每层具有十个隔间（9）将海胆分离。可通过装置上的门（4）管理海胆。装置中心打通贯穿了直径为 100mm 圆柱形塑料网栅栏（6）（网眼尺寸 25mm，直径 100mm）（图 8-12c）。气囊（5）固定在塑料网栅栏（6）内，藻类放置于气囊（5）与塑料网栅栏（6）之间（图 8-12d）。当气囊（5）充气时可将藻类紧紧压缩在塑料网栅栏（6）上。届时海胆可通过塑料网栅栏（6）上的网眼摄取到食物。气囊（5）放气，即可移除海藻。将装置挂在船上，气囊（5）调整为"释放"后，可将藻类一次性置于气囊（5）和网栅栏（6）中间区域。随后调整气囊为"压缩状态"实现对藻类的压缩，随后放回水中，完成管理操作的一个周期。

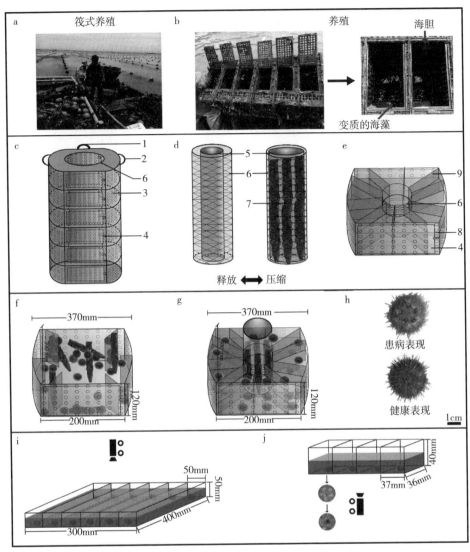

图 8-12　我国筏式养殖示意图（a）及常用于海胆养殖的装置（b）。装置设计如下
（c~e）：①手环；②把手；③养殖室；④门；⑤气囊；⑥网栅栏；⑦大型藻类；
⑧单层；⑨隔间。用于对照组（f）和实验组（g）的实验装置示意图。患病海
胆和非患病海胆示意图（h）。觅食行为（i）和口器咬合行为（j）示意图

（三）实验设计

使用现有海胆养殖装置（对照组长×宽×高：370mm×300mm×120mm；
图 8-12f）和新设计的装置（实验组长×宽×高：370mm×300mm×120mm；
图 8-12g）在控温水槽中模拟约 6 周的筏式养殖实验。各实验组均设置 6 组平
行，各平行组随机挑选 30 只海胆用于实验［对照组（壳径 21.69±2.89）mm，

体重（3.72±1.19）g；实验组（壳径 22.11±1.76）mm，体重（3.78±0.94）g]。为模拟筏式养殖最佳管理，各组均每天投喂足量的食物。对照组每日清除海胆尸体及残饵，实验组中移除残饵但不移除死亡个体。在实验过程中海胆未摄食腐烂的海带。海水每日更换 1/2，曝气处理。使用温度控制系统，将水温保持在 23℃以模拟夏季大连海域平均水温。实验过程中盐度无较大变化（32.78±0.65）（YSI Incorporated，OH，USA）。

（四）生存

黑嘴病是海胆筏式养殖中最为严重的疾病之一，主要表现在口腔周围口膜发黑和棘刺脱落（图 8-12h）（王中等，2021）。健康海胆的外观表现如图 8-12h 所示。实验结束后统计各实验组海胆死亡率和患病率（$n=6$）。

（五）摄食量

在第 1 周到第 5 周的周一测量海胆 24h 的摄食量（$n=6$）。使用电子天平（JJ1000，G & G Co.，USA）测量投喂量，并在 24h 后收集残饵称重。摄食量的计算方法见公式：

$$F_0 = \frac{A_0 - A_1}{S} \qquad (8-5)$$

式中，F_0 表示每只海胆的摄食量 [g/（只·d）]，A_0 表示投饵重（g），A_1 表示残饵重（g），S 表示海胆的数量。

（六）觅食行为

觅食行为是指海胆在短距离能够侦探到食物所释放的化学物质，并向其移动的行为（Ceccherelli et al.，2009）。参照 Chi 等（2020）方法，使用一个设有 6 条跑道的简易装置（长×宽×高：400mm×50mm×50mm）来测量海胆觅食行为（图 8-12）。6 片新鲜海带（每片湿重约为 1g）放置在装置一端，而海胆放置在另一端。觅食时间指的是海胆找到海带所花费的时间。若个体在30min 内没有接触到海带，觅食时间则计算为 1 800s。觅食距离是指海胆在30min 内寻找食物过程中的总路程。使用数码摄像机（Legria HF20，Canon）记录海胆觅食行为并采用 ImageJ 软件（版本 1.51n）进行分析。三只海胆觅食行为的平均值作为一个有效数值（$n=6$）。

（七）口器咬合行为

口器咬合行为指的是海胆牙齿开闭的过程，表示海胆摄食能力强弱（Ding et al.，2020）。使用四个隔间（长×宽×高：37mm×36mm×40mm），隔间底部设有食物膜（由 2.5g 琼脂和 2g 海藻粉制成）的装置评估海胆的口器咬合行为（图 8-12J）（Hu et al.，2020）。从每组中随机选择 3 只海胆，使用数码摄像机（Legria HF20，Canon）测量海胆在 10min 内的咬合次数。三只海胆口器咬合行为的平均值作为一个有效数值（$n=6$）。

（八）耐热性

参照 Hernández 等（2004）的方法随机抽取 3 只健康的海胆，单独放在一个曝气的控温水槽（长×宽×高：775mm×470mm×375mm）的塑料笼中（长×宽×高：775mm×470mm×375mm）。水温以 2℃/h 的速率从 23℃升高到海胆致死温度。海胆失去对外界刺激（镊子敲击 2s）时的温度记为 CT_{max}。3 只海胆 CT_{max} 的平均值作为一个有效数值（$n=6$）。

（九）攻毒实验

根据 Hu 等（2021）方法收集各组中所有健康的海胆，并按照之前的养殖密度放置在笼中（$n=3$）。收集死于黑嘴病的海胆，并随机挑选 3 只尸体随机替换每个平行组中 3 只健康个体，以传播黑嘴病。48h 后统计各组死亡和患病的海胆数量。

（十）统计分析

采用 Kolmogorov-Smirnov 检测分析数据的正态分布情况，Levene 检测判断数据的方差齐性。海胆的死亡率、患病率和觅食距离使用独立样本 t 检验进行比较。采用单因素重复度量比较分析摄食量的差异。使用 Mann-Whitney U 检测比较两组海胆之间口器咬合行为、CT_{max}、觅食时间、死亡率和患病率的差异性。采用 SPSS 19.0 统计软件完成上述数据分析。$P<0.05$ 为显著差异。

二、结果

（一）存活率

对照组死亡率 [（13.89±5.74)%] 与实验组 [（13.33±11.35)%] 无显著差异（$t=0.107$，$P=0.918$，图 8-13a）。但实验组患病率 [（18.33±10.69)%] 显著低于对照组 [（38.89±7.20)%；$t=3.094$，$P=0.003$，图 8-13b]。

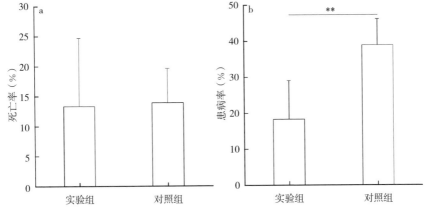

图 8-13　6 周后两组之间海胆死亡率（a）和患病率（b）（平均值±标准差，$n=6$）

**表示 $P<0.01$

（二）摄食量

对照组［（1.17±0.30）g/（只·d）］与实验组［（0.81±0.26）g/（只·d）］摄食量无显著差异（$F=1.411$，$P=0.256$，图8-14）。

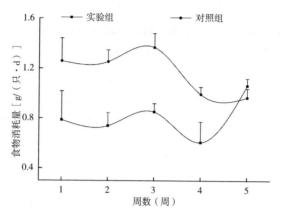

图8-14　两组海胆摄食量（mean±SD，$n=6$）

（三）觅食行为

对照组［（441.29±312.76）mm］与实验组［（479.65±390.01）mm］之间的觅食距离无显著性差异（$t=0.326$，$P=0.747$，图8-15a）。对照组的觅食时间［（944.17±625.67）s］与实验组［（782.89±638.03）s］亦无显著

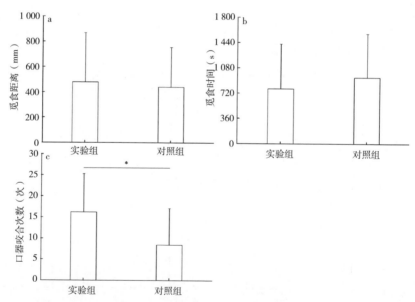

图8-15　两组之间觅食距离（a），觅食时间（b）和口器咬合行为（c）（mean±SD，$n=6$）

＊表示 $P<0.05$

差异（Mann-Whitney $U=131.5$，$P=0.331$，图 8-15b）。

(四) 口器咬合行为

实验组口器咬合行为 [（16.22±9.08）次] 显著高于对照组 [（8.44±8.69）次]（Mann-Whitney $U=97$，$P=0.038$，图 8-15c）。

(五) 耐热性

实验组中 CT_{max} [（34.45±1.96）℃] 显著高于对照组 [（31.96±1.70）℃]（Mann-Whitney $U=61$，$P=0.001$，图 8-16）。

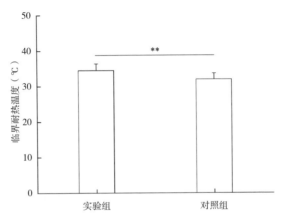

图 8-16　两组之间海胆耐热性（CT_{max}）（mean±SD，$n=6$）

** 表示 $P<0.01$

(六) 攻毒实验

攻毒实验结束后，实验组 [（0.00±0）%] 和对照组 [（2.47±4.28）%] 之间死亡率无显著差异（Mann-Whitney $U=6$，$P=0.317$，图 8-17a）。但实

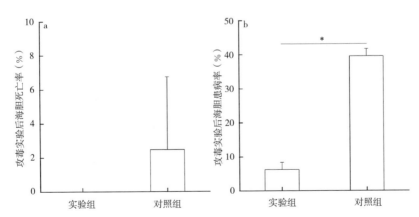

图 8-17　攻毒实验后海胆死亡率（a）和患病率（b）（mean±SD，$n=3$）

* 表示 $P<0.05$

验组海胆患病率［（6.17±2.14)%］显著低于对照组［（39.51±2.13)%；Mann-Whitney $U=9$，$P=0.043$，图 8-17b]。

三、讨论

（一）新设施显著降低高温下海胆之间的疾病传播

在筏式养殖生产流程中，中间球海胆（壳径 20～30mm）至少需度过一个夏季才能生长成商品规格（壳径>50mm）。疾病蔓延导致夏季筏式养殖中间球海胆大量死亡（Chi *et al*., 2020；Hu *et al*., 2021），这严重阻碍了其产业的发展。因此，开发一种有效降低疾病蔓延的方法对提高夏季海胆筏式养殖生产效率具有重大意义。本研究发现，实验结束后实验组的患病率显著低于对照组，表明新装置显著降低了海胆在高温下的患病率。海带是中间球海胆养殖的常见饵料（Lawrence *et al*., 2019），是一种冷水物种，在高温下极易腐烂（曾呈奎等，1962）。海胆食用不健康的海带后，摄食量、生长和性腺发育方面受到显著抑制（王中等，2021）。在本研究中，两组均及时替换残饵以模拟筏式养殖的最佳管理状态。因此，有理由推测新装置可能在实际筏式养殖生产中降低疾病蔓延的效果更好。王斌等（2006）发现，$3×10^4$ 个/mL 浓度的弧菌在 23℃ 可诱发所有棘损伤的海胆患病，这表明物理损伤可能恶化了海胆疾病的感染。本装置中，海胆和海带是分离的，避免了海胆在日常管理中受伤（如投喂海带），进一步减少了疾病的传播。在筏式养殖管理中，及时清理海胆尸体非常困难且人工成本高昂，因此海胆尸体通常滞留在现有的养殖装置中 3～7d。在本实验中，对照组中死亡个体被及时移除，而实验组却未及时移除，但新装置却在降低疾病蔓延方面表现更加出色。

本研究的攻毒实验模拟了夏季筏式养殖中疾病大规模暴发的情况。结果发现实验组中患病率显著低于对照组。这表明当海胆暴露于疾病暴发的环境时，新装置能极大降低疾病传播。生物尸体是一种能为致病菌提供营养的良好培养基（Thompson *et al*., 2013）。在新装置中，海胆与海胆个体的相互隔离避免了健康海胆和不健康的海胆之间的物理交互作用，从而降低了疾病蔓延的风险（Lloyd-Smith *et al*., 2005；Volz *et al*., 2011；Hu *et al*., 2021）这些结果进一步凸显了该装置在降低夏季筏式养殖中海胆疾病蔓延的优势。

（二）新装置增强了海胆在高温下的抗逆性

在筏式养殖中，海胆不可避免地暴露在季节性的高水温环境下（Zhao *et al*., 2016）。大量的证据表明，高温对中间球海胆的生长（Lawrence，1975）、摄食（曾呈奎等，1962）和存活（Agatsuma，2013）均存在不利影响。因此，增强抗逆性是提高海胆筏式养殖生产效率的关键（Hu *et al*., 2021）。在许多海洋生物中，CT_{max} 通常用来表示耐热性（即抗逆性）（Dong *et al*., 2017；

Gunderson and Stillman，2015；Morley *et al.*，2019）。本研究发现实验组海胆的 CT_{max} 高于对照组，表明该装置养殖海胆对高温表现出更好的抗逆性。口器咬合行为是海胆独特的摄食行为，代表其摄食能力强弱（Ding *et al.*，2020）。尽管在摄食量方面没有显著差异，但实验组口器咬合行为显著高于对照组。类似的，饮食干预显著增强了高温下养殖的澳大利亚绿唇鲍（Stone *et al.*，2014）和中间球海胆（Hu *et al.*，2020）的抗逆性，进而提高了它们的存活率。本研究提出了一种有利于海胆适应高温环境的新装置。

（三）新装置便于筏式养殖生产作业

海胆养殖的效益取决于产量和成本（Siikavuopio *et al.*，2007；Siikavuopio and James，2011）。海胆筏式养殖一个周期（以管理 1 200 个笼子计算）的人工成本约为 78 000 美元［1 300 美元/（月·人）×4 人×15 月］。管理效率低下是造成高人工成本的主要因素。本装置中，工人只需将海胆在正式养殖前放进单独的隔间中。日常管理时候，将笼子挂在船上，操作气囊的闭合实现投饵和清理饵料。这极大提高了养殖生产效率并节约了人力成本。该新装置有利于海胆筏式养殖生产作业，具有很大的应用潜力。

第九章　趋向行为在海胆养殖上的应用

第一节　警报信号对光棘球海胆觅食和摄食行为的影响

海胆的过度放牧是导致海藻床向具有较低初级生产力和栖息地结构复杂性的"荒原"（barren）转变的重要原因（Filbee-Dexter and Scheibling，2014；Ling et al.，2019）。海胆能够成从压碎的海胆个体的提取物中感知到警报信号，尽管其化学物质并不清楚（Parker and Shulman，1986）。警报信号能够引起海胆的各种行为反应，比如躲避行为（Spyksma et al.，2017）和聚集行为（Kintzing and Butler，2014）。因此，可以合理地假设警报信号在阻止光棘球海胆觅食和摄食行为方面具有应用潜力。本研究的主要目的是：①海带和海胆之间的警报信号能否有效地阻止海胆的觅食行为；②海带周围的警报信号能否阻止海胆的觅食行为；③受警报信号驱散的海胆在逃遁中的路上是停下来觅食还是继续逃跑；④警报信号能否阻止正在啃食的海胆；⑤警报信号对亚里士多德提灯反应的影响。

一、材料和方法

（一）海胆

实验所用的光棘球海胆［壳径（21.7±1.5）mm；体重（4.8±0.9）g］于 2019 年 5 月购买自大连金州某养殖场，并将其运输到大连海洋大学农业农村部北方海水增养殖重点实验室。将光棘球海胆放在控温水槽（750mm×430mm×430mm）中进行暂养。对实验所需的光棘球海胆投喂适量的新鲜海带，养殖的光周期为 12L∶12D（12h 光照，12h 黑暗），每 3d 清理海胆产生的粪便并捡出剩余的海带同时更换 1/2 的海水。为了使海胆的状态标准化，实验前 3d 不对海胆进行投喂。实验一到实验五使用不同的海胆重复 20 次（n＝20）。

（二）同种警报信号

根据 Parker 和 Shulman 的方法（Parker and Shulman，1986）并进行了一些修改来制作警报信号。制作方法如下：

将一只光棘球海胆［壳径（28.27±2.85）mm］压碎于 50mL 的海水

中，利用筛绢网（孔径为 $260\mu m$）过滤，即获得警报信号。同种的警报信号之所以被命名，是因为行为反应测试是使用从同一个物种提取的警报信号来进行研究的。在每次实验前准备好警报信号。在每个单独的实验中使用 5mL 的警报信号，这大约等于暴露于一个小物种体液的 1/10 (Parker and Shulman，1986)。警报信号在 20min 内无水流的实验水槽中是粉红色的，可以利用 ImageJ (1.51n) 软件分析得到警报信号的位置 ($144.4 \pm 29.2mm$)。

（三）实验一：海带和海胆之间的警报信号能否有效阻止海胆的觅食行为

在 Ding 等 (2020) 的实验基础上，设计出了一种无水流的实验装置（$70cm \times 6cm \times 5cm$）。所有实验的光照强度约为 300lx，海水的温度为 $13.6 \sim 13.8℃$，盐度为 $30.07 \sim 30.25$。

实验一研究了警报信号对海胆觅食行为的影响。警报信号组模拟了警报信号出现在海胆觅食途中的情况。在警报信号组中，将新鲜的海带（$5cm \times 5cm$）放置于实验装置的一侧，将光棘球海胆放置于实验装置的另一侧，5mL 的警报信号缓慢地注射到实验装置的中间（图 9-1a）。在对照组中，将新鲜的海带（$5cm \times 5cm$）放置于实验装置的一侧而光棘球海胆放置于实验装置的另一侧。利用数码摄像机拍摄光棘球海胆在 20min 内的觅食行为。计算海胆成功觅食的数量、海胆在海带区域的时间以及觅食时间。为了避免非实验因素的干扰，每组实验均更换新鲜的海带和海水，同时清洗实验装置。

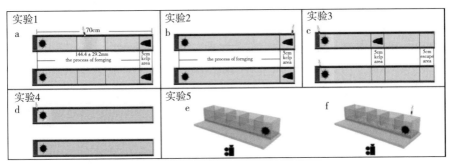

图 9-1 测试光棘球海胆觅食和摄食行为的实验装置。实验一：警报信号滴加在实验装置的中间（a）。实验二：警报信号滴在海带的上方（b）。实验三：海带放在实验装置的中间（c），警报信号滴在光棘球海胆的上方，这种情况用来模拟光棘球海胆在逃遁的过程中遇到海藻床。实验四：将警报信号滴在正在啃食海藻的海胆上方（d）。实验五：记录亚里士多德提灯反应在无警报信号下（e）和有警报信号下（f）咬合的频率。

(四) 实验二：海带周围的警报信号能否阻止海胆的觅食行为

将新鲜的野生海带（5cm×5cm）放置于警报信号组的实验装置的一侧，5mL的警报信号缓慢地注射到海带上面，光棘球海胆放置于实验装置的另一侧。警报信号组模拟了警报信号在海胆觅食的途中出现在海藻床周围的情况（图9-1b）。在对照组中，将新鲜的野生海带放置于实验装置的一侧，光棘球海胆放置于实验装置的另一侧（图9-1b）。利用数码摄像机拍摄光棘球海胆在20min内的觅食过程。光棘球海胆在20min内成功到达海带位置被定义为成功觅食（孙平等，2014）。海带区域指的是海带的位置（图9-1b）。统计海胆在20min内成功觅食的数量、在海带区域的时间以及觅食时间。

(五) 实验三：受警报信号驱散的海胆在逃遁中是停下来觅食还是继续逃跑

实验组模拟的情况是海带出现在海胆逃遁的途中。将新鲜的海带放置于实验组的实验装置的中间，海胆放置于实验装置的另一侧（图9-1c）。在对照组中，将海胆放置于实验装置的一侧，然而实验装置的中间并不放置海带（图9-1c）。分别将5mL的警报信号缓慢地注射到实验组和对照组的光棘球海胆上方。利用数码摄像机拍摄光棘球海胆在20min内的觅食过程。光棘球海胆在20min内成功到达海带位置被定义为成功觅食（孙平等，2014）。海带区域指的是海带的位置，逃跑区域指的是实验装置右侧末端的位置（5cm×6cm×5cm）（图9-1c）。统计实验组和对照组中光棘球海胆分别在海带区域和逃跑区域的时间。

(六) 实验四：警报信号能否阻止正在啃食的海胆

在实验装置（70cm×6cm×5cm）的底部铺满海带薄膜。根据Ding等（2020）配制海带薄膜的方法：将2g海带粉、3g琼脂粉混合在100mL的海水中，然后加热1min，将其倒入实验装置中，制成海带薄膜。当光棘球海胆啃食海带薄膜1min后，在警报信号组中，将5mL的警报信号缓慢注射于海胆的上方，而对照组中并没有警报信号（图9-2d）。每组实验都重新更换海带薄膜。利用数码摄像机拍摄光棘球海胆在20min内的觅食行为。觅食时间指的是海胆个体找到海带所需的时间。移动距离指的是海胆寻找海带的过程经过的路程长度。速度是移动距离与觅食时间的比值。利用ImageJ软件（1.51n）计算光棘球海胆的觅食时间、移动距离和速度。

(七) 实验五：警报信号对亚里士多德提灯反应的影响

根据Ding等（2020）的方法，设计了一个底部带有海带薄膜的简单装置，用于测量亚里士多德提灯反应。在警报信号组中，将5mL的警报信号缓慢地注射于海胆上方（图9-2f），而在对照组中不加入警报信号（图9-2e）。利用数码摄像机记录光棘球海胆在 5min 内的亚里士多德提灯反应。

（八）统计分析

数据的正态分布和方差齐性分别采用 Kolmogorov-Smirnov 检验和 Levene 检验。利用 Fisher 精确检验分析实验一到实验四中成功觅食海胆的数量（Sun et al.，2019）。利用单因素方差分析各警报信号组中和对照组中光棘球海胆在海带区域的时间、在逃跑区域的时间、觅食时间、移动距离、速度和亚里士多德提灯反应。所有数据均利用 SPSS 20.0 统计软件进行分析。$P<0.05$ 的概率水平被认为是显著的。

二、结果

（一）实验一：海带和海胆之间的警报信号能够有效阻止海胆的觅食行为

警报信号组中成功觅食海胆的数量（1/20）显著低于对照组（11/20）（$P<0.001$，图 9-2a）。警报信号组的海胆在海带区域的时间显著少于对照组（$P=0.002$，图 9-2b）。警报信号组与对照组中海胆的觅食时间没有显著差异（$P=0.356$，图 9-2c）。

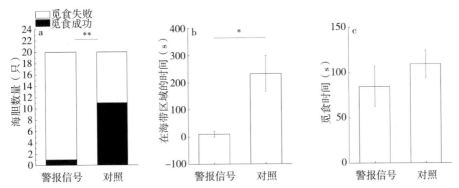

图 9-2　实验一：当警报信号出现在光棘球海胆与海藻之间时，海胆成功觅食的数量（a）、在海带区域的时间（b）以及觅食时间（c）（$n=20$，mean±SE）
* 表示 $P<0.05$，** 表示 $P<0.001$

（二）实验二：海带周围的警报信号能够阻止海胆的觅食行为

在警报信号组中，20 只光棘球海胆中有 2 只海胆（2/20）成功觅食；在对照组中有 11 只光棘球海胆成功觅食（11/20）。警报信号组中成功觅食海胆的数量显著低于对照组（$P<0.001$，图 9-3a）。警报信号组的海胆在海带区域的时间显著低于对照组（$P=0.017$，图 9-3b）。警报信号组的海胆的觅食时间显著高于对照组（$P=0.023$，图 9-3c）。

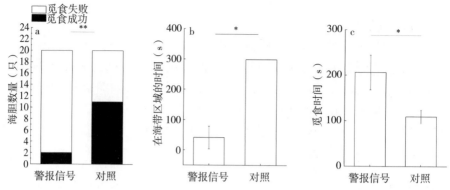

图9-3 实验二：当警报信号出现在海藻床周围时，海胆成功觅食的数量（a）、在海带区
域的时间（b）以及觅食时间（c）（$n=20$，mean±SE）

*表示 $P<0.05$，**表示 $P<0.001$

（三）实验三：受警报信号驱散的海胆在逃遁中面对食物依旧继续逃跑

实验组中海胆在海带区域和逃跑区域的时间没有显著差异（$P=0.845$，图9-4a）。对照组中海胆在逃跑区域的时间显著高于在海带区域的时间（$P<0.001$，图9-4a）。实验组的海胆在海带区域的时间显著高于对照组（$P=0.023$，图9-4b）。实验组的海胆在逃跑区域的时间显著低于对照组（$P=0.020$，图9-4c）。

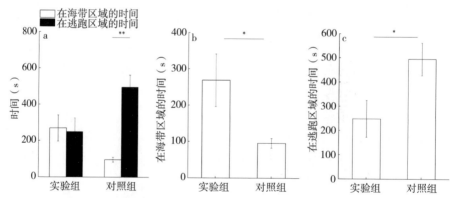

图9-4 实验三：当海胆在逃跑的路上遇到海带时，海胆在不同区域的时间（a）、在海带
区域的时间（b）以及在逃跑区域的时间（c）（$n=20$，mean±SE）

*表示 $P<0.05$，** 表示 $P<0.001$

（四）实验四：警报信号可以阻止正在啃食的海胆

警报信号组中海胆停止摄食的数量显著高于对照组（$P<0.001$，图9-5a）。警报信号组中海胆在海带区域的时间显著低于对照组（$P<0.001$，图9-5b）。警报信号组的运动距离（$P<0.001$，图9-5c）和速度（$P<0.001$，图9-5d）均显著高于对照组。

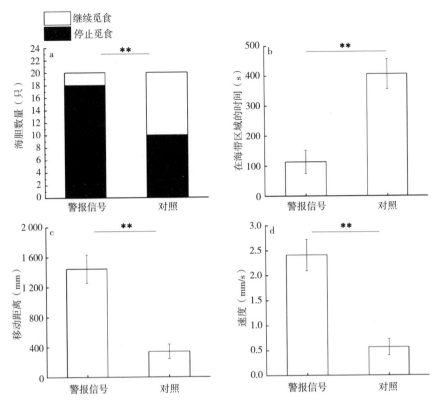

图 9-5　实验四：光棘球海胆暴露在警报信号条件下成功觅食的数量（a）、在海带区域的时间（b）、移动距离（c）以及速度（d）（$n=20$，mean$\pm$SE）

$*$ 表示 $P<0.05$，$**$ 表示 $P<0.001$

（五）实验五：警报信号对亚里士多德提灯反应不产生影响

警报信号组和对照组中光棘球海胆的口器咬合的频率（亚里士多德提灯反应）无显著差异（$P=0.221$，图 9-6）。

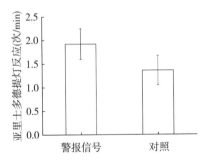

图 9-6　实验五：光棘球海胆在警报信号组和对照组中亚里士多德提灯反应（$n=20$，mean$\pm$SE）

三、讨论

警报信号出现在海带和海胆之间时，大多数海胆（19/20）没有穿过有警报信号的区域。这一结果表明，警报信号可以有效阻止海胆的觅食行为。相一致的是，有警报信号组的海胆在海带区域的时间显著少于没有警报信号组的。从压碎的海胆提取物中可以得到警报信号（Zhadan and Vaschenko，2019；Guarnieri et al.，2020）。此外，光棘球海胆暴露在压碎海胆的条件下，能够在长达19d的时间内躲避有吸引的食物来源（Zhadan and Vaschenko，2019）。因此，本研究的结果表明，警报信号能够在海藻床的关键区域发挥重要作用，可能起到屏障的作用来阻止海胆觅食。因此，野外调查是很有必要的。

海胆暴露在警报信号条件下具有明显的逃跑反应（Zhadan and Vaschenko，2019）。本研究发现，海带周围的警报信号能够显著阻止海胆的觅食行为。这一结果表明，警报信号在阻止海胆觅食海藻方面具有应用潜力。同样，越来越多的学者注重开发生态友好的管理工具来控制海胆的数量。例如，龙虾作为海胆的捕食者被用来控制海洋保护区中海胆种群的数量（Pederson and Johnson，2006；Day et al.，2021；Kawamata and Taino，2021）。本研究的方法具有生态友好性，因为警报信号是从海胆自身中提取的。

目前还不清楚在海胆上方添加警报信号来阻止海胆过度放牧海藻床是否可行。本研究发现，受警报信号驱散的光棘球海胆在逃遁过程中，海胆停在海带区域的时间明显多于逃跑区域。相一致的是，漂藻极大地阻止了海胆运动（Kriegisch et al.，2019）。这表明，将警报信号直接滴加到海胆的上方是不可行的，因为海胆在逃跑的途中遇到海带时，会觅食海带，而不是继续逃跑。

除此之外，将海胆从海藻床上驱逐以防止海胆过度放牧海藻床是很有必要的。有趣的是，实验结果发现当海胆遇到警报信号时，它们会停止摄食海带。这一结果与Matassa的研究结果是一致的（Matassa，2010）。Matassa（2010）研究发现，紫球海胆在捕食相关线索的响应下明显降低了放牧率。这表明，从压碎海胆的个体上获得的警报信号不仅会阻止海胆的觅食行为，还会阻止正在摄食的海胆。因此，警报信号可能是阻止正在摄食海胆的有效方法。

亚里士多德提灯反应是海胆神经肌肉介导的行为，代表了海胆抓取和咀嚼食物的能力。因此，猜测亚里士多德的提灯反应受到警报信号的影响是由于神经肌肉的敏感性（Brothers and McClintock，2015；De Ridder and Lawrence，1982）。然而，亚里士多德提灯反应的频率在有/无警报信号暴露中没有显著差异。这一结果表明，警报信号的受体可能存在于管足中，而不是海胆的神经肌肉中。这与管足上丰富的化学和机械受体是一致的（Sloan and Campbell，1982）。警报信号对海胆影响的分子机理有待进一步研究。

小规模地派遣潜水员从荒原上清除海胆，这对荒原向海藻床恢复是有效的（Leinaas and Christie，1996；Andrew and Underwood，1993）。然而，在复杂的大规模海藻床生态系统中，派遣潜水员捕杀和/或移除海胆的成本高昂，并且对于潜水员来说工作量过大（Sanderson *et al.*，2016；Guarnieri *et al.*，2020）。此外，一些陡峭的地形并不适合潜水员移除海胆。Leighton 等（1965）使用生石灰作为化学屏障来阻止海胆觅食。然而，生石灰的使用会产生热量，这并不环保。从压碎海胆中获取的警报信号对环境友好，对阻止海胆的觅食行为是有价值的。然而，与其他控制海胆数量的方法相比，大量捕杀海胆是大规模的密集型劳动，并且不符合伦理道德。因此，进一步揭示警报信号的化学基础以及合成警报信号的化学物质是十分必要的。总的来说，本研究提出了警报信号作为绿色工程应用于海藻床管理的潜力，尽管在大规模的野外应用之前需要进行大量的实验工作。

第二节　食物和个性对暴露在警报信号下光棘球海胆觅食行为的影响

本研究的主要目的是探究：①暴露在警报信号下的海胆是否被海藻吸引；②警报信号是否会影响禁食的海胆的觅食行为；③光棘球海胆的觅食能力是否影响海胆对警报信号的响应。

一、材料与方法

（一）海胆

实验所使用的光棘球海胆（壳径约为 20mm）购买于海宝养殖场，并将其运输到大连海洋大学农业农村部北方海水增养殖重点实验室于适宜的条件下进行暂养。暂养环境与前一节条件一致。

（二）同种警报信号

警报信号的制作方法详见本章第一节。

（三）实验一：暴露在警报信号下的海胆是否被海藻吸引

在实验组中，将一块新鲜的海带（约 5g）放置于实验装置的一侧（70cm×6cm×5cm），随后将 5mL 的警报信号滴到海带上面（图 9 - 7A）。将 5mL 的警报信号滴到对照组的实验装置的一侧，对照组中并没有海带（图 9 - 7B）。将实验组和对照组的海胆分放置于距海带 15cm 处（图 9 - 7A，B）。利用数码摄像机（FDR-AXP55，索尼，日本）记录海胆在 20min 内的觅食行为。危险区（b 区）指的是海胆距离海带 15cm 的位置，逃跑区（a 区）指的是海胆距离海胆 15cm 的位置（图 9 - 7A，B）。分别计算各组海胆在逃跑区（a 区）和危险区（b区）的时间。每组实验重复 20 次，每组使用不同的光棘球海胆（n =20）。每次实验都更换海水并清洗实验装置，为了避免潜在的非实验影响。

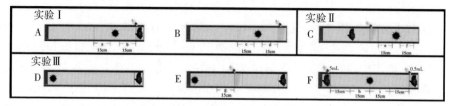

图 9-7　光棘球海胆的觅食装置。实验 1：海带吸引海胆（A~B）；a、c、f 的位置是逃跑区域，b、d、e 的位置是危险区域。实验 2：警报信号放于实验装置的中间（C）。实验 3（D~F）：光棘球海胆在长为 70cm 的第一实验装置中的觅食行为（D）；将 5mL 的警报信号放置于第二个实验装置的中间（E）；g 区域指的是危险区；将不同数量的警报信号（5mL 和 0.5mL）分别放置于第三个实验装置的左侧和右侧；h 区域指的是靠近多量警报信号的安全区域；i 区域指的是靠近少量警报信号的安全区域

（四）实验二：警报信号是否影响禁食的海胆的觅食行为

本实验研究了警报信号对禁食海胆的觅食行为的影响。实验组模拟了警报信号出现在光棘球海胆觅食的途中（图 9-7C）。实验组分别禁食 7d、14d、21d。将 5mL 的警报信号放置于实验装置（70cm×6cm×5cm）的中间，这个实验装置是根据我们之前的研究方法（Mirza and Chivers，2002）并进行了一些修改所设计的，海带放置于离警报信号 15cm 处左边的位置，而海胆放置于离警报信号 15cm 处右侧（图 9-7C）。利用数码摄像机记录光棘球海胆在 20min 内的觅食行为。在 20min 内到达海带被定义为成功觅食。危险区（e 区）指的是警报信号与海胆之间的位置，逃跑区（f 区）指的是距离海胆右侧 15cm 的位置（图 9-7C）。所有组的海胆在 e 和 f 区域的时间都是单独计算的。实验重复 20 次，每组使用不同的海胆（n=20）。

（五）实验三：光棘球海胆的觅食能力是否影响海胆对警报信号的响应

实验三包括 3 个实验。用实验一的实验装置来测量光棘球海胆的觅食行为。

第 1 个实验测试了光棘球海胆的觅食能力。将海带放在实验装置的一侧，海胆放置于实验装置的另一侧（图 9-7D）。利用数码摄像机记录光棘球海胆在 20min 内的觅食行为。利用 ImageJ 软件（version 1.51n）计算光棘球海胆的运动和速度，使用不同的海胆重复实验 31 次（n=31）。在第 1 个实验结束后，将这 31 只光棘球海胆分别放置于单独的圆柱形塑料笼子里。这 31 只海胆用于后续的第 2 和第 3 个实验（n=31）。为了避免潜在的疲劳影响，每次行为实验隔 24h 后进行。

第 2 个实验的目的是探究觅食能力强的海胆在觅食的过程中遇到警报信号时，其觅食行为是否会受到影响。在实验装置的右侧放置海带，将 5mL 的警报信号放置于实验装置的中间，而光棘球海胆放置于实验装置的左侧（图 9 - 7E）。利用数码摄像机记录光棘球海胆在 20min 内的觅食行为。g 区指的是距离警报信号左侧 15cm 的位置。分别计算这 31 只海胆在 g 区的时间（$n=31$）。

第 3 个实验研究了海带周围出现不同数量的警报信号是否对觅食能力强的海胆产生影响。多量的警报信号（5mL）和海带放在实验装置的左侧（70cm×6cm×5cm），同时将少量的警报信号（0.5mL）和海带放置于实验装置的右侧，光棘球海胆放在实验装置的中间（图 9 - 7F）。用数码摄像机记录海胆在 20min 内的觅食行为。分别记录了成功到有多量警报信号和少量警报信号区域觅食的海胆的数量。h 区域指的是离海胆左侧 15cm 的安全区域。i 区域指的是离海胆右侧 15cm 的安全区域。分别计算 31 只海胆在 h 区和 i 区的时间。

（六）数据分析

分别采用 Kolmogorov-Smirnov 检验和 Levene 检验分析数据的正态分布和方差齐性。采用独立样本 t 检验分析实验一中海胆在危险区域（b、d）和逃跑区域（a、c）的时间差异。分别对禁食 7d、14d 和 21d 的海胆在危险区（e）和逃跑区（f）的时间进行单因素方差分析。当方差分析发现有显著差异时，采用 LSD 检验进行两两多重比较。采用 Pearson 相关分析对海胆的觅食速度以及分别在 g、h 和 i 区域进行相关性分析。所有数据均利用 SPSS 20.0 统计软件进行分析。$P<0.05$ 的概率水平被认为是显著的。

二、结果

（一）实验一：暴露在警报信号下的海胆不会被海藻吸引

实验组和对照组的海胆在危险区域（b 区）的时间（$t=-0.966$，$P=0.340$，图 9 - 8a）和逃跑区域（a 区）的时间（$t=1.854$，$P=0.072$，图 9 - 8b）没有显著差异。

（二）实验二：警报信号会影响禁食的海胆的觅食行为

禁食 7d 的 20 只光棘球海胆中有 5 只海胆（5/20）成功穿过有警报信号的区域；禁食 14d 的 20 只海胆中有 4 只（4/20）成功穿过有警报信号的区域；禁食 21d 的 20 只海胆中有 3 只（4/20）成功穿过有警报信号的区域。

禁食 7d 与 14d 的光棘球海胆在危险区（e 区）的时间没有显著差异（$P=0.489$）。禁食 7d 与 21d 的光棘球海胆在危险区（e 区）的时间没有显著差异（$P=0.429$）。同样地，禁食 14d 和 21d 的光棘球海胆在危险区域（e 区）的时

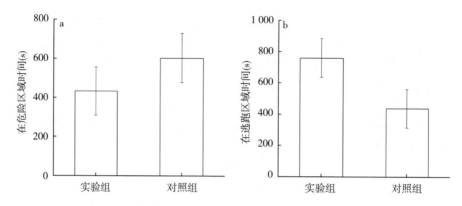

图 9-8　实验 1：实验组和对照组的海胆在危险区域（a）和逃跑区域（b）的时间

间没有显著差异（$P=0.920$，图 9-9a）。

禁食 7d 和 14d 的光棘球海胆在逃跑区（f 区）的时间没有显著差异（$P=0.506$）。禁食 7d 和 21d 的光棘球海胆在逃跑区（f 区）的时间没有显著差异（$P=0.104$）。禁食 14d 和 21d 的光棘球海胆在逃跑区（f 区）的时间没有显著差异（$P=0.329$，图 9-9b）。

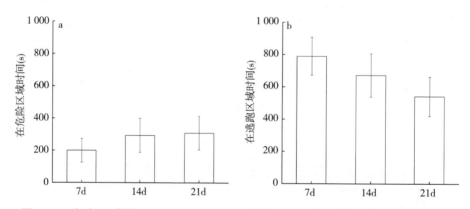

图 9-9　实验 2：禁食 7d、14d 和 21d 的光棘球海胆暴露在警报信号条件在危险区（a）和逃跑区（b）的时间

（三）实验三：光棘球海胆的觅食能力会影响海胆对警报信号的响应

当警报信号出现在海胆觅食的途中时，只有 2 只海胆（2/31）朝着海带的方向觅食。Pearson 相关分析显示，海胆在 g 区域的时间与它们的觅食速度没有显著相关性（$R^2=0.257$，$P=0.195$，图 9-10a）。

只有 1 只海胆成功向有 5mL 的警报信号区域觅食。海胆在 h 区的时间与觅食速度没有显著相关性（$R^2=0.043$，$P=0.814$，图 9-10b）。海胆在 i 区的时间与觅食速度无显著相关性（$R^2=0.096$，$P=0.596$，图 9-10c）。

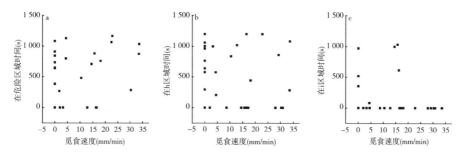

图 9 - 10　实验 3：当光棘球海胆在觅食的途中遇到警报信号时，海胆的觅食速度与在危险区域（g 区）的时间相关性（a）；当海带附近有 5mL 的警报信号时，海胆的觅食速度与在危险区域（h 区）的时间的相关性（b）；当海带附近有 0.5mL 的警报信号时，海胆的觅食速度与在危险区域（i 区）的时间之间的相关性（c）

三、讨论

　　海胆能够感知由受伤的同类发出的警报信号并具有逃跑反应（Zhadan and Vaschenko，2019；Vadas et al.，1986）。之前的研究发现，海带周围的警报信号让海胆距离海带并不远（Chi et al.，2021b）。然而，这种现象是受到警报信号还是受到海带的吸引的影响仍然未知。目前的研究发现，在有或没有海带的情况下，海胆在危险区域（b 区）和逃跑区域（a 区）的时间没有显著差异。这表明食物吸引并不影响警报信号引起的逃跑策略。海胆在捕食信号下的移动距离从 1m（Manzur and Navarrete，2011；Watson and Estes，2011）到几米（Harris et al.，2019）。因此，本研究结果表明，在海带周围加入警报信号是降低海胆对海藻床威胁的有效途径。

　　海带和海胆之间的警报信号能够明显阻止海胆的觅食行为（Chi et al.，2021b）。然而，海带和海胆之间的警报信号是否能够阻止禁食的海胆觅食尚不清楚。海胆倾向于从缺乏大型海藻的荒原向大型海藻丰富的海藻床扩散（Dumont et al.，2006）。饥饿显著提高海胆（Echinometra maaei）的觅食频率（Hart and Chia，1990）。因此，有效阻止禁食的海胆觅食海带对海藻床管理具有重要意义。本研究发现，当海带和海胆之间出现警报信号时，禁食 21d 的光棘球海胆并没有穿过警报信号的区域。此外，禁食 21d 的光棘球海胆在逃跑区域（f 区）和危险区域（e 区）的时间没有显著差异。这些结果表明，当暴露于警报信号条件下，海胆的逃跑行为超过了其觅食行为。禁食一周的海胆（Heliocidaris crassispina）对死亡海胆信号的敏感性较低（Belleza et al.，2021）；然而，禁食 3 周的光棘球海胆对警报信号的敏感性较高。这意味着，不同种类的饥饿海胆对警报信号有不同的响应。结合之前的研究，本研究认为警报信号可以有效地调控海胆（至少是光棘球海胆）觅食海带。

大量证据表明，个体的觅食差异会受到动物个性的调节（Harris *et al.*，2019）。大胆的三刺鱼（*Gasterosteus aculeatus*）往往具有较强的觅食行为。海胆的觅食能力是其个性的一个体现。海胆通过强烈的觅食倾向过度啃食海带。因此，我们猜测具有较强觅食能力的海胆可能会通过警报信号的区域。本研究意外地发现，具有较快觅食速度的海胆与其在危险区域（g 区）的时间没有显著相关性。海胆在 i 区的时间与觅食速度也无显著相关性。这些结果表明，警报信号作为一种有效的生物屏障，也可以阻止觅食能力强的海胆（至少是光棘球海胆）去觅食。

第三节　警报信号对光棘球海胆繁殖的影响

警报信号对底栖生态系统生存的海胆来说具有适合度益处。然而，海胆是否存在警报信号的适合度代价，这在很大程度上仍是未知的。这一问题极大地影响了警报信号在底栖生态系中生态作用的充分理解。本研究的主要目的是探究：①警报信号对光棘球海胆的受精和孵化是否存在显著影响；②警报信号对光棘球海胆的四腕幼体的畸形、体长、体宽、胃长和胃宽是否有显著影响。

一、材料与方法

（一）海胆
实验所用的光棘球海胆［壳径（100.60±4.70）mm；体重（194.45±24.58）g］购买于大连市海宝渔业有限公司，并被转移到大连海洋大学农业农村部北方海水增养殖重点实验室。这些海胆在抵达实验室后，用于此繁殖实验。

（二）同种警报信号
警报信号的制作方法详见本章第二节。

（三）受精
根据 Chang 等（2012）的海胆人工繁殖方法，在光棘球海胆运到实验室之后，向每只海胆的体腔内注射 0.5mol/L KCl 溶液进行人工催产，光照强度大约为 300lx。

收集 3 只雄性和 3 只雌性的配子（$n=3$），精子和卵子混合之前，利用血细胞计数板在显微镜下定量计算卵子总数和精子的密度。

根据 Ding 等（2019）的方法，光棘球海胆的卵子与精子的比例在 5L 桶内为 1∶1 000。为了研究警报信号对光棘球海胆繁殖策略的影响，分别将混合的精子和卵子暴露在有警报信号的实验组中和没有警报信号的对照组中。实验使用不同的亲本海胆作为重复，分别建立了3个重复（$n=3$）。实验组和对照组中海水的温度为23.5～23.6℃，pH为8.10～8.11，这些水质指标是通过便携式水质仪（美国，YSI）测量的。

（四）受精率和孵化率

根据Zhao等（2018a）的方法，使用DS-Ri1显微镜（日本，佳能）观察受精后2h、24h和42h光棘球海胆的受精、孵化和畸形情况。随后计算受精率、孵化率和畸形率，计算公式如下：

$$受精率=胚胎数/（胚胎数+未分裂的细胞数）\times 100\% \quad (9-1)$$

$$孵化率=棱柱幼体数/（棱柱幼体数+未发育的细胞数）\times 100\%$$
$$(9-2)$$

（五）四腕幼体的畸形率和体尺

根据之前的研究，在受精42h后测量光棘球海胆四腕幼体的畸形率和体尺。随后计算四腕幼体的畸形率，计算公式如下。

$$畸形率=畸形幼体总数/幼体总数\times 100\% \quad (9-3)$$

利用DS-Ri1显微镜拍照四腕幼体，利用ImageJ软件（version 1.51n）测量四腕幼体的体长、体宽、胃长、胃宽。每个家系测量50个幼体（图9-11）。

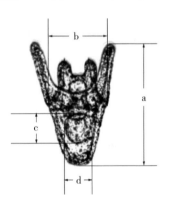

（六）统计分析

分别利用Kolmogorov-Smirnov检验和Levene检验对所有数据进行正态分布和方差齐性检验。实验组和对照组中光棘球海胆四腕幼体的体长、体宽、胃长和胃宽的差异采用独立样本t检验来分析。所有数据均利用SPSS 21.0统计软件进行分析。$P<0.05$的概率水平被认为是显著的。

图9-11　光棘球海胆四腕幼体的测量

a、b、c和d分别指的是四腕幼体的体长、体宽、胃长和胃宽

二、结果

（一）受精率和孵化率

实验组的受精率［（76.44±6.67）％］显著低于对照组［（98.86％±1.03）％］（$P=0.04$，图9-12a）。实验组的孵化率［（66.10±2.82）％］显著低于对照组［（88.07±6.36）％］（$P<0.001$，图9-12b）。总的来说，与对照组相比，实验组孵化出幼体的配子率仅为（52.7±4.4）％。

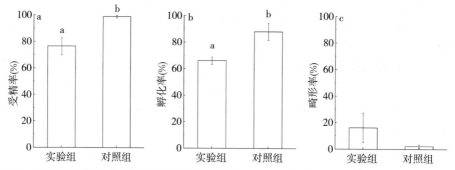

图 9-12　实验组和对照组光棘球海胆的受精率（a）、孵化率（b）和四腕幼体畸形率（c）
（$n=3$，平均值±标准差）

不同字母表示差异显著（$P<0.05$）

（二）四腕幼体畸形率

实验组 [$(16.11\pm11.17)\%$] 和对照组 [$(2.21\pm1.34)\%$] 四腕幼体畸形率没有显著差异（$P=0.244$，图 9-12c）。

（三）四腕幼体体长和体宽

实验组 [$(308.17\pm12.58)\ \mu m$] 和对照组 [$(327.44\pm35.00)\ \mu m$] 中四腕幼体的体长没有显著差异（$P=0.682$，图 9-13a）。

实验组四腕幼体的体宽 [$(155.10\pm5.17)\ \mu m$] 显著短于对照组 [$(171.80\pm7.44)\ \mu m$]（$P=0.013$，图 9-13b）。

（四）四腕幼体胃长和胃宽

光棘球海胆的四腕幼体的胃长（$P=0.184$，图 9-13c）和胃宽（$P=0.519$，图 9-13d）在实验组和对照组之间无显著差异。

三、讨论

海胆能够感知同种压碎的海胆所释放出来的警报信号并表现出反捕食行为（Zhadan and Vaschenko，2019；Chi *et al*.，2021b；Chi *et al*.，2021c），这表明了海胆对警报信号存在着适合度益处。本研究发现，有警报信号组的受精率和孵化率显著低于无警报信号组。同样地，在本地掠食性鱼类存在的情况下，澳小鳉（*A.botocudo*）的孵化率显著降低（Godoy *et al*.，2021）。海胆的受精率和孵化率在 UV-B 辐射和长期高温环境下相对稳定（Zhao *et al*.，2018a；Hart and Chia，1990）。然而，本研究结果表明，海胆的受精和孵化暴露于警报信号条件下是很脆弱的。众所周知，捕食是导致海胆生物量大幅减少的一个直接原因（Pederson and Johnson，2006；Day *et al*.，2021；Kawamata and Taino，2021）。海胆的早期发育阶段是脆弱的，这极大地影响

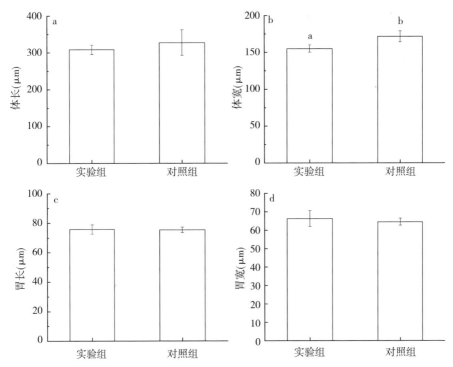

图 9-13　实验组和对照组光棘球海胆四腕幼体的体长（a）、体宽（b）、胃长（c）、胃宽
（d）（n=3，平均值±标准差）

不同字母表示差异显著（P<0.05）

着海胆的生物量。目前的研究为海胆暴露在捕食者时生物量的减少提供了一个新的解释，捕食者发出的警报信号会显著降低海胆的繁殖能力和孵化能力。这一新发现为全面理解警报信号在海洋生态系统中的作用提供了新的见解。然而，由于警报信号的化学基础尚不清楚，其分子机制仍完全未知（Chi et al.，2021b）。

　　本研究发现，无论有无警报信号，光棘球海胆四腕幼体的畸形率、体长、幼胃长和胃宽均无显著差异。有趣的是，在有警报信号组中，四腕幼体的体宽显著缩短。相反的是，淡水虾（Palaemon argentinus）暴露在警报信号条件下时展示出较长的喙（Ituarte et al.，2019）。这种不同表明，暴露在警报信号下的各种水生生物表现出不同的策略。目前的结果表明，海胆在有警报信号的环境中可能以更小的幼体生存。这一发现丰富了对不利环境下海胆在警报信号条件下适合度代价的认识。

　　先前的研究表明，警报信号作为一种生态友好的物质能够控制海胆的觅食行为进而来管理海藻床（Chi et al.，2021b；Chi et al.，2021c）。本研究丰富了利用警报信号作为潜在的应用来调节野外海胆种群的理解。警报信号对海胆繁殖期间的受精和孵化能力具有显著的负面影响，可能会降低海胆繁殖的成功率。幼虫的产量控制着海胆的生物量，尽管其他因素（例如，食物供应和反捕食）也同样重要（Balch and Scheibling，2001）。

第十章　基于行为学研究的海胆养殖设施研发

第一节　一种简便高效的海上筏式养殖网箱及其使用方法

一、设施研发的背景

本设施为鲍和海胆海上筏式养殖所用网箱。

鲍和海胆均属于珍稀海珍品，富含人体所必需的蛋白质、脂肪酸、维生素等营养元素，味道鲜美，深受人们喜爱。市场对于鲍和海胆的需求，极大促进了其产业的发展。目前，海上筏式养殖是我国鲍和海胆的主要养殖方式。在此养殖模式下，现有的鲍、海胆筏式养殖技术都采用在各种浮体中吊挂特制的组合式养殖网笼（俗称"鲍笼"）或柔性多层养殖网笼（俗称"扇贝笼"），投喂海带、龙须菜、裙带菜等大型藻类进行养殖。其中，鲍笼由 PVC 塑料制成，由多层结构相似的塑料箱组合而成，体表具有 6mm 的孔洞，需每层打开单独投喂食物；扇贝笼由聚乙烯网片组成，使用圆形或者方形塑料板分隔为若干层，边缘贯穿拉链，打开拉链后投喂食物。

在实际生产中，需将笼子从海水中全部提起放在船上才能投喂饵料或进行其他操作，之后放回海中继续养殖。现有养殖设施均存在以下问题：

对人工管理：①极其耗费体力：从海中全部提起放在船上的过程中，笼中有大量的海水无法及时排出，造成其重量的进一步增加。因此在生产上一般需要两位工人同时操作才能将其提起。②投饵/清理残饵困难：饵料和生物混在一起，清理腐烂的饵料极其困难，强行清理极易对生物造成损伤。③生产效率低：生产上 2 位工人每天只能管理大约 150 个笼子。

对养殖生物：①活动空间小：足量投喂饵料时，由于鲍或海胆与饵料未分开，挤在狭小的空间中，密度过大，极大地影响了生物的生长。②摄食环境差：如果不及时清理腐烂饵料，生物将被迫摄食，这是造成生物患病和死亡的主要原因之一。③水质败坏快：粪便、腐烂饵料及生物尸体在笼子中堆积极易滋生细菌败坏水质，尤其是夏季高温期间，导致养殖生物死亡率极高。

二、设施及其实施方案

为克服上述技术的不足，提出一种简便高效的海上筏式网箱及其使用方法。包括养殖网箱主体系统、投饵系统和清洁系统。所述清洁系统和投饵系统为配套装置，独立于养殖网箱主体系统之外，分别用于清洁和投喂饵料。所述养殖网箱主体系统内部分为饵料区 1 和养殖区 2，两区的交接处通过圆筒状带有网孔 A10 的塑料网 3 隔开，养殖网箱主体系统上端设有"工"字形凸起 21。

所述饵料区 1 呈圆筒状，直径 13~16cm，高度 70~80cm，能够保证饵料的有效供给。所述养殖区 2 环绕在饵料区 1 周围，是生物的养殖区域，为鲍笼未贯穿部分。所述饵料区 1 内设置有压缩装置，能够根据需要进行膨胀或收缩，实现对饵料的压缩功能；当投放饵料后，需要对饵料进行压缩，压缩装置膨胀使饵料区 1 处于扩张状态，将饵料紧紧压在塑料网 3 上，生物通过网孔 A10 获取饵料；当清洁系统对残饵或腐烂饵料进行清理时，压缩装置收缩使饵料区 1 处于收缩状态，进行清理。

所述的养殖区 2 环绕在饵料区 1 周围，由多层结构相同的小网箱组成。所述小网箱为塑料材质，中部为开口贯通结构，上下均为实心塑料材质，小网箱表面设有多个 4~8mm 的网孔 B8，用于进行水质交换。所述小网箱侧面设有小门 22 可灵活打开；小网箱 2 内部设置有大量软塑料板 9 作为生物爬行通道，起着辅助生物通往饵料区 1 的作用（塑料片便于生物的立体活动，有效利用了养殖面积，为前往饵料区 1 提供多条通道，进一步提高摄食效率）。生物可自发进行主动觅食和选择性摄食的行为，透过塑料网孔 B8 摄食到饵料区 1 中压缩的食物。对于腐烂饵料生物则可以主动避开觅食，既保证了生物摄食到饵料的质量，又在很大程度上避免了由于饵料质量问题造成的患病。

所述塑料网 3 用于隔开饵料区 1 和养殖区 2。所述塑料网 3 具有较为坚固的硬度，不会轻易被生物啃噬破裂而造成生物丢失。塑料网 3 上具有大量 3~6cm 网孔 A10，生物可透过网孔 A10 轻松摄食到饵料区 1 中经过压缩的食物。

所述养殖网箱主体系统上端两侧对称设置两个把手 11，用于工人将网箱从海水中拎起。所述养殖网箱主体系统上端另一侧设有一个直径 3~6cm 的圆环 12，在生产操作时，只需将网箱从海上拎起一部分后，将圆环 12 挂在提前装在船体上的长钉上即可进行日常的清洁管理操作。与此同时，圆环 12 和把手 11 上固定长绳 23，通过长绳 23 将网箱悬挂在浮体之下，进行海上筏式养殖。在笼子主体的下端设置有适量坠石 24，保证养殖网箱在水中的稳定。

所述清洁系统独立于养殖网箱的主体，单独进行操作，是一个高效清理残饵的装置。清洁系统可将剩余或腐烂的饵料方便快捷地进行清理，使其不易败坏水质。包括实心塑料材质的清洁板 13、圆管 14 和设于圆管 14 顶部的把手 15。所述清洁板 13 为圆环结构，固定在圆管 14 下端，尺寸设置使其恰好能够贴合饵料区 1（清洁板 13 外径与塑料网 3 内径相同），清洁板 13 能够伸入塑料网 3 内，对饵料区 1 的残饵进行清理。

所述的投饵系统独立于养殖网箱的主体，单独进行操作，是一个高效投喂饵料的系统，能够极大提高饵料更换效率。所述投饵系统为圆筒状，包括外部和内部两部分。所述的外部由可移动半圆管 16、不可移动半圆管 17 嵌合而成，可移动半圆管 16 与不可移动半圆管 17 均为半圆筒状结构，二者组成圆筒形主体结构，圆筒形主体结构的端部设有圆形把手 19，并安装可拆卸的推料板 18。所述的内部为圆形塑料管 25，其直径略大于压缩装置收缩时的直径，使投饵系统能够嵌合伸入饵料区 1 进行之后的操作。饵料装填区域 20 定义为外部圆筒形主体结构和内部圆形塑料管 25 之间的空腔区域。所述投饵系统使用具体操作步骤为：①将移动圆管 16 拆卸，暴露出里面的饵料装填区域 20；②在船上提前将饵料放置在装填区 20 后，再将移动圆管 16 复位，将其与推料板 18 固定连接；③清洁系统将饵料区 1 中的残饵清除之后（饵料区 1 仍保持在收缩状态），将投饵系统缓慢送入饵料区 1 中；④饵料系统中的推料板 18 固定在养殖网箱上端"工"字形凸起 21，握住圆形把手 19 将投饵系统往上拉，由于推料板 18 的固定会对饵料产生阻力，饵料系统向上运动时饵料将产生一个反向位移，从而实现将饵料一次性导入饵料区 1 的功能，保证了多层养殖网箱生物所需要的饵料供给。

简便高效的海上筏式养殖网箱的使用方法，包括以下步骤：

首先，将需要养殖的生物放置在海上筏式养殖网箱的养殖区 2 内，具体为通过小门 22 将生物（鲍、海胆）放置于各个小网箱内。

其次，使饵料区 1 内的压缩装置处于收缩状态，通过投饵系统将饵料投放入饵料区 1，再使饵料区 1 内的压缩装置处于膨胀状态，将饵料紧压在塑料网 3 上，生物通过塑料网 3 上的网孔 A10 获取饵料。

再次，一段时间后需要更换饵料，先在船上提前将饵料装填进投饵系统。再将海上筏式养殖的网箱从海中部分提起，通过养殖网箱主体系统侧面圆环 12 挂于船体上；使饵料区 1 内的压缩装置处于收缩状态，将清洁装置缓慢伸入饵料区 1 对残余及腐败饵料进行清理；在船上将投饵系统放入饵料区 1 内，一次导入生物所需的全部饵料；使饵料区 1 内的压缩装置处于膨胀状态，将饵料紧压在塑料网 3 上；将网箱从船体上取下，放回海中继续进行养殖作业。

进一步的，所述的压缩装置包括但不限于气囊压缩装置、齿轮压缩装置等多种方式。对气囊压缩装置进行列举描述：所述气囊压缩装置包括直径为 6～8cm 的内圆管 4、直径为 14～16cm 的气囊 5、固定带 6，气囊 5 顶部设有气阀 7，用于充放气体。内圆管 4 和气囊 5 均为圆筒状，内圆管 4 置于气囊 5 内部，仅下端与气囊粘合，不影响气囊作为整体充气和放气。在气囊 5 的下端附有固定带 6，可将整个气囊固定在养殖网箱中，保持压缩装置在水中的稳定。所述的饵料区 1 根据对饵料的压缩情况分为两种状态——收缩状态和扩张状态，饵料投放在气囊 5 外部。收缩状态时气囊 5 的气体全部放空，不产生对饵料的压缩作用，方便使用清洁系统对残饵或腐烂饵料进行清理。扩张状态时使用充气瓶对气囊 5 进行充气，通过气囊 5 的膨胀将饵料紧紧压在塑料网 3 上，便于生物对饵料进行摄取。内圆管 4 在气囊收缩状态，全部放空气体时，对气囊起着支撑作用，同时也为清理残饵、投喂等操作提供条件。清洗时，排空气囊 5 中所有气体，保证饵料区 1 处在收缩状态后，将清洁系统缓慢放入饵料区 1 中，通过清洁板 13 对饵料向下的挤压产生推力，即可将残饵从养殖网箱中清理到海中。

本设施的有益效果为：

（1）在操作管理上，极大简化了管理操作，只需要将笼子挂在船体上即可进行相应的清洁和投饵工作，节省了养殖工作者的劳动力，节约了大量的人工成本和时间成本，养殖工作效率更高。配套有独立操作的清洁系统和投饵系统，既能保证将养殖网箱中残余饵料一次性清理，又能高效率地加入新鲜饵料，保证了饵料供给和卫生。

（2）在生物养殖上，由于网箱中的饵料区与养殖区分开，增大了生物活动空间，保证其良好的生存环境。生物摄食效率高，生长迅速，可自发通过主动觅食和选择性摄食行为，获取饵料区 1 的食物。对于部分腐烂饵料则可以主动避开觅食，保证了生物摄食到饵料的质量，很大程度上避免了由于饵料质量问题造成的患病现象。

与此同时，本设施材料改造成本极其低廉，适合向水产企业大规模推广（图 10-1～图 10-2）。

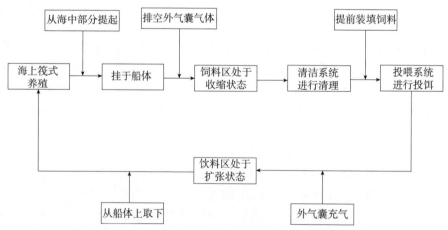

图 10-1　新型高效海上筏式养殖网箱及其使用方法流程图

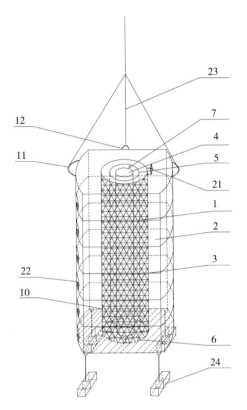

简便高效的海上筏式养殖网箱整体示意图

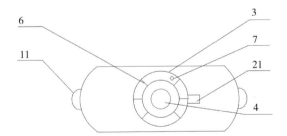

简便高效的海上筏式养殖网箱横切面示意图

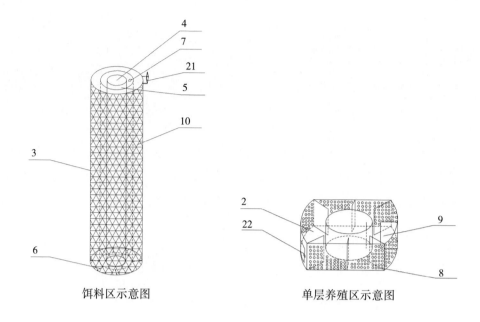

饵料区示意图　　　　　　单层养殖区示意图

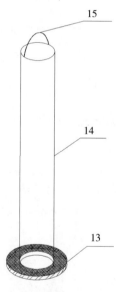

清洁系统示意图

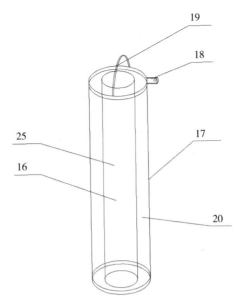

投饵系统示意图

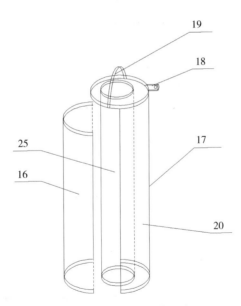

图 10-2　投饵系统工作示意图

1. 饵料区　2. 养殖区　3. 塑料网　4. 内圆管　5. 气囊　6. 固定带　7. 气阀　8. 网孔 B
9. 软塑料板　10. 网孔 A　11. 把手 A　12. 圆环　13. 清洁板　14. 圆管　15. 把手 B
16. 可移动半圆管　17. 不可移动半圆管　18. 推料板　19. 圆形把手　20. 饵料装填区域
21. "工"字形凸起　22. 小门　23. 长绳　24. 坠石　25. 圆形塑料管

第二节　一种高效海珍品浮游幼体选优装置及其使用方法

一、设施研发的背景

随着生活质量的改善，人们对食品的要求不再仅仅满足于吃饱，健康饮食已经成为饮食消费的潮流，尤其对刺参、海胆、扇贝等珍贵海产品的需求量越来越大。作为国民经济的重要组成部分，海水养殖业对我国小康社会建设和国民经济的持续快速发展具有十分重要的战略意义。以中间球海胆为例，该物种原产于日本北部及俄罗斯远东部分沿海，由于其性腺色泽好，味甜，在国际市场上很受欢迎，是海胆类中经济价值最高的种类之一，仅日本北海道一地的年产量可达 1 300 吨以上，产值超过 120 亿日元。在育苗环节，幼体的选优技术极为重要，直接影响到幼苗的生存效率。现有的浮游幼体选优方法主要包括虹吸法、拖网法、浓缩法。虹吸法是利用虹吸的原理吸取上层健壮的幼体；拖网法是 JP100～120 网目筛绢拖选上层的幼体；浓缩法是将健康幼体虹吸集中后倒入培育池。这些方法工艺相对落后，存在着以下问题：

对人工管理：养殖过程中往往需要对大水体进行操作，耗费的时间长，工艺复杂原始，生产效率低下。

对养殖生物：①易造成幼体机械损伤。选优时需要利用外力对上浮的幼体进行选择，这非常容易对幼体造成伤害。②选优效果差。因上浮的幼体仍然存在着幼体质量参差不齐的问题，选优出的幼体后期发育过程中死亡率高。

二、设施及其实施方案

为克服上述技术的不足，根据幼体生物行为特点，提出一种高效海珍品浮游幼体选优装置及其使用方法，将健壮幼体定向收集。对于人工管理而言，极大简化了管理操作，节约了大量的人工成本和时间成本，提高生产效率；对浮游幼体而言，该方法既避免了外力对幼体的伤害，又能选择出健壮的苗种，极大提高了育苗效益。

为了达到上述目的，本设施采用的技术方案为：

一种简便高效的浮游幼体选优装置，所述装置整体形如倒 L 结构，包括水平和垂直结构，由孵化区 1、水平管道游泳区 2、竖直管道诱捕区 3 构成。

所述的诱捕区 3 为水平状态，位于游泳区 2 左侧，与游泳区 2 通过门 B5 相隔开；所述游泳区 2 右侧与孵化区 1 通过门 A4 相隔开；所述门 A4 和门 B5

可自由开合。

所述孵化区1为长方体，内部设有气石7，底部设有出水口A8。右侧设有进水口9，可为装置提供新鲜清洁海水。当孵化区1上部左侧的门A4闭合时，孵化区1为独立水体。

所述游泳区2为中空的长方体，游泳区2紧接着装置内孵化区1的顶端，是连接孵化区1和诱捕区3的通道，通过门A4和门B5连接。

所述诱捕区3内设置有绿光LED灯10和出水口B11。所述绿光LED灯10的光照强度为1 000～5 000lx，优选为2 000lx。绿光对上浮的幼体具有明显的吸引作用，上浮的浮游幼体能够自发从装置中的孵化区1经过游泳区2到达诱捕区3。所述绿光LED灯10正下方设有出水口B11。

进一步的，所述浮游幼体选优装置的外框6为PVC塑料板，外面由黑膜覆盖，保证操作期间不被外界光线干扰。

进一步的，所述绿光LED灯10直径约为5cm，功率为5W。

简便高效的浮游幼体选优装置的使用方法，包括以下步骤：

第一步，孵化区1内通过进水口9注入清洁海水，并将门A4闭合。将受精卵采集后放入孵化区1进行孵化，孵化密度以10～20个/mL为宜，微量供气进行充分的搅拌。待幼体发育到原肠后期时，提供氧气。此时健壮的海胆幼体会上浮到孵化区1的顶部，而畸形、不健康或者未受精的幼体将沉降在底部。可通过底部的阀门将非健壮幼体放掉，避免其与健壮幼体争夺生存资源。此时完成第一步筛选。

第二步，在第二步筛选过程中，将门A4和门B5打开，孵化区1上部的健康幼体（对光色有选择性）会在诱捕区3绿光的吸引下游动通过游泳区2。1h后将门关闭，该方法即可将游泳能力强/弱幼体的幼体区分。

第三步，当选优操作结束时，将门B5关闭，此时诱捕区3为独立的水体。将出水口B11打开，筛选的幼体即可定向收集，并用于下一步的培养。

本设施的有益效果为：

本装置克服了现有技术的不足，利用浮游幼体对绿光的选择行为、上浮行为和游动行为，多级筛选，将健壮幼体定向收集。对于人工管理而言，极大简化了管理操作，节约了大量的人工成本和时间成本，提高生产效率；对浮游幼体而言，该方法既避免了外力对幼体的伤害，又能选择出健壮的苗种，极大提高了育苗效益。与此同时，本设施装置具有成本低廉、结构简单、便于维护、易于操作等优点，使它更适合在生产实践中推广应用，其市场前景十分广阔（图10-3、图10-4）。

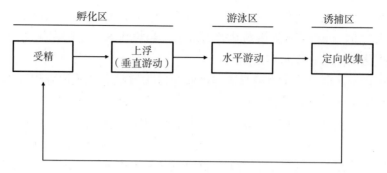

图 10-3 本设施的操作流程图

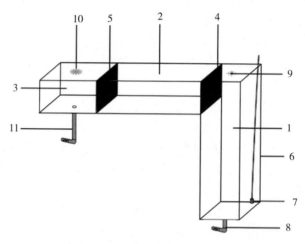

图 10-4 本设施的装置主视图

1. 孵化区 2. 游泳区 3. 诱捕区 4. 门 A 5. 门 B 6. 外框
7. 气石 8. 出水口 A 9. 进水口 10. LED 灯 11. 出水口 B

第三节 一种海珍品生态套养网箱

一、设施研发的背景

随着人们生活水平的提高,对海珍品的需求量也日益增长。以海胆、刺参为例,我国 2019 年产量分别约为 171 700t 和 8 242t,但仍面临着供不应求的尖锐矛盾。低效率的苗种中间培育是制约其产业发展最为严重的瓶颈之一。

对海胆产业而言,在北方育苗产生的海胆苗种需经过冬季室内升温培养。此过程加热成本较高,海胆苗种生长效果也并不理想,Ⅰ 类苗(壳径＞1cm)

比例低。对海参产业而言，从每年5月中旬育苗后进行工厂化培养，9月生长至1 000~2 000头，随后移入池塘网箱中进行养殖，11月生长至200头左右。冬季因漫长的结冰期，无法进行投喂和粪便清理等日常操作，导致幼参生长缓慢、死亡率高。翌年春天海参规格大体不变。在养殖过程中，海胆存活率对其产量有巨大影响，每年海胆疾病大规模暴发使海胆存活率极低。工人在日常管理过程中无法将患病海胆尸体与健康个体分离导致海胆疾病的蔓延加剧，因此探索一种提高海胆、海参中间培育效率，降低海胆日常养殖中的患病率的新方法、新设施势在必行。

我国北方存在大面积的闲置海参圈养殖海域，笔者经过实验证实了中间球海胆在海参池塘越冬的可能性，且开发了一种能够促进海胆在低温环境下摄食生长的饵料。这为海胆冬季海参圈进行中间培育奠定了一系列的技术基础，但缺乏相应养殖设施的研发。同时，很多研究表明海胆粪便是一种高能量、高营养的物质，使用海胆粪便养虾、桡足类、扇贝均取得不错成效。笔者初步实验也表明海参对海胆粪便有较高的偏好性和摄食量，这些都为利用海胆粪便养殖刺参提供了可行性。因此，我们设计提出了一种简便高效的海胆、刺参生态套养的装置。一方面优化中间球海胆中间育成过程，节约大量加热成本，提高Ⅰ类苗生产比例；另一方面解决冬季海参池塘幼参没有饵料、生长缓慢和死亡率高等问题，并为后续套养模式提供养殖设备。

装置在设计过程中需解决的问题：

对海胆：①实现冬季池塘结冰期对海胆的冰下投饵。②尽可能有效利用水体，减小海胆消耗，增加其附着面积以减小拥挤。③海胆粪便能均匀落在海参区，给下层海参作为饵料来源。④将海胆尸体与健康个体分离并收集。

对海参：①利用海胆粪便，提高海参生长效率。②将代谢废物排出装置外，保证养殖装置内水体环境优良。

对工程：①装置简单易操作。②材料易获取，生产成本低廉。

二、设施及其实施方案

针对现有技术存在的问题，提供一种简便高效的生态套养式网箱，网箱为半自动装置，设置相应配套的电力驱动装置和海胆尸体回收装置。养殖过程中分为日常养殖和冬季结冰后的冰下养殖。日常管理采用抛洒人工配合饵料的方法进行投饵，并定期清理网箱中的代谢废物和海胆尸体。打开海胆区活动板2后，在海胆尸体区放置处5上放置海胆尸体回收装置，将投饵器上的动力管与网箱中的供饵管11连接，按下动力管运动开关，将尸体回收装置取回，关闭海胆区活动板2完成日常清理。冬季时在海参池塘冰面上打冰眼，在投饵器内装好饵料，并将投饵器上的动力管与网箱中的供饵管11连接，依次按下饵料投喂开关和动力管运动开关，完成冰下饵料投喂和粪便清理。本设施在日常管理中能够有效分离养殖海胆和尸体，预防海胆疾病的暴发；在冬季实现冰下投饵和粪便清理的功能，改善养殖生物生存环境，提高其存活率；同时简化工人操作，提高工作效率。为海参池塘海胆、刺参生态套养提供优质养殖设备，节约越冬成本，带来极大的养殖经济效益。

值得注意的是，本装置还能适用于其他生物，如鲍、海参的生态套养，也可不仅仅作为苗种养殖网箱使用。实现冬季管理和海胆尸体分离是本装置的核心优势。

为了达到上述目的，本设施采用的技术方案为：

海珍品生态套养网箱，所述生态套养式网箱包括上下两层养殖单元、中部的多功能排水系统和配套装置，其中养殖单元垂直分布在网箱围网中，整个生态套养网箱由吊养绳通过顶部圆环吊养于海水中。所述每个养殖单元均包括两层结构：上层海胆区和下层海参区。所述上层海胆区与下层海参区中间由带有网孔的聚乙烯网隔开，海胆产生的粪便由聚乙烯网上的网孔掉落至海参区作为幼参饵料，海参层底部为波纹板。整个网箱共四层结构，海胆区和海参区两两交替组成一个相对独立的套养系统。

所述上、下两层养殖单元的海胆区均由海胆养殖区与尸体区组成，尸体区悬挂于海胆养殖区底面外部延伸处。海胆区围网 1、海胆区活动板 2 通过活动扣 3 连接组成海胆区与尸体区连接的一面，活动扣 3 分别连接海胆区围网 1 和海胆区活动板 2，海胆区活动板 2 能够围绕活动扣 3 旋转活动，与海胆区底部 4 共同组成海胆区网箱部分，且海胆区活动板 2、海胆区底部 4 连接处不固定。海胆尸体区放置处 5 固定于海胆区底部 4 外部延伸处，与海胆活动板 2 同侧。所述海胆区底面 4 由两块对称设置的聚乙烯网组成，其中部高于两边。

使用时，海胆饵料与海胆尸体清理工作分开进行，在海胆尸体清理过程中，先将海胆活动板 2 绕活动扣 3 打开，使海胆区与海胆尸体区之间形成通路，再将尸体回收装置 23 放在海胆尸体区放置处 5 中，海胆尸体丧失附着力后在重力作用下落在海胆区底部 4 上，由供饵管 11 带动海胆区排水活塞 13 产生的水流经供水管排水口 20 将海胆区底部 4 上的海胆尸体由通路冲入尸体回收装置内，关闭海胆活动板 2 并取走尸体回收装置完成操作。

所述的上、下两层养殖单元的两层海参区由侧面的海参区围网 6 和上层海参区底部 7 或下层海参区底部 8 组成。海参礁 9 固定于上、下两层海参区底部 8 上，呈矩形排列，海参礁 9 为多个管状结构堆叠，呈梅花状，管道开口朝向尸体区一侧。所述海参区围网 6 为幼参提供栖息和摄食场所；幼参在海参礁内栖息、摄食，产生的粪便在换饵时从礁内排出。所述的上层海参区底部 7、下层海参区底部 8 均由两块向下倾斜的波纹板对称拼接而成，且中部低于两边，供饵管 11 从上层海参区底部 7 穿过且不固定，下层海参区底部 8 为封闭结构（供饵管 11 不穿过）。

所述多功能排水系统位于网箱围网中间部分，贯穿整个养殖网箱。多功能排水系统在海胆区、海参区的结构、功能不同：功能上，所述多功能排水系统在海胆区用于投送饵料，使饵料均匀分布在海胆区内，并将海胆尸体冲入尸体区；在海参区用于清理海参食用完的海胆粪便、海参粪便及其他代谢产物。结构上，所述多功能排水系统由部件 10～18 组成，包括海胆区排水系统和海参区排水系统，其中供饵管 11 作为共有部分贯穿两个排水系统，供饵管 11 顶部具有匹配投饵器的螺纹状结构。

所述的上、下两层养殖单元海胆区的多功能排水系统：所述上层海胆区排水系统结构包括供水管 10、供饵管 11、饵料分离管 12、海胆区排水活塞 13、上层海胆区饵料分离器 14（供水管 10、海胆区排水活塞 13、供饵管 11 和饵料分离管 12 依次嵌套形成海胆区排水系统）。所述饵料分离管 12 设于供饵管 11 内，组成套管结构，该套管结构垂直设于供水管 10 内，供水管 10 悬挂固定于海胆区顶部。所述海胆区排水活塞 13 水平设于供水管 10 中部（排水活塞 13 面积正好是供水管 10 截面大小），且海胆区排水活塞 13 与供水管 10 内壁不固接，供饵管 11 从海胆区排水活塞 13 中部穿过并固定，海胆区排水活塞 13 受力可以沿供水管 10 内壁由供饵管 11 带动垂直移动。所述供水管 10 底部设有多个供水管排水口 20，海胆区排水活塞 13 垂直移动过程中，将供水管 10 内的水由排水口 20 排入海胆区。所述的供饵管 11 外壁间隔沿圆周方向设有通孔（通孔位置位于海胆区），作为供饵管出口 19。所述上层海胆区饵料分离器 14 为带孔锥形结构，固定于供饵管 11 与饵料分离管 12 之间，位于供饵管出口 19 处，且位于海胆区排水活塞 13 下方，饵料分离管 12 穿过上层海胆区饵料分离器 14 中心通孔并固定。所述下层海胆区排水系统与上层海胆区排水系统中的饵料分离器结构不相同，且没有饵料分离管 12，其他结构基本相同。所述下层海胆区饵料分离器 15 为实心锥形结构，大小与上层海胆区饵料分离器 14 相同，固定在供饵管 11 内壁上；且供饵管 11 在固定底层海胆区饵料分离器 15 的位置处沿圆周方向设有通孔，作为供饵管出口 19。

使用时，将海胆人工配合饵料加入供饵管 11 和饵料分离管 12 中，饵料在多功能排水系统中分为两部分（位于饵料分离管 12 内部的饵料、供饵管 11 和饵料分离管 12 之间的饵料）：在上层海胆区，一部分饵料（位于供饵管 11 内壁和饵料分离管 12 外壁之间的饵料）在重力作用下自然掉落至上层饵料分离器 14 上，在上层海胆区饵料分离器 14 作用下经供饵管出口 19 进入供水管 10，并被供饵管 11 带动海胆区排水活塞 13 产生的水流经供水管排水口 20 送入上层海胆区。在下层海胆区，另一部分饵料（位于饵料分离管 12 内）直接通过饵料分离管 12 进入下层海胆区的供饵管 11 中，在重力和下层海胆区饵料分离器 15 的作用下经供饵管出口 19 进入供水管 10，进而被供饵管 11 带动海胆区排水活塞 13 产生的水流经供水管排水口 20 送入下层海胆区。

所述的上、下两层养殖单元海参区的多功能排水系统：所述的上层海参区排水系统包括供饵管 11、供水箱 16、上层海参区排水活塞 17。所述的供饵管 11 垂直贯穿整个供水箱 16；所述上层海参区排水活塞 17 为片状中部设有通孔的长方形结构（其大小与供水箱 16 底面相同），位于海参区内部，上层海参区排水活塞 17 与供水箱 16 内壁接触但不固接，供饵管 11 穿过中部通孔并固定，供饵管 11 能够带动上层海参区排水活塞 17 沿供水箱 16 内壁垂直方向移动；所述的供水箱 16 悬挂固定于海参层顶部，且供水箱 16 底部无底面，与海参区底部之间留有间隙（优选 3cm）形成供水箱排水口 21，供水箱 16 长度与养殖单元的宽度等长。所述下层海参区排水系统与上层海参区排水系统中的海参区排水活塞结构不相同，其他结构相同，包括供饵管 11、供水箱 16、下层海参区排水活塞 18，其中下层海参区排水活塞 18 内部无孔洞，其与供饵管 11 底部固接。

使用时，拉动供饵管 11，供饵管 11 带动上层海参区排水活塞 17 在供水箱 16 中产生的水流经供水箱排水口 21 将各种代谢废物沿上层海参区底部 7 冲出装置，海参区底部向内倾斜的波纹板可以有效防止代谢废物被水流冲散，提高清理效果。在此过程中海参区围网 6 上的泥沙也被有效清理。

所述配套装置为投饵器和尸体回收装置 21，独立于养殖网箱主体之外。所述的投饵器为电力驱动装置，与供饵管 11 顶部连接，用以带动养殖网箱主体部分中供饵管 11 做上下往复运动，共同完成海胆区饵料投喂、尸体清理和海参区粪便清理的工作。

进一步的，所述投饵器包括饵料储藏室、动力管、电动往复推杆以及电瓶，投饵器上设有饵料导入开关和动力管运动开关，分别控制饵料储藏室中饵料的导入和电动往复推杆的工作。所述动力管的底部螺纹与供饵管 11 顶部匹配连接，饵料储藏室和动力管之间设有阀门，用于控制饵料投喂。使用时，将动力管与供饵管 11 连接，按下投饵导入开关，投入一定饵料后关闭开关；打开动力管运动开关，投饵器上的电动往复推杆带动供饵管 11 做上下往复运动，完成投饵和清洁功能。

进一步的，所述海参礁 9 两两之间设有一定间隔（间隔优选 5cm）。

进一步的，所述海胆区和海参两区交接处由孔径为 2.5mm 的聚乙烯网隔开，海参区底部 7 为厚度 0.4mm 的波纹板。所述海胆区的网的孔径为 3mm，既保证海胆粪便顺利掉落至下层海参层，又避免海胆饵料利用效率低等问题。

海珍品生态套养网箱的使用方法，使用过程中包括日常管理和冬季结冰期管理。

所述日常管理包括以下步骤：

①将网箱上海胆区活动板 2 打开，放置尸体回收装置 21。

②投饵器上动力管与供饵管连接后，打开动力管运动开关，完成尸体分离和代谢废物清理功能。

③关闭海胆区活动板，取走尸体回收装置。

④向网箱上部抛洒人工配合饵料，完成饵料投喂。

⑤进行下一装置操作。

所述冬季结冰期管理包括以下步骤：

①将投饵器填充好饵料。

②在装置供饵管上方冰面处打冰眼，并将投饵器上动力管与供饵管连接。

③按下饵料投喂开关，完成饵料导入后将其关闭。

④打开动力管运动开关，完成饵料投喂和代谢废物清理功能。

⑤断开动力轴与供饵管的连接，进行下一装置操作。

本设施的有益效果如下：

（1）在功能上，本装置利用物理学原理，使简单的机械运动产生特定的水流，实现了复杂的冰下投饵、日常尸体分离与清洁功能，并在此基础上使用电能作为动力源，有效地节省了工人的劳动力，方便其操作，节约了大量的人工、时间成本。

（2）在生物养殖上，对海胆而言，海胆区内的隔间设计使海胆获得更大的附着面积和活动空间，使其相对密度减小。高效合理的冰下投饵技术使海胆区内饵料分布均匀，有利于防止养殖过程中的拥挤问题，养殖生物摄食效率和饵料利用率高。海胆尸体分离技术及时将海胆尸体从养殖环境中分离，有效阻止海胆疾病大面积暴发。对海参而言，套养模式实现海胆粪便的二次利用，为刺参养殖节省了大量的饵料成本。装置为养殖生物提供更为优良的生存环境；解决海胆冬季摄食和粪便清理问题，有利于海参冬季生长；极大地提高海胆、海参出苗效率。

（3）本设施各结构均为普通养殖材料组成。获取方便，价格低廉，产生养殖经济效应高，操作简便省时，可大规模集约化生产，适合向水产企业大规模推广（图 10-5）。

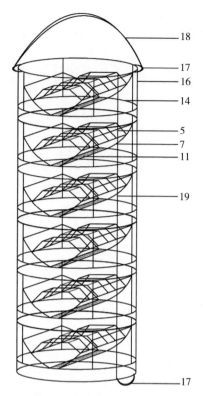

简便高效的生态套养养殖网箱的主体示意图

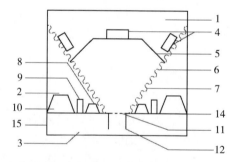

简便高效的生态套养养殖网箱的内部平面图

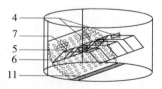

简便高效的生态套养养殖网箱上层海胆区示意图

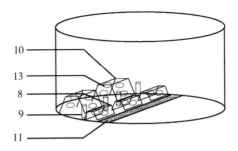

简便高效的生态套养养殖网箱下层海参区示意图

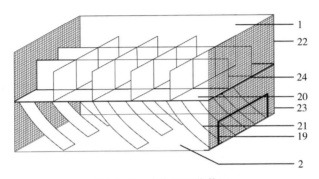

图 10-5　为海胆回收装置

1. 海胆区围网　2. 海胆区活动板　3. 活动扣　4. 海胆区底部　5. 海胆尸体区放置处
6. 海参区围网　7. 上层海参区底部　8. 下层海参区底部　9. 海参礁　10. 供水管　11. 供饵管
12. 饵料分离管　13. 海胆区排水活塞　14. 上层海胆区饵料分离器　15. 下层海胆区饵料分离器
16. 供水箱　17. 上层海参区排水活塞　18. 下层海参区排水活塞　19. 供饵管出口　20. 供水管排水口
21. 供水箱排水口　22. 把手　23. 尸体回收装置主体　24. 固体卡条

主要参考文献

常亚青，丁君，宋坚，2004. 海参、海胆生物学研究与养殖［M］. 北京：海洋出版社.

常亚青，李云霞，罗世滨，等，2013. 不同实验生态环境对海刺猬（*Glyptocidaris crenularis*）的遮蔽行为的影响［J］. 生态学报，33（9）：2754-2760.

常亚青，王子臣，1997. 虾夷马粪海胆筏式人工养殖研究［J］. 大连水产学院学报，12（2）：9-16.

常亚青，王子臣，王国江，1999. 温度和藻类饵料对虾夷马粪海胆摄食及生长的影响［J］. 水产学报，23（1）：69-76.

常亚青，赵冲，胡方圆，等，2020. 福建沿海试养中间球海胆的初步研究［J］. 南方水产科学，16：1-9.

常亚青，王子臣，1997. 虾夷马粪海胆筏式人工养殖研究［J］. 大连水产学院学报，12（2）：7-14.

高小琴，2012. 谷氨酰胺在大鼠视网膜兴奋性损伤中对 HSP70 的诱导表达［D］. 青岛：青岛大学.

黄建盛，陈刚，张健东，等，2016. 基于响应面法分析温度和盐度对虎斑乌贼受精卵孵化的联合影响［J］. 生态学杂志，35（2）：446-452.

蒋志刚，博兵，唐业忠，等，2012. 动物行为学方法［M］. 北京：科学出版社：1-256.

李斌，2006. 苯磷硫胺对体外高糖培养的牛视网膜微血管内皮细胞保护作用的初步研究［D］. 武汉：华中科技大学.

罗世滨，常亚青，赵冲，等，2013. 遮蔽行为对海刺猬摄食、生长和性腺性状的影响［J］. 生态学报，33：402-408.

尚玉昌，2005. 动物行为学［M］. 北京：北京大学出版社：1-384.

时嘉赓，冯艳微，姜绪，等，2020. 水温和藻类对马粪海胆摄食、呼吸及排氨率的影响［J］. 水产科学，39（1）：72-78.

宋超，庄平，章龙珍，等，2014. 不同温度对西伯利亚鲟幼鱼生长的影响［J］. 海洋渔业，36（3）：239-246.

王宏田，张培军，1998. 环境因子对海产鱼类受精卵及早期仔鱼发育的影响［J］. 海洋科学，4（1）：50-52.

吴贤汉，张宝禄，曲艳梅，1998. 温度和盐度对青岛文昌鱼胚胎发育的影响［J］. 海洋科学，22（4）：66-68.

赵冲. 海刺猬和中间球海胆遮蔽行为的研究［D］. 青岛：中国海洋大学，2014.

赵艳，童圣英，张硕，等，1998. 温度和盐度对虾夷马粪海胆耗氧率和排氨率的影响 [J]. 中国水产科学，5（4）：3-5.

Abarca M，Boege K，2011. Fitness costs and benefits of shelter building and leaf trenching behaviour in a pyralid caterpillar [J]. Environ Entomol，36：564-573.

Adams N L，2001. UV radiation evokes negative phototaxis and covering behavior in the sea urchin *Strongylocentrotus droebachiensis* [J]. Mar Ecol Prog Ser，213：87-95.

Agatsuma Y，2001. Effect of the covering behavior of the juvenile sea urchin *Strongylocentrotus intermedius* on predation by the spider crab *Pugettia quadridens* [J]. Fisheries Sci，67：1181-1183.

Agatsuma Y，2010. Food consumption and growth of the juvenile sea urchin *Strongylocentrotus intermedius* [J]. Fisheries Science，66（3）：467-472.

Agatsuma Y，Takagi S，Inomata E，et al，2019. Process of deterioration of a kelp (*Ecklonia bicyclis* Kjellman) bed as a result of grazing by the sea urchin *Mesocentrotus nudus* (Agassiz) in Shizugawa Bay in northeastern Honshu，Japan [J]. Journal of Applied Phycology，31：599-605.

Akopian A N，Ruparel N B，Jeske N A，et al，2007. Transient receptor potential TRPA1 channel desensitization in sensory neurons is agonist dependent and regulated by TRPV1-directed internalization [J]. Journal of Physiology，583：175-193.

Amato K R，Emel S L，Lindgren C A，et al，2008. Covering behavior of two co-occurring Jamaican sea urchins：differences in the amount of covering and selection of covering material [J]. B Mar Sci，82：255-261.

Andrew N L，Underwood A J，1989. Patterns of abundance of the sea urchin *Centrostephanus rodgersii* on the central coast of New South Wales，Australia [J]. Journal of Experimental Marine Biology and Ecology，131：61-80.

Azad A K，Pearce C M，McKinley R S，2011. Effects of diet and temperature on ingestion，absorption，assimilation，gonad yield，and gonad quality of the purple sea urchin (*Strongylocentrotus purpuratus*) [J]. Aquaculture，317：187-196.

Barbier T，Collard F，Zúñiga-Ripa A，et al，2014. Erythritol feeds the pentose phosphate pathway via three new isomerases leading to D-erythrose-4-phosphate in Brucella [J]. Proceedings of the National Academy of Sciences，111（50）：17815-17820.

Barnes D，Crook A，2001. Quantifying behavioural determinants of the coastal European sea urchin *Paracentrotus lividus* [J]. Mar Biol，138：1205-1212.

Briffa M，Bridger D，Biro P A，2013. How does temperature affect behaviour multilevel analysis of plasticity，personality and predictability in hermit crabs [J]. Anim Behav，86：47-56.

Brothers C J，McClintock J B，2015. The effects of climate-induced elevated seawater temperature on the covering behavior，righting response，and Aristotle's lantern reflex of the sea urchin *Lytechinus variegatus* [J]. Journal of Experimental Marine Biology and

Ecology, 467: 33-38.

Byrne M, Hernández J C, 2020. Sea urchins in a high CO_2 world: impacts of climate warming and ocean acidification across life history stages [J]. Developments in Aquaculture and Fisheries Science, 43: 281-297.

Campbell A C, Coppard S, Tudor-Thomas C D, 2001. Escape and aggregation responses of three echinoderms to conspecific stimuli [J]. Biol. Bull. , 201 (2): 175-185.

Chang Y, Lawrence J M, Cao X, et al, 2005. Food consumption, absorption, assimilation and growth of the sea urchin *Strongylocentrotus intermedius* fed a prepared feed and the alga *Laminaria japonica* [J]. Journal of the World Aquaculture Society, 36: 68-75.

Chang Y, Zhang W, Zhao C, 2012. Estimates of heritabilities and genetic correlations for growth and gonad traits in the sea urchin *Strongylocentrotus intermedius* [J]. Aquaculture Research, 43: 271-280.

Chang Y, Zhou H, Tian X, 2014. Diel observation on the trade-off between covering and sheltering behaviors of male and female *Strongylocentrotus intermedius* in laboratory [J]. Mar Biol Assoc UK. , 94: 1471-1474.

Chen H M, Muramoto K, Yamauchi F, et al, 1996. Antioxidant activity of designed peptides based on the antioxidative peptide isolated from digests of a soybean protein [J]. Journal of Agricultural and Food Chemistry, 44 (9): 2619-2623.

Chi X, Hu F, Qin C, et al, 2021. Conspecific alarm cues are a potential effective barrier to regulate foraging behavior of the sea urchin *Mesocentrotus nudus* [J]. Marine Environmental Research, 171: 105476.

Chi X, Sun J, Yu Y, et al, 2020. Fitness benefits and costs of shelters to the sea urchin *Glyptocidaris crenularis* [J]. PeerJ, 8: e8886.

Chi X, Yang M, Hu F, et al, 2021. Fitness benefits and costs of shelters to the sea urchin *Glyptocidaris crenularis* [J]. Scientific Reports, 11: 15654.

Chi X, Yang M, Hu F, et al, 2021. Foraging behavior of the sea urchin *Mesocentrotus nudus* exposed to conspecific alarm cues in various conditions [J]. Sci. Rep. , 11 (1): 1-6.

Choi A, Yang S J, Cho J C, 2013. *Lutibacter flavus* sp. nov. , a marine bacterium isolated from a tidal flat sediment [J]. International Journal of Systematic and Evolutionary Microbiology, 63 (3): 946-951.

Cinti A, Baron P J, Rivas A L, 2004. The effects of environmental factors on the embryonic survival of the Patagonian squid *Loligo gahi* [J]. Journal of Experimental Marine Biology and Ecology, 313 (2): 225-240.

Clément P D, Himmelman J H, Robinson S M C, 2007. Random movement pattern of the sea urchin *Strongylocentrotus droebachiensis* [J]. Journal of Experimental Marine Biology and Ecology, 340 (1): 80-89.

Collin R, Chan K Y K, 2016. The sea urchin *Lytechinus variegatus* lives close to the upper thermal limit for early development in a tropical lagoon [J]. Ecology and Evolution, 6 (16): 5623-5634.

Crook A C, 2003. Individual variation in the covering behaviour of the shallow water sea urchin *Paracentrotus lividus* [J]. Mar Ecol, 24: 275-287.

Day T A, Neale P J, 2002. Effects of UV-B radiation on terrestrial and aquatic primary producers [J]. Annu. Rev. Ecol. Evol. Syst. , 33: 371-396.

Deepani S, 2003. Ontogeny of osmoregulation of the embryos of two intertidal crabs *Hemigrapsus edwardsii* and *Hemigrapsus crenulatus* [D]. Christchurch: University of Canterbury: 5-25.

Ding J, Chang Y, Wang C, et al, 2007. Evaluation of the growth and heterosis of hybrids among three commercially important sea urchins in China: *Strongylocentrotus nudus*, *S. intermedius* and *Anthocidaris crassispina* [J]. Aquaculture, 272: 273-280.

Ding J, Zhang L, Sun J, et al, 2019. Transgenerational effects of UV-B radiation on egg size, fertilization, hatching and larval size of sea urchins *Strongylocentrotus intermedius* [J]. PeerJ, 7: e7598.

Ding J, Zheng D, Sun J, et al, 2020. Effects of water temperature on survival, behaviors and growth of the sea urchin *Mesocentrotus nudus*: new insights into the stock enhancement [J]. Aquaculture, 519: 734873.

Dong G, Dong S, Wang F, et al, 2010. Effects of light intensity on daily activity rhythm of juvenile sea cucumber, *Apostichopus japonicus* (Selenka) [J]. Aquaculture Research, 41 (11): 1640-1647.

Dumont C P, Himmelman, J H, Robinson, S M C, 2007. Random movement pattern of the sea urchin *Strongylocentrotus droebachiensis* [J]. Journal of Experimental Marine Biology and Ecology, 340: 80-89.

Flukes E B, Johnson C R, Ling S D, 2012. Forming sea urchin barrens from the inside out: an alternative pattern of overgrazing [J]. Marine Ecology Progress Series, 464: 179-194.

Fossat P, 2014. Anxiety-like behavior in crayfish is controlled by serotonin [J]. Science, 6189: 1293-1297.

Fuji A, 1967. Ecological studies on the growth and food consumption of Japanese common littoral sea urchin, *Strongylocentrotus intermedius* (A. Agassiz) [J]. Memoirs of the Faculty of Fisheries Hokkaido University, 15 (2): 83-160.

Gibiino G, Lopetuso L R, Scaldaferri F, et al, 2018. Exploring Bacteroidetes: metabolic key points and immunological tricks of our gut commensals [J]. Digestive and Liver Disease, 50 (7): 635-639.

Hagen N T, 2008. Enlarged lantern size in similar-sized, sympatric, sibling species of *Strongylocentrotid* sea urchins: from phenotypic accommodation to functional adaptation for durophagy [J]. Marine Biology, 153: 907-924.

Handeland S O, Berge Å I, Björnsson B T, et al, 1998. Effects of temperature and salinity on osmoregulation and growth of Atlantic salmon (*Salmo salar* L.) smolts in seawater [J]. Aquaculture, 168 (1): 289-302.

Hernández J C, Russell MP, 2010. Substratum cavities affect growth plasticity, allometry, movement and feeding rates in the sea urchin *Strongylocentrotus purpuratus* [J]. J Exp Biol, 213: 520-525.

Hokkaido Central Fisheries Experimental Station, 1984. On the nature seeds collection, intermediate culture and release of the sea urchin, *Strongylocentrotus intermedius* [J]. Journal of Hokkaido Fisheries Experimental Station, 41: 270-315.

Holmes S J, 1912. Phototaxis in the sea urchin, *Arbacia punctulata* [J]. Journal of Animal Behavior, 2 (2): 126-136.

Hu F, Chi X, Yang M, et al, 2021. Effects of eliminating interactions in multi-layer culture on survival, food utilization and growth of small sea urchins *Strongylocentrotus intermedius* at high temperatures [J]. Scientific Reports, 11: 15116.

Hu F, Luo J, Yang M, et al, 2020. Effects of macroalgae *Gracilaria lemaneiformis* and *Saccharina japonica* on growth and gonadal development of the sea urchin *Strongylocentrotus intermedius*: New insights into the aquaculture management in southern China [J]. Aquaculture Reports, 17: 100399.

Hu F, Yang M, Chi X, et al, 2021. Segregation in multi-layer culture avoids precocious puberty, improves thermal tolerance and decreases disease transmission in the juvenile sea urchin *Strongylocentrotus intermedius*: a new approach to longline culture [J]. Aquaculture, 543: 736956.

Kehas A J, Theoharides K A, Gilbert J J, 2005. Effect of sunlight intensity and albinism on the covering response of the Caribbean sea urchin *Tripneustes ventricosus* [J]. Mar Biol, 146: 1111-1117.

Kriegisch N, Reeves S E, Flukes E B, et al, 2019. Drift-kelp suppresses foraging movement of overgrazing sea urchins [J]. Oecologia, 190: 665-677.

Lamare M, Burritt D, Lister K, 2011. Ultraviolet radiation and echinoderms: past, present and future perspectives [J]. Adv. Mar. Biol., 59: 145-187.

Lawrence J M, 1975. On the relationships between marine plants and sea urchins [J]. Oceanography and Marine Biology: An Annual Review, 13: 213-286.

Lawrence J M, 1976. Covering response on sea urchins [J]. Nature, 262: 490-491.

Lawrence J M, 2013. Sea urchins: biology and ecology [M]. Amsterdam: Elsevier.

Lawrence J M, 2020. Sea urchins: biology and ecology [M]. 4th Edn. Amsterdam: Elsevier: 627-640.

Lawrence J M, Cao X, Chang Y, et al, 2009. Temperature effect on feed consumption, absorption, and assimilation efficiencies and production of the sea urchin *Strongylocentrotus intermedius* [J]. J Shellfish Res, 28: 389-395.

Lawrence J M, Zhao C, Chang Y Q, 2019. Large-scale production of sea urchin

(*Strongylocentrotus intermedius*) seed in a hatchery in China [J]. Aquaculture International, 27: 1-7.

Lesser M P, Carleton K L, Bottger S A, et al, 2011. Sea urchin tube feet are photosensory organs that express a rhabdomeric-like opsin and PAX6 [J]. Proceedings of the Royal Society B: Biological Sciences, 278 (1723): 3371-3379.

Ling S D, Ibbott S D, Sanderson J C, 2010. Recovery of canopy-forming macroalgae following removal of the enigmatic grazing sea urchin *Heliocidaris erythrogramma* [J]. Journal of Experimental Marine Biology and Ecology, 395: 135-146.

Ling S D, Johnson C R, 2012. Marine reserves reduce risk of climate-driven phase shift by reinstating size and habitat specific trophic interactions. [J]. Ecological Applications, 22: 1232-1245.

Ling S D, Johnson C R, Frusher S, et al, 2008. Reproductive potential of a marine ecosystem engineer at the edge of a newly expanded range [J]. Global Change Biology, 14: 907-915.

Ling S D, Kriegisch N, Woolley B, Reeves S E, 2019. Density-dependent feedbacks, hysteresis, and demography of overgrazing sea urchins [J]. Ecology, 100 (2): 02577.

Luo J, Shen W L, Montell C, 2016. TRPA1 mediates sensing the rate of temperature change in *Drosophila* larvae [J]. Nature Neuroscience, 20: 34-41.

Millott N, 1955. The covering reaction in a tropical sea urchin [J]. Nature, 175-561.

Pardo L M, Gonzalez K, Fuentes J P, et al, 2011. Survival and behavioral responses of juvenile crabs of *Cancer edwardsii* to severe hyposalinity events triggered by increased runoff at an estuarine nursery ground [J]. Journal of Experimental Marine Biology and Ecology, 404 (1-2): 33-39.

Parker D A, Shulman M J, 1986. Avoiding predation: alarm responses of Caribbean sea urchins to simulated predation on conspecific and heterospecific sea urchins [J]. Marine Biology, 93: 201-208.

Pearse J S, 2006. Ecological role of purple sea urchins [J]. Science, 314: 940-941.

Pinna S, Sechi N, Ceccherelli G, 2013. Canopy structure at the edge of seagrass affects sea urchin distribution [J]. Mar Ecol Prog Ser, 485: 47-55.

Rabus R, Ruepp A, Frickey T, et al, 2004. The genome of *Desulfotalea psychrophila*, a sulfate-reducing bacterium from permanently cold Arctic sediments [J]. Environmental Microbiology, 6 (9): 887-902.

Ren W, Duan J, Yin J, et al, 2014. Dietary L-glutamine supplementation modulates microbial community and activates innate immunity in the mouse intestine [J]. Amino Acids, 46: 2403-2413.

Robinson S M C, Colborne L, 1997. Enhancing roe of the green sea urchin using an artificial food source [J]. Bulletin of the Aquaculture Association of Canada (1): 14-20.

Rosenberg E, DeLong E F, Lory S, et al, 2014. The prokaryotes alphaproteobacteria and betaproteobacteria-The family Rhodobacteraceae [M]. USA: Springer Verlag: 440-512.

Santos R, Flammang P, 2007. Intra and interspecific variation of attachment strength in sea urchins [J]. Marine Ecology Progress Series, 332: 129-142.

Scheibling R E, Hamm J, 1991. Interactions between sea urchins (*Strongylocentrotus droebachiensis*) and their predators in field and laboratory experiments [J]. Mar. Biol, 110 (1): 105-116.

Shpigel M, McBride S C, Marciano S, Lupatsch I, 2004. The effect of photoperiod and temperature on the reproduction of European sea urchin *Paracentrotus lividus* [J]. Aquaculture, 232: 343-355.

Spanopoulos-Hernandez M, Martinez-Palacios C A, Vanegas-Perez R C, et al, 2005. The combined effects of salinity and temperature on the oxygen consumption of juvenile shrimps *Litopenaeus stylirostris* (Stimpson, 1874) [J]. Aquaculture, 244 (1-4): 341-348.

Sun J, Chi X, Yang M, et al, 2019. Light intensity regulates phototaxis, foraging and righting behaviors of the sea urchin *Strongylocentrotus intermedius* [J]. PeerJ, 7 (2): 8001.

Sun J, Zhao Z, Zhao C, et al, 2021. Interaction among sea urchins in response to food cues [J]. Aquaculture Reports, 11: 9985.

Sunday J M, Calosi P, Dupont S, et al, 2014. Evolution in an acidifying ocean [J]. Trends in Ecology and Evolution, 29 (2): 117-125.

Tettelbach S T, Rhodes E W, 1981. Combined effects of temperature and salinity on embryos and larvae of the northern bay scallop *Argopecten irradians* [J]. Marine Biology, 63 (3): 249-256.

Ullrich-Luter E M, Dupont S, Arboleda E, 2011. Unique system of photoreceptors in sea urchin tube feet [J]. Proceedings of the National Academy of Sciences of the United States of America, 108 (20): 8367-8372.

Unuma T, Sakai Y, Agatsuma Y, et al, 2015. Sea Urchin Aquaculture in Japan [J]. Echinoderm Aquaculture: 75-126.

Verling E, Crook A C, Barnes D K, 2002. Covering behaviour in *Paracentrotus lividus*: is light important [J]. Mar Biol, 140 (2): 391-396.

Viana F, 2016. TRPA1 channels: molecular sentinels of cellular stress and tissue damage [J]. Physiol, 594 (15): 4151-4169.

Virgin S D S, Sorochan K A, Metaxas A, et al, 2019. Effect of temperature on the larval biology of ribbed mussels (*Geukensia demissa*) and insights on their northern range limit [J]. Journal of Experimental Marine Biology and Ecology, 512: 31-41.

Watts S A, Hofer S C, Desmond R A, et al, 2011. The effect of temperature on feeding and growth characteristics of the sea urchin *Lytechinus variegatus* fed a formulated feed [J]. Journal of Experimental Marine Biology and Ecology, 397: 188-195.

Zhadan P M, Vaschenko M A, 2019. Long-term study of behaviors of two cohabiting sea urchin species, *Mesocentrotus nudus* and *Strongylocentrotus intermedius*, under conditions of high food quantity and predation risk *in situ* [J]. PeerJ, 7: 8087.

Zhang L, Zhang L, Shi D, et al, 2017. Effects of long-term elevated temperature on covering, sheltering and righting behaviors of the sea urchin *Strongylocentrotus intermedius* [J]. PeerJ, 5: 3122.

Zhang L, Zhao C, Shi D, et al, 2017. Gulfweed *Sargassum horneri* is an alternative diet for aquaculture of juvenile sea urchins *Strongylocentrotus intermedius* in summer [J]. Aquaculture International, 25: 905-914.

Zhang W, Chen X, Jiang H, et al, 2019. Interactive effects of family and stocking density on survival and growth of the sea urchin *Strongylocentrotus intermedius* [J]. Journal of the World Aquaculture Society, 50: 969-982.

Zhang W, Li C, Sun Y, et al, 2019. Transcriptome profiling reveals key roles of phagosome and NOD-like receptor pathway in spotting diseased *Strongylocentrotus intermedius* [J]. Fish Shellfish Immunology, 84: 521-531.

Zhao C, Bao Z, Chang Y, 2016. Fitness-related consequences shed light on the mechanisms of covering and sheltering behaviors in the sea urchin *Glyptocidaris crenularis* [J]. Mar. Ecol, 37: 998-1007.

Zhao C, Feng W, Tian X, et al, 2013. Diel patterns of covering behavior by male and female *Strongylocentrotus intermedius* [J]. Mar Freshw Behav Physiol, 46 (5): 337-343.

Zhao C, Feng W, Tian X, et al, 2013. One generation of inbreeding does not affect covering behavior of the sea urchin *Strongylocentrotus intermedius* [J]. Mar Freshw Behav Physiol, 46 (5): 345-350.

Zhao C, Feng W, Wei J, et al, 2016. Effects of temperature and feeding regime on food consumption growth gonad production and quality of the sea urchin (*Strongylocentrotus intermedius*) [J]. Journal of The Marine Biological Association of the United Kingdom, 96: 185-195.

Zhao C, Ji N, Zhang B, 2014. Effects of covering behavior and exposure to a predatory crab *Charybdis japonica* on survival and HSP70 expression of juvenile sea urchins *Strongylocentrotus intermedius* [J]. PLoS ONE, 9 (5): 97840.

Zhao C, Liu P, Zhou H, et al, 2013. Diel observation on the distribution of the sea urchin *Strongylocentrotus intermedius* under different food availability and shelter conditions in the laboratory [J]. Mar Freshw Behav Phy, 45: 357-364.

Zhao C, Liu P, Zhou H, et al, 2013. Diel observation on the distribution of the sea urchin *Strongylocentrotus intermedius* under different food availability and shelter conditions in the laboratory [J]. Marine Behaviour and Physiology, 45 (6): 8.

Zhao C, Liu P, Zhou H, et al, 2013. Diel observation on the distribution of the sea urchin *Strongylocentrotus intermedius* under different laboratory food supply and sheltering conditions [J]. Mar Freshw Behav Physiol, 45 (6): 357-364.

Zhao C, Sun P, Wei J, et al, 2016. Larval size and metamorphosis are significantly reduced in second generation of inbred sea urchins *Strongylocentrotus intermedius* [J]. Aquaculture, 452: 402-406.

Zhao C, Tian X, Feng W, et al, 2014. Diel observation on the trade-off between covering and sheltering behaviors of male and female *Strongylocentrotus intermedius* in laboratory [J]. Journal of the Marine Biological Association of the United Kingdom, 94 (7): 1471-1474.

Zhao C, Tian X, Sun P, et al, 2015. Long-term effects of temperature on gonad production, colour and flavour of the sea urchin *Glyptocidaris crenularis* [J]. Journal of the Marine Biological Association of the United Kingdom, 9 (1): 139-143.

Zhao C, Zhang L, Qi S, et al, 2018. Multi-level effects of long-term elevated temperature on fitness related traits of the sea urchin *Strongylocentrotus intermedius* [J]. B Mar Sci, 94: 1483-1497.

Zhao C, Zhang L, Shi D, et al, 2018. Carryover effects of short-term UV-B radiation on fitness related traits of the sea urchin *Strongylocentrotus intermedius* [J]. Ecotoxicology and Environmental Safety, 164: 659-664.

Zhao C, Zhang W, Chang Y, et al, 2013. Effects of continuous and diel intermittent feeding regimes on food consumption, growth and gonad production of the sea urchin *Strongylocentrotus intermedius* of different size classes [J]. Aquacult Int, 21: 699-708.

Zhao C, Zhou H, Tian X, et al, 2014. The effects of prolonged food deprivation on the covering behaviour of the sea urchins *Glyptocidaris crenularis* and *Strongylocentrotus intermedius* [J]. Mar Freshw Behav Physiol, 47 (1): 11-18.

图书在版编目（CIP）数据

海胆行为学研究与应用 / 赵冲等著. -- 北京：中国农业出版社，2024.6. -- ISBN 978-7-109-32210-3

Ⅰ. S968.9

中国国家版本馆 CIP 数据核字第 2024EP9316 号

海胆行为学研究与应用

HAIDAN XINGWEIXUE YANJIU YU YINGYONG

中国农业出版社出版

地址：北京市朝阳区麦子店街 18 号楼

邮编：100125

策划编辑：王金环

责任编辑：肖　邦

版式设计：王　晨　　责任校对：吴丽婷

印刷：北京通州皇家印刷厂

版次：2024 年 6 月第 1 版

印次：2024 年 6 月北京第 1 次印刷

发行：新华书店北京发行所

开本：700mm×1000mm　1/16

印张：16.5　　插页：8

字数：330 千字

定价：118.00 元

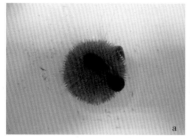

图 1-1 　（a）海胆的遮蔽行为；（b）控温实验水槽及贝壳布置

图 2-1 　遮蔽和掩蔽材料的分布

a. 遮蔽材料在掩体外　b. 遮蔽材料在掩体内

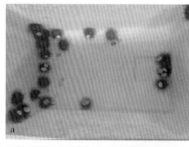

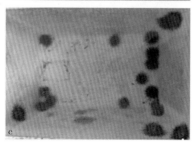

图 2-5 　遮蔽行为环境

a. 遮蔽行为环境　b. 掩蔽行为环境　c. 空白对照组　d. 海刺猬野外掩体照片

实验水槽尺寸为 83cm×52cm×60cm。b 图中，m 代表小口径掩体，n 代表大口径掩体；d 图的两张分图在獐子岛（39°2′N，122°42′E）海刺猬自然生境潜水拍摄（刘永虎拍摄并授权使用），左侧图片为岩石缝隙所构成的小掩体，右侧图片为人工鱼礁所构成的大掩体

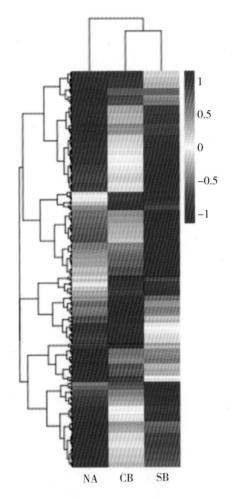

图 2-18 实验组间差异表达基因的聚类分析

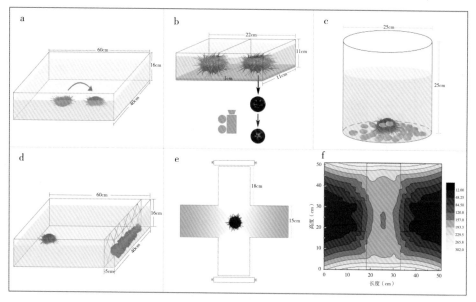

图 2 - 19　实验的概念图

a. 翻正行为　b. 亚里士多德提灯反应　c. 遮蔽行为　d. 觅食行为　e. 掩蔽行为　f. 遮蔽实验中照度分布

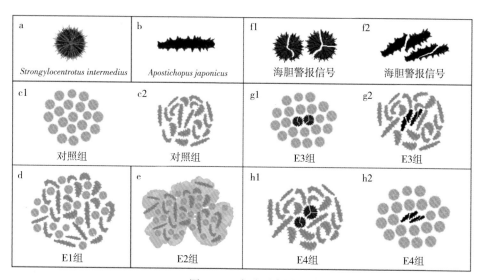

图 4 - 8　实验示意图

a. 中间球海胆　b. 刺参　c. 20 只海胆和 20 只刺参被分别投入不同水槽中记作对照组　d. 20 只海胆和 20 只刺参在同一水槽中记作 E1 组　e. E2 组为 20 只海胆和 20 只刺参以及新鲜的石莼　f. 警报信号为 2 只受伤的中间球海胆或刺参　g. 20 只海胆或刺参与受伤海胆或刺参记为 E3 组　h. 20 只海胆或刺参与受伤刺参或海胆记为 E4 组

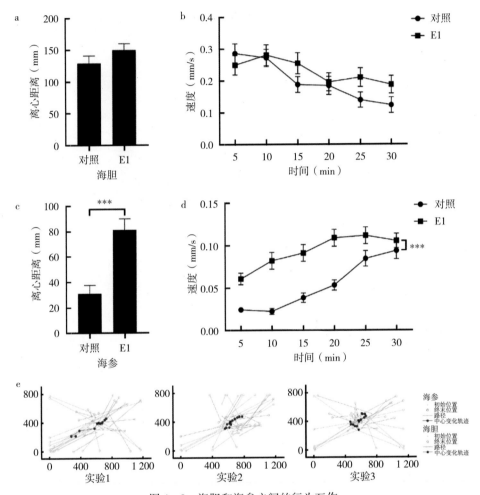

图 4-9　海胆和海参之间的行为互作

（a）对照组和 E1 组海胆的平均离心距离和（b）移动速度（mean±SEM）。（c）对照组和 E1 组
海参的平均离心距离和（d）运动速度（mean±SEM）。（e）海参（浅红色）和海胆（浅蓝色）的初
始位置（小空心点）和终末位置（大空心点），三次试验中海参组（亮红色点）和海胆组（亮蓝色
点）的中心位置变化轨迹

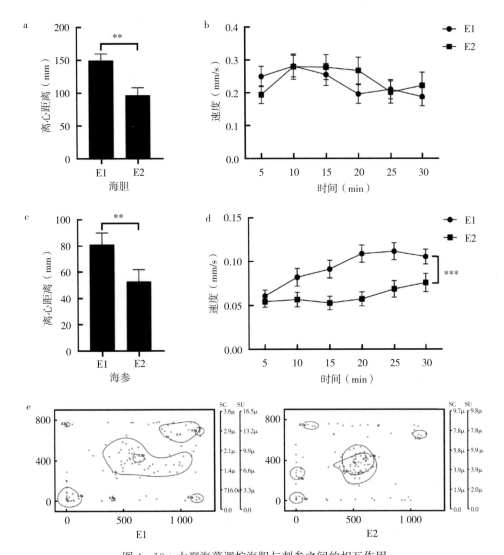

图 4 - 10　大型海藻调控海胆与刺参之间的相互作用

　（a）E1 组和 E2 组海胆的平均离心距离和（b）运动速度（mean±SEM）。（c）E1 组和 E2 组刺参的平均离心距离和（d）速度（mean±SEM）。（e）海胆（蓝点）和刺参（红点）在 E1 组和 E2 组的位置

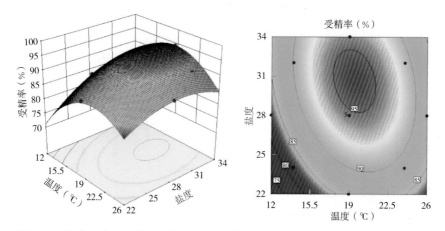

图 6-1 温度和盐度及其交互作用对中间球海胆受精率影响的响应曲面和等高线

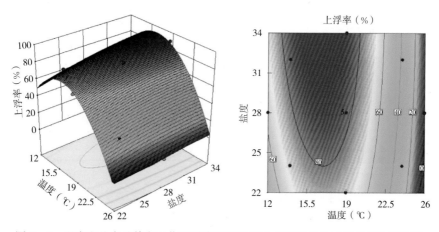

图 6-2 温度和盐度及其交互作用对中间球海胆上浮率影响的响应曲面和等高线

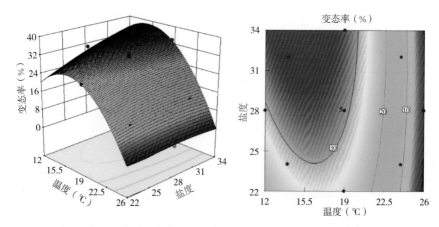

图 6-3 温度和盐度及其交互作用对中间球海胆变态率影响的响应曲面和等高线

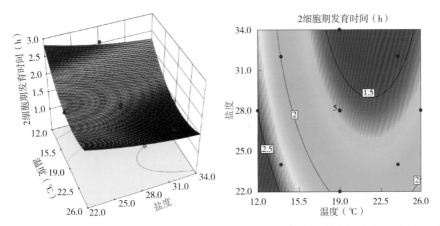

图 6-4　温度和盐度及交互作用对中间球海胆 2 细胞期发育时间影响的响应曲面和等高线

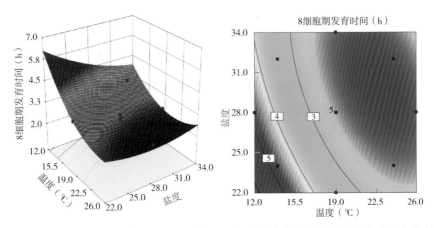

图 6-5　温度和盐度及交互作用对中间球海胆 8 细胞期发育时间影响的响应曲面和等高线

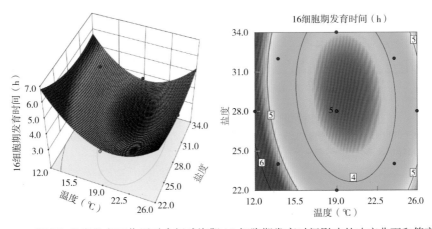

图 6-6　温度和盐度及交互作用对中间球海胆 16 细胞期发育时间影响的响应曲面和等高线

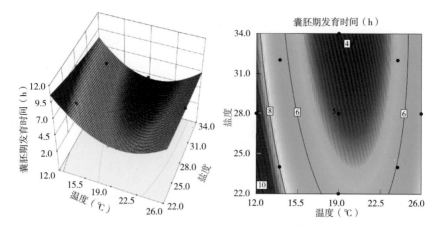

图 6-7　温度和盐度及交互作用对中间球海胆囊胚期发育时间影响的响应曲面和等高线

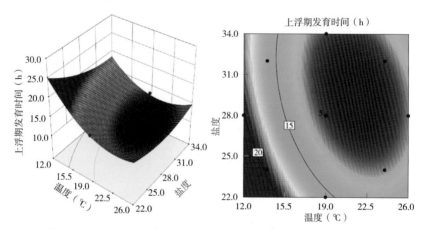

图 6-8　温度和盐度及交互作用对中间球海胆上浮期发育时间影响的响应曲面和等高线

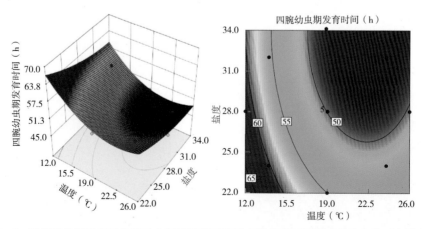

图 6-9　温度和盐度及交互作用对中间球海胆四腕幼虫期发育时间影响的响应曲面和等高线

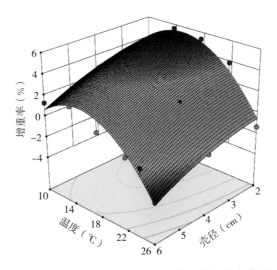

图 6-17　温度和壳径对中间球海胆生长的响应曲面

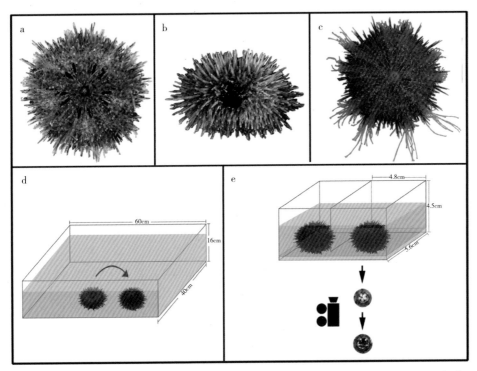

图 7-8　海胆黑嘴病（a），红斑病（b），未患病的外部表现（c），评估海胆翻正行为
　　　　（d）和口器咬合行为（e）的实验装置

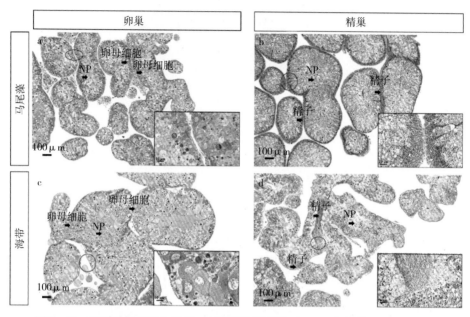

图 7 - 11　不同投饲处理 9 周后，中间球海胆卵巢（a、c）和精巢（b、d）情况

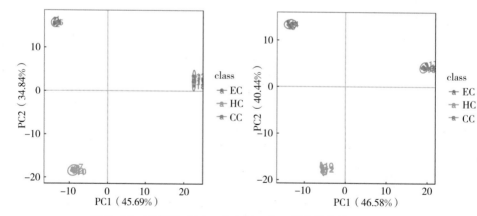

图 7 - 13　正离子（左）、负离子（右）所有样本的 PCA 分析

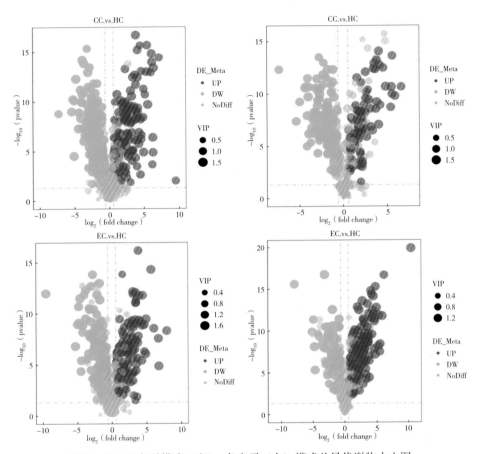

图 7-15　正离子模式（左）、负离子（右）模式差异代谢物火山图

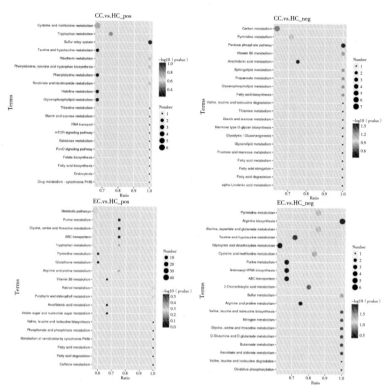

图 7-17　正离子模式（左）、负离子模式（右）差异代谢物的代谢通路富集分析

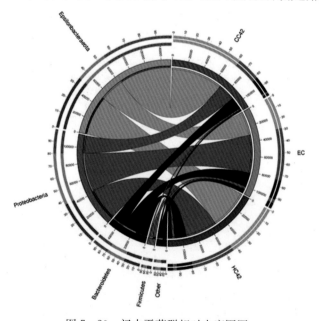

图 7-20　门水平菌群相对丰度圈图

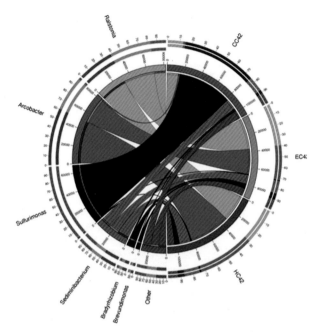

图 7 - 21　属水平菌群相对丰度圈图

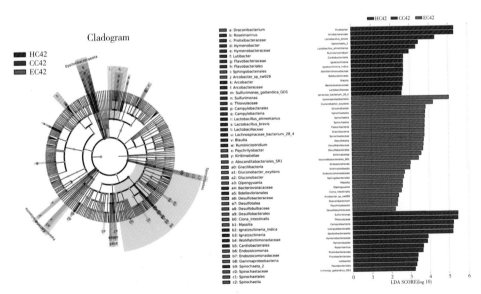

图 7 - 22　中间球海胆肠道差异菌群 LEfSe 分析

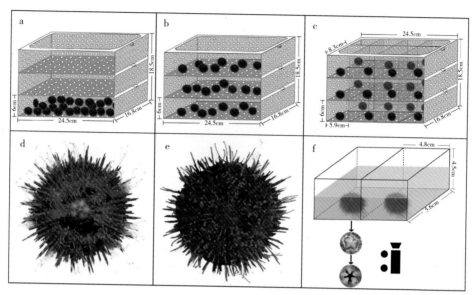

图 8-1　A 组 (a)、B 组 (b) 和 C 组 (c) 实验装置示意图，红斑病 (d) 和无病表现
(e) 海胆的外观图，(f) 口器咬合行为实验示意图

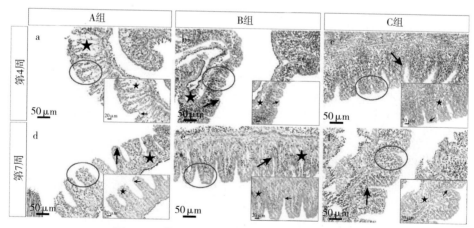

图 8-7　第 4 周和第 7 周各组海胆肠道组织观察
箭头代表环状皱襞，五角星代表中空的内部结构

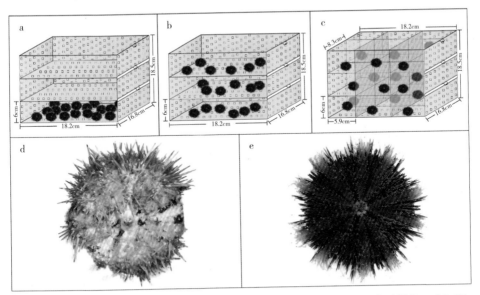

图 8-8 用于对照组（a），分层养殖组（b），分层养殖隔离组（c）的实验设施；患红斑病（d）和未患病的海胆（e）示意图

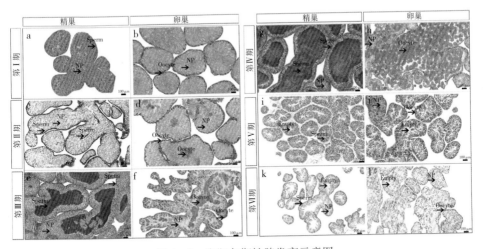

图 8-9 海胆各期性腺发育示意图

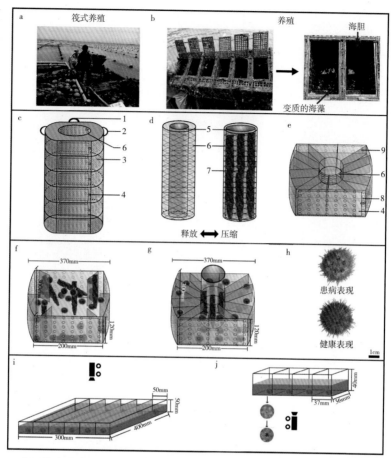

图 8-12　我国筏式养殖示意图（a）及常用于海胆养殖的装置（b）。装置设计如下（c～e）：①手环；②把手；③养殖室；④门；⑤气囊；⑥网栅栏；⑦大型藻类；⑧单层；⑨隔间。用于对照组（f）和实验组（g）的实验装置示意图。患病海胆和非患病海胆示意图（h）。觅食行为（i）和口器咬合行为（j）示意图

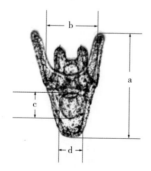

图 9-11　光棘球海胆四腕幼体的测量

a、b、c 和 d 分别指的是四腕幼体的体长、体宽、胃长和胃宽